火箭加注自动对接机器人设计

郑永煌　谌廷政　马向斌
顿向明　王晓光　山　磊　著

中国宇航出版社

·北京·

图书在版编目（CIP）数据

火箭加注自动对接机器人设计／郑永煌等著．－－北京：中国宇航出版社，2021.11

ISBN 978 - 7 - 5159 - 1997 - 3

Ⅰ.①火… Ⅱ.①郑… Ⅲ.①机器人－程序设计－应用－液体推进剂火箭发动机－燃料加注系统－对接（航天）－研究 Ⅳ.①V434 - 39

中国版本图书馆 CIP 数据核字（2021）第 222830 号

责任编辑　侯丽平　　　　**封面设计**　宇星文化

出　版 发　行	**中國宇航出版社**

社　址	北京市阜成路 8 号　**邮　编**　100830	**版　次**	2021 年 11 月第 1 版 2021 年 11 月第 1 次印刷
	（010）60286808　　（010）68768548		
网　址	www.caphbook.com	**规　格**	787×1092
经　销	新华书店	**开　本**	1/16
发行部	（010）60286888　　（010）68371900	**印　张**	19.5　**彩　插**　8 面
	（010）60286887　　（010）60286804（传真）	**字　数**	475 千字
零售店	读者服务部　　　　（010）68371105	**书　号**	ISBN 978 - 7 - 5159 - 1997 - 3
承　印	天津画中画印刷有限公司	**定　价**	168.00 元

本书如有印装质量问题，可与发行部联系调换

序言一

运载火箭测试发射是一个充满挑战和风险的过程。美国、苏联和巴西等国家都曾发生过火箭在发射塔架爆炸导致的重大灾难性事故。近几年，就先后发生了多起重大发射事故：如2016年9月1日，美国SpaceX公司猎鹰9号火箭在发射台静态点火测试时发生爆炸；2019年8月29日，伊朗火箭在发射台上发生爆炸；2019年9月11日，日本的H-2B火箭在准备发射前突然燃起大火，经过3.5小时火势才得到控制。这说明，尽管各国在持续研究并不断提高航天发射可靠性，但发射事故仍然难以完全避免，甚至可以说故障概率还不低。研发无人值守的航天发射系统，形成火箭推进剂加注开始直至点火发射的发射区全自动化能力，是保证航天发射人员安全的重要举措。其中，运载火箭加注自动对接机器人就是实现这一目标的关键技术之一，它同时还可以起到降低发射人员劳动强度、提高效率、保证操作精准性的作用。

作者团队先后开发了三代不同类型的运载火箭加注对接机器人，《火箭加注自动对接机器人设计》是他们历时10余年研究和工程实践的系统总结凝练，本书具有以下特点：

1）专业设计内容全面。本书从技术基础、国内外发展现状，到工程需求、理论建模仿真、机械结构设计、控制系统设计、机器视觉定位、在线泄漏检测、安全可靠性设计，最后走到工程应用，全面介绍了开发火箭加注自动对接机器人涉及的相关专业领域知识。

2）理论实践结合紧密。本书以理论建模仿真为先导，针对机器人的力学特性、运动特性和冲击特性介绍了相应的仿真建模方法，并在后续各章的具体设计中详细介绍了相应的工程实现方法，做到了理论与实践的统一。

3）工程技术亮点突出。针对航天发射自动加注系统存在的系统随动、自动上箭、柔顺对接、在线泄漏检测等工程难题，本书系统介绍了箭架两栖、自动对中、主被动柔顺控制、神经网络泄漏辨识等新技术和新方法，相信会对读者起到一定的启发作用。

本书在编写过程中，就考虑到不同专业技术人员的易读性和可借鉴性。全书体系完整、逻辑严密，内容全面详细、深入浅出，设计内容经过工程实践检验，方法和经验具有推广应用价值。本书可作为从事航天发射设施设备研究和其他相关专业研究的技术人员的参考书，具有较高的理论价值和实践借鉴意义。

　　因工作需要，我与作者团队有机会深入交流，他们都是航天领域内的科研骨干，作风严谨、细致。本书是他们多年科研实践的成果总结，具有较强的理论性和工程实用性，相关研究成果获得了科学技术进步一等奖。相信本书的出版可以为航天装备自动化、智能化起到积极的推动作用。

中国载人航天工程总设计师

中 国 工 程 院 院 士

2021 年 6 月

序言二

千里雄关戈壁，威武的航天发射塔架矗立于天地之间。"大漠风尘日色昏，红旗半卷出辕门"，地处大漠深处东风航天城的科研尖兵，海纳百川，锲而不舍，历时十余载，研制出了具有自主知识产权的火箭推进剂加注自动对接与脱离特种机器人。此著作的完成，也是研究团队对 10 余年艰辛历程的回顾与总结，值此书成稿之际，我表示衷心的祝贺。

特种机器人与传统工业机器人最大的区别在于任务工况。在特定工况、复杂工艺和精准目标的多重约束下寻找合适的最优解，是特种机器人设计的关键。因此，特种机器人的开发无固定模式可言。由于我国火箭箭体加注口布局、结构以及塔架加注作业规程均与美、俄等航天强国不同，推进剂加注自动对接与脱离机器人无现成方案可供参考，只能依靠自主创新。针对我国运载火箭的结构特点，研究团队综合考虑发射塔架空间、对接精度、加注口结构、对接安全、环境噪声、推进剂特性等复杂约束因素，先抓主要矛盾，优先解决加注连接器内嵌密封圈情况下大阻尼环节的精密对接机器实现问题，完成了以机器再现人工操作技能为目标的第一代机器人研制，解决了"机器换人"的关键工艺可行性问题。在此基础上，提出并验证了机器人的箭架两栖方案，通过自主导引和分离重构技术，实现了加泄连接器自动上箭和脱离，同时摸索出基于声发射原理的塔架复杂噪声背景下活门泄漏检测技术，完成了第二代机器人研制。之后，通过对机器人的构型优化，开发出了第三代灵巧型加注机器人。该型机器人重点进行了加注机器人安全性、可靠性设计，系统开展了地面转注、塔架加注以及泄漏情况下的应急再对接试验，全面检验了各种应用场景下加注机器人的适用性。回顾历程，研究团队先后攻克了柔顺对接、智能感知、大范围调整、泄漏检测、机器人构型优化等核心技术，把历经艰难、反复实践所取得的这些宝贵经验编撰成书，无私分享交流，这将对工程领域的科研人员提升业务能力大有裨益。

星辰大海，征程漫漫；科学探索，永无止境。火箭推进剂加注自动对接与脱离机器人正伴随着祖国航天事业的日新月异而不断成长和壮大，远在大漠戈壁的东风航天人与地处东海之滨的交大学子将勠力同心，继往开来，共筑飞天梦，助力人类探索太空的足迹更深、更远。

上海交通大学航空航天学院

2021 年 6 月

前　言

近年来，民商航天蓬勃发展，多个国家相继提出了部署大规模星座的建设目标，而当前的航天发射能力远远无法满足大批量卫星快速发射组网的需求。为适应高密度、常态化的火箭测试发射任务，进一步提高航天发射能力，必须加强航天发射场的自动化、信息化和智能化建设。

火箭加注作为航天发射准备过程的关键环节之一，其工作模式和安全可靠性直接影响航天发射效率。尤其是火箭加注后，箭体内贮存了数百吨的易燃易爆推进剂，整个现场的安全风险急剧增大。出现紧急关机等异常情况时，稍有不慎，就有可能造成重大人员及财产损失。2016年到2019年，美国、伊朗、日本等国家的火箭在测试发射过程中均出现了起火爆炸，这些重大事故充分说明，火箭发射现场是高危区域。因此，各国都在积极探索现场无人值守的火箭加注自动对接技术。

火箭加注自动对接机器人是一种复杂的、多学科技术集成系统，可以替代人工完成高危环境下的加注对接与脱离操作，大幅提升运载火箭的自动化测试发射水平，有效缩短发射前的准备时间，确保测试人员和塔勤人员的生命安全。

中国酒泉卫星发射中心于2006年开始启动"火箭加注自动对接机器人"立项研究，2007年获得国家863计划项目支持，2013年获得总装备部重点试验技术研究项目支持，先后研制了三代火箭加注自动对接机器人。2016年开始组织本书的撰写工作，分10章论述火箭加注自动对接机器人的设计、试验与应用方法。其中：

第1章火箭推进剂加注技术基础。介绍了火箭推进剂的发展历程、分类和性能特点，以及常规推进剂和低温推进剂加注技术、安全可靠性分析以及自动对接的意义。

第2章火箭箭地对接技术发展现状。梳理了美国、俄罗斯等航天大国的箭地对接技术、对接连接器的设计理念和应用情况。

第3章火箭加注自动对接机器人理论建模与仿真。从顶层设计论证的角度，给出了自动对接机器人的总体架构设计、对接机构理论建模和仿真分析方法。

第4章火箭加注自动对接机器人机械结构设计。介绍了箭栖、箭架两栖、SCARA 机械臂三类对接加注机器人的结构设计方法，给出了具体的设计结果。

第5章火箭加注自动对接机器人柔顺控制。讨论了火箭加注自动对接面临的碰撞问题，介绍了主动柔顺、被动柔顺、混合柔顺等上箭对接控制技术。

第6章火箭加注自动对接机器人对中定位。介绍了基于正交解耦和基于激光雷达扫描的对中瞄准方法，探讨了视觉对中控制的抗干扰技术。

第7章火箭加注自动对接机器人在线泄漏检测。介绍了声发射泄漏检测技术，设计了基于声发射的在线泄漏检测系统，给出了泄漏检测信号处理方法。

第8章火箭加注自动对接机器人安全可靠性设计。分析了火箭加注自动对接机器人的应用风险，分别给出了材料、电路、机械等可靠性和安全性设计方法。

第9章火箭加注自动对接机器人工程应用。从工程应用角度介绍了火箭加注自动对接机器人的系统集成、模拟测试和实际工程应用。

第10章智能机器人在航天领域的应用前景。介绍了火箭加注自动对接、智能机器人、智慧航天等未来发展方向和应用前景。

郑永煌、谌廷政、马向斌、顿向明、王晓光和山磊共同组织了本书的撰写工作：郑永煌负责总体策划，撰写第1章和第2章，参与第9章的撰写；谌廷政撰写第5章、第6章和第8章；顿向明撰写第3章和第4章，参与第10章的撰写；马向斌撰写第7章，参与第2章的撰写；王晓光撰写第9章和第10章，参与第8章的撰写；谌廷政、马向斌负责审校。

感谢上海交通大学航空航天学院、上海宇航系统工程研究所、宁波星箭航天机械有限公司等单位对相关技术研究工作的大力支持，感谢酒泉卫星发射中心陆晋荣研究员、贾立德高工、李越工程师等在本书成稿过程中提出的宝贵意见！我们的征途是星辰大海，航天发射走向自动化、信息化和智慧化是必然的发展趋势，相关技术方兴未艾。

全书覆盖面广，难免有不当和疏漏之处，敬请读者批评指正。

作　者

2021 年 3 月

目　录

第 1 章　火箭推进剂加注技术基础

自 20 世纪 50 年代美国研制成功氧化氢和聚乙烯作为火箭发动机的混合推进剂以来，火箭推进剂的种类不断增加，先后出现了以肼类原料为代表的有毒、易燃、易爆液体推进剂，以液氢液氧为代表的绿色环保液体推进剂，以及固体推进剂。由于同等重量的液体推进剂燃烧后释放的能量更多，发动机推力更大，且燃烧过程易于控制，因此，目前世界上的大推力运载火箭主要采用液体推进剂。本章主要阐述火箭推进剂的发展历程和分类，介绍推进剂加注的概念、特点和不同条件下的推进剂加注技术，分析加注的安全性与可靠性影响因素，最后论述研发火箭推进剂自动加注技术和自动加注系统的重要意义。

1.1　概述

推进剂主要分为固体推进剂和液体推进剂，其中固体推进剂是最早开始使用的。公元975 年，用黑火药制作的火箭已作为一种武器在战争中使用。从固体推进剂到液体推进剂中间经历了大概 1000 多年的时间，在 1900 年以后液体推进剂才正式应用于火箭发射。俄国的齐奥尔科夫斯基、德国的阿伯尔等人创立了火箭飞行的相关理论，设想了火箭构造和星际航行等新概念，提出了近代液体火箭发动机的再生冷却夹套燃烧室，才使得用氧、氢、汽油、酒精、柴油等液体作为推进剂成为现实。

1.1.1　火箭推进剂发展历程

火箭推进剂的发展伴随着液体火箭发动机的同步发展，随着火箭发动机推力增大，各型人造卫星和载人飞船等航天器得到了迅速发展。

20 世纪 20 年代美国试验的第一个液体火箭，以液氧和煤油作为推进剂。20 世纪 40 年代德国研制的 V2 火箭采用液氧和乙醇作为推进剂。第二次世界大战期间战术武器所用的液体火箭，采用过氧化氢作为氧化剂，燃料采用含水肼、甲醇、乙醇、煤油以及它们的混合物等。20 世纪 50 年代，苏联发射人类第一颗人造卫星的火箭采用液氧和煤油作为推进剂，之后美国把四氧化二氮/混肼用作"大力神"导弹的推进剂，液体推进剂开始迅速发展。20 世纪 60 年代，美国用于"阿波罗/土星"计划的大推力火箭分别使用了液氧/液氢、液氧/煤油、四氧化二氮/混肼等作为推进剂。20 世纪 70 年代开始研制、80 年代开始使用的美国航天飞机和海空军使用的巡航导弹，其主发动机均使用液体推进剂。20 世纪80 年代以后，世界各国继续使用液体火箭作为航天运载工具。

不同种类液体推进剂的发展应用，也产生了很多新问题，如剧毒、强腐蚀性、易燃易爆、环境污染、生产工艺及材料相容性等。因此，过去不被重视的固体火箭逐步进入了人们的视野。固体火箭具有结构简单、维护方便、零部件少、可靠性高、发射准备时间短、机动性好、使用安全、贮存期长等优点，在战役战术导弹中被普遍采用。但是，在航天领域，液体火箭的优势还是比较明显的，它具有比冲较大、推力可调节、可以多次点火启动和推力容易控制等优点。因此，在航天发射中应用最多的还是液体火箭，我国的长征一号到长征七号火箭均属于液体火箭。美国的液体火箭主要包括"大力神"3B、3C、3D 的一、二级（四氧化二氮/混肼），各型"德尔它"火箭（一级为液氧/煤油，二级为四氧化二氮/混肼），"人马座"上面级（液氧/液氢），航天飞机主发动机（液氧/液氢）。另外，美国"民兵"Ⅲ、MX 的弹头母舱发动机和航天飞机的辅助发动机也使用了液体推进剂（四氧化二氮/甲基肼）。俄罗斯以前研制的导弹大多采用液体推进剂，现在正在向固体推进剂过渡。俄罗斯航天运载火箭完全采用液体推进剂，如研制的"宇宙号"C（硝酸/偏二甲肼）、"联盟号"SL-4（液氧/煤油）、"质子号"SL-9（液氧/偏二甲肼）和 SL-13（一级为液氧/偏二甲肼，二级为四氧化二氮/混肼）。法国和其他欧洲国家的导弹主要使用固体推进剂（瑞典的空空导弹萨伯 O5A 除外），但欧空局研制的"阿里安"火箭使用液体发动机（一、二级为四氧化二氮/偏二甲肼，三级为液氧/液氢，捆绑式助推器为固体推进剂）。日本在引进美国火箭的基础上研制成的 H-1、H-2 火箭采用了液体发动机（一级为液氧/煤油，二级为四氧化二氮/混肼，捆绑式助推器采用固体推进剂）。

　　一般用于姿态控制和轨道调整的火箭发动机大多使用液体推进剂。美国在实施阿波罗登月计划时，月舱下降发动机、月舱上升发动机、月舱姿态控制发动机、指挥舱姿态控制发动机、服务舱发动机所用的液体推进剂为四氧化二氮/混肼，服务舱姿态控制发动机用的液体推进剂为四氧化二氮/偏二甲肼。美国空间渡船轨道机动系统和反作用控制系统发动机所用的液体推进剂为四氧化二氮/甲基肼，美国"海盗号"火星轨道器所用的液体推进剂为四氧化二氮/甲基肼，而"海盗号"火星着陆器所用的液体推进剂为肼单组元催化推进剂。法国-德国通信卫星的远地点发动机和姿态控制发动机使用的液体推进剂是四氧化二氮/混肼。德国国际通信卫星 Ⅴ 号姿态和轨道控制发动机使用肼单组元液体推进剂。加拿大通信卫星姿控发动机也使用肼单组元液体推进剂。俄罗斯"联盟号"主发动机使用硝酸/无水肼液体推进剂，姿态控制发动机使用过氧化氢推进剂。

1.1.2　液体推进剂分类

　　液体推进剂的分类方法较多，可按用途、组元、组元化学反应能力、组元保持液态的温度范围等进行分类，目前，普遍采用的分类方法有以下三种。

　　（1）按液体推进剂的组元分类

　　按液体推进剂的组元可分为单组元、双组元和多组元液体推进剂。

　　1）单组元液体推进剂。通过自身分解或燃烧进行能量转换并产生工质。单组元液体推进剂一般分为三类：其一是在分子中同时含有可燃性元素和燃烧所需要的氧化物，如硝基甲烷、硝酸甲酯等；其二是在常温下互不产生化学反应的稳定混合物，如过氧化氢、甲醇等；其三是在分解时能放出大量热量和气态产物的吸热化合物，如肼等。单组元液体推进剂能量偏低，一般只用在燃气发生器或航天器的小推力姿态控制发动机上，其推进系统结构简单、使用方便。

2）双组元液体推进剂。由液体氧化剂和液体燃料两种组元组成，通常以液氧、液氟作为氧化剂，以液氢、肼类、碳氢化合物作为燃料。氧化剂和燃料分别贮存于各自的贮箱，并有各自的输送管路。根据氧化剂和燃料在直接接触时的化学反应能力，可将双组元推进剂区分为非自燃推进剂和自燃推进剂。

3）多组元液体推进剂。由两个以上组元组成的液体推进剂。发动机在下面级工作时，以液氧作为氧化剂，煤油作为燃料，并加入少量液氢燃料，组成三组元推进剂。在上面级工作时，仍选用液氧作为氧化剂，而以液氢作为燃料，则成为双组元推进剂。

（2）按推进剂保持液态的温度范围分类

按推进剂保持液态的温度范围可分为高沸点和低沸点推进剂。

在标准压力下，高沸点推进剂组元的沸点高于 298 K（25 ℃），在地面使用条件下是液态，无蒸发损失。在密封贮箱的条件下，可贮存较长时间。在标准压力下，低沸点推进剂组元的沸点低于 298 K。在低沸点组元中，还可区分出低温推进剂组元，其沸点低于 120 K（−153 ℃），必须采用特殊的方法贮存，以减少蒸发损失。

（3）按液体推进剂的贮存性能分类

按液体推进剂的贮存性能可分为地面可贮存液体推进剂、空间可贮存液体推进剂和不可贮存液体推进剂。

地面可贮存液体推进剂，即在地面环境下能在火箭贮箱内长期贮存，不需要外加能源对推进剂进行加温熔化或冷却液化。空间可贮存液体推进剂是指那些在地面环境下不可贮存的或难以贮存的，但在空间环境下可以贮存的液体推进剂，其沸点应低于空间的环境温度，但要高于 200 K。不可贮存液体推进剂，比如低温推进剂在环境温度下是气态，其沸点低于 200 K，临界温度低于 223 K，只有在低温下才能保持液态。

1.1.3　液体运载火箭推进剂的性能特点

通常液体推进剂具有以下四个特点：一是高的能量特性。即要求推进剂有高的比冲和密度。在其他条件相同时，这两个量的数值越高，火箭的尺寸和质量越小。二是安全的使用性能。即要求燃料在空气中不会自燃，有好的热稳定性，以免在贮运过程中发生火灾或爆炸。对大型运载火箭的下面级用的液体推进剂，要求低毒性，最好无毒，以免对试验站和发射场周围地区造成严重污染。三是点火燃烧性能好。要求点火延迟小于 30 ms，以减少发动机启动时推力室中的推进剂组元的积存量，从而防止启动时压力过高或爆炸。另外，希望推进剂组元的蒸气压力大一些，黏度低一些，以易于在推力室中雾化和混合，从而有较高的燃烧效率。四是经济性好。即生产推进剂组元的原料资源丰富，生产成本低。

肼是一种地面可贮存的液体推进剂，其冰点高，热稳定性差，以往很少单独使用，主要与甲基肼制成混肼组成单组元推进剂，并用催化分解方法，用于航天飞行器的姿控和轨道调整以及用在末助推器控制系统及气体发生器上。肼作为重要的工业原料之一，世界年产量在 20 万吨左右，肼系列推进剂具有优越的脉冲式比冲、推力重复性好、响应特别灵敏、可靠性高、易于贮存、价格较低。偏二甲肼是肼类燃料中热稳定性最好的一种燃料，可以单独使用，也可与肼、二乙三胺、煤油等组成混合燃料（即混肼、胺肼、油肼燃料），主要是美国和俄罗斯在生产和使用，近年来法国也在生产。甲基肼是一种全天候可贮存液体推进剂，冰点低，可以单独使用，也可与肼或偏二甲肼或与肼和硝酸肼组成混合燃料来使用。甲基肼能量介于肼与偏二甲肼之间，但毒性是三种肼中最大的一种，且生产复杂，价格也高，它具有很宽的液态温度范围。甲基肼与四氧化二氮的组合可作为火箭上面级的姿控、速控和反作用控制发动机的推进剂。20 世纪 80 年代后期在航天发射中，国外通信卫星和广播卫星以及航天飞机的姿控和轨道机动推进系统也有用液氧/甲基肼的组合来替换肼推进系统，虽然甲基肼比肼的推力低，但是它具有良好的多次启动能力。

液体推进剂的基本要求之一是希望点火延迟短，这样点火可靠、启动快、关机后能重复启动，一般自燃液体推进剂点火延迟期不超过 30 ms。硝酸/混肼为 25 ms、硝酸和四氧化二氮/偏二甲肼为 4 ms、四氧化二氮/无水肼为 2 ms。四氧化二氮推进剂一般含有 10% 的硝基氧化剂，它是火箭发动机常用的氧化剂，但其毒性较大，必须严格按安全规程进行生产和使用。三氟氧氯是一种空间可贮存液体氧化剂，是密度最大的液体氧化剂。五氟化氯是一种高能可贮存液体氧化剂，性能优于四氧化二氮，美国洛克达因公司曾把五氟化氯用在空军战术导弹上。液氟也是一种空间可贮存高能液体氧化剂，密度为液氧的 1.3 倍，具有自燃点火的优点，但是使用过程中技术问题多，具有强烈毒性和腐蚀性，且不易解决。液氟是目前现有的能量最高的氧化剂，美国贝尔公司曾改进"阿金纳"发动机，在RL - 10 氢氧发动机上用液氟代替液氧获得成功，日本也对液氟/肼发动机进行了研究。

高密度烃类燃料近年来发展很快，使用范围也在不断扩大，其发展与加氢技术的发展是分不开的。国外烃类燃料研究主要有：1）以纯化合物为基本组分，互相掺和或添加改性添加剂；2）金刚烷衍生物的合成；3）浆状燃料。通过这些途径制取高性能、高密度、高能量、低成本的烃类燃料。液氧/液氢推进剂是目前使用的比冲最高的火箭推进剂，在美国、法国、俄罗斯以及日本的火箭发动机上已大量使用。

目前，运载火箭常用液体推进剂主要包括肼类（甲基肼、偏二甲肼、混肼、无水肼）、氮氧化物等常规推进剂，以及液氢与液氧等低温推进剂。在常用液体推进剂中，液氢与液氧的能量最高、比冲最大，其中，液氧沸点为 -183 ℃，液氢沸点为 -253 ℃。液氧与煤油的能量较高、比冲较大，且平均密度大、无毒、无腐蚀、成本低，是综合性能较好的运载火箭液体推进剂。因煤油属混合物，沸点范围宽，产品质量难以控制，燃烧时可能不稳定，液氧与煤油这种组合对发动机要求较高，目前俄罗斯使用较多，我国新一代大推力运载火箭也将采用液氧与煤油推进剂。四氧化二氮与偏二甲肼是密度较高、比冲较大的推进剂，但因四氧化二氮与偏二甲肼都是毒性较高且腐蚀性大的物质，目前只有中国、印度将其作为运载火箭主要推进剂使用，美国、俄罗斯、欧空局及日本都已停止使用这种推进剂。单组元液体推进剂通常用于星、船及火箭飞行过程中的姿态调整，主要采用无水肼及其改进型产品，如单推 3 等。无水肼冰点高（1.5 ℃），不能在低温环境下使用。因此，在火箭上升段飞行时，主要使用冰点较低的单推 3，而在有环境保障条件的航天器上主要使用无水肼。

运载火箭常用液体推进剂性能见表 1 - 1。

表 1 - 1　运载火箭常用液体推进剂性能表

名称	四氧化二氮	偏二甲肼	液氢	液氧	无水肼	单推 3	航天煤油
分子量	92.016	60.078	2.016	32	32.05	37.404	—
颜色	红棕色	无色	无色	无色	无色	无色	无色
味道	刺激	鱼腥	无味	无味	似氨味	似氨味	—
冰点/℃	−11.23	−57.2	−259	−218.8	1.5	−40	不高于−60
沸点/℃	21.15	63.1	−253	−182.95	113.5	—	188~270
密度/ (g/cm³,20 ℃)	1.4660	0.7911	0.0755	1.14	1.008	1.139	0.830

1.2　常规推进剂加注技术

1.2.1　推进剂加注系统分类

加注系统是用来向各类航天器和运载器进行推进剂加注的控制设备、测量设备、管路、贮罐等构成的系统。加注系统可采用不同的分类方法，比如按加注位置进行分类，按推进剂成分进行分类，按加注的方式进行分类等，具体分类如图 1 - 1 所示。

液体推进剂加注系统中用的最多的方法是挤压法和泵送法，此外还有混合法、真空法等。挤压法是用贮罐的增压压力保证所需要的加注压力和流量，泵送法则用泵来控制压力和流量。挤压法受贮罐的承压能力限制，加注速度较慢，通常用在加注量较小的推进剂加注中。泵送法加注容易控制加注压力和流量，加注速度快，可以用在加注量较大的推进剂加注中。为使泵工作稳定，泵送法要求液流是连续的，没有气泡，不产生气蚀。因此，有时也对贮罐增压以提高泵的入口压力，这样，将挤压法和泵送法结合起来，即混合法。真空法加注的实质与挤压法类似，只不过是将推进剂贮箱抽成真空，利用大气压与真空的压差实现挤压法加注，此法仅适用于有真空加注要求的少量推进剂加注。

高沸点推进剂在贮存时基本不会损耗，可在发射前几天加注。此时加注按两种工序进行：基本量加注和小流量加注。低沸点推进剂则不同，为了缩短低温对火箭有关部件作用的时间并减少蒸发损失，一般在发射前数小时进行加注。为了满足产品结构的要求并保证有较高的加注精度，通常对低沸点推进剂采用多工序的加注方法。例如，先以小流量加注，预冷贮箱和发动机，接着以中小流量加注到总量的 5%，防止产品结构突然承受太大的低温载荷，然后以大流量加注到总量的 95%，再以中小流量加注到全量，最后以小流量进行补加以补偿蒸发损失，直到发射前。

发射场加注系统组成因加注的推进剂种类、加注量、加注贮箱数、输送方式、设备原理和结构特点而异。虽然如此，所有加注系统的基本组成是一样的，包括带有推进剂输送

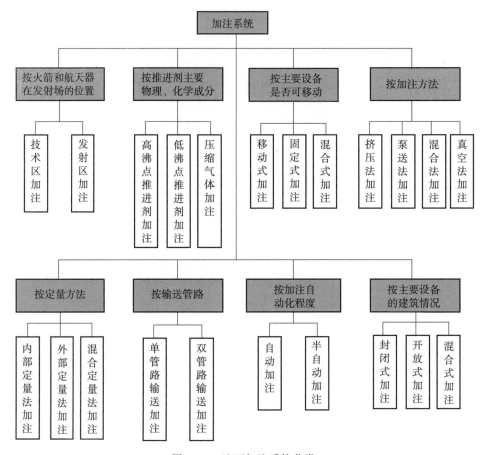

图 1-1　地面加注系统分类

设备的库房、管路系统、产品加注贮箱，以及相应的供气系统、加注控制系统、推进剂升降温系统、废液废气处理系统等。其中，低温推进剂加注系统通常采用高效绝热措施，如采用蒸气再凝回收措施，以减少贮存损耗。

推进剂库房设有一个或多个贮罐，用于贮存推进剂。管路系统由液路、气路管道和阀件组成。管路阀件有活门、闸阀、调节器和节流装置等，它们用来调节流量或停止加注。为了远距离监视，这些装置可带有指示极限工作状态和中间位置的信号器。此外，还有各种各样的自动调节器和过滤器等。推进剂由库房经管路系统被加注到产品贮箱中。连接库房和产品贮箱的管路系统结构主要取决于贮箱的气液系统结构和加注流量。一般分为单管路加注系统和双管路加注系统。单管路加注系统用一条管路进行加注、泄出和补加，按加注的贮箱数铺设分支管路，这种加注系统用得最多。双管路加注系统包括连接贮箱和地面库房的加注和泄出管路，可以实现加注液体在贮箱和地面库房之间循环，这种"加注—泄出"循环的方法可以保证推进剂恒温，比较先进的加注系统一般采用双管路加注系统。如果在结构上用一条大口径管路不太合适的话，加注管路可以有多条。

1.2.2　挤压式加注系统

挤压式加注系统主要依靠推进剂罐压力来给推进剂加压，通常包括以下几个部分：

1）贮存推进剂的贮罐；

2）为加注系统提供能量的加压气体或其他排气装置；

3）控制压力和推进剂流量的阀门；

4）输送推进剂的管道和导管。

挤压式加注系统根据压力源进行分类，不同的压力源决定推进剂如何从推进剂罐中送出，最简单的压力源可以直接将加压罐连接到推进剂罐上面，如图 1-2 所示，由一个增压装置将推进剂挤压到火箭贮箱中。应用最为广泛的是贮气加压装置，增压气体贮存在压力高达 270 倍大气压的加压罐中，在规定压力下将压力提供给推进剂罐。选择增压气体时，必须考虑多种因素，包括任务要求、可靠性、成本、重量、尺寸以及增压气体与贮罐材料的兼容性等。氦气因其分子量低、总压最小而被广泛用作增压气体。

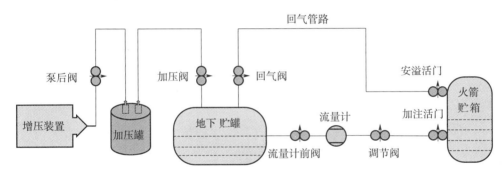

图 1-2　挤压式推进剂加注系统

挤压式加注系统具有结构简单、成本低廉的优点。该系统零部件很少，因此可靠性相对较高，但由于加压罐的原因，通常会比较笨重。

1.2.3　泵压式加注系统

当输送介质流量要求较大，特别是输送高密度流体的时候，可采用泵压式加注。泵压式加注系统使用涡轮泵对推进剂罐加压，并在相对较高的压力下将推进剂送入推力室，如图 1-3 所示。涡轮泵通常由涡轮驱动的一个或多个泵压元件组成，涡轮本身的能量由高压气体的膨胀所提供。

当要求输送高密度流体的时候，泵压式加注系统的优势就变得非常明显，常用于火箭发动机的推进剂供给。

1.2.4　常规推进剂加注流程

（1）加注基本原理

图 1-3 给出了航天发射场常用的火箭贮箱推进剂加注系统构成。具体加注流程为：

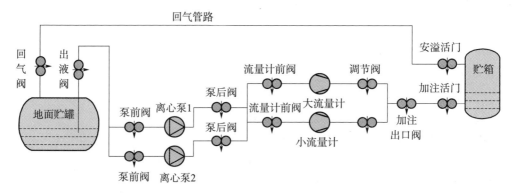

图1-3　火箭推进剂加注流程

推进剂由地面贮罐，经过出液阀、泵前阀、离心泵、泵后阀、流量计前阀、流量计、调节阀、加注出口阀、加注活门，进入箭上贮箱，回气管路通过箭上贮箱安溢活门直接与地面贮罐回气管路相连，形成一个封闭式加注系统。

泵压加注原理可进一步简化为如图1-4所示。

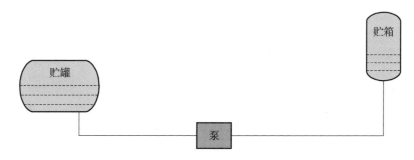

图1-4　简化的泵压加注原理图

（2）主要技术要求

①加注顺序

对于两级运载火箭，一般按照先一级、后二级，先燃烧剂、后氧化剂的顺序进行液体推进剂加注工作，泄出顺序与加注顺序相反。

②加注计量方式

加注量的计量可以用地面加注系统中的设备测定（称为外部定量法），也可以靠火箭贮箱中的装置进行测定（称为内部定量法），还可以用上述两种方法的混合方法进行定量。采用内部定量法时，火箭贮箱起定量器的作用，贮箱是经过校准的，液位的测量是通过贮箱内安装一个或几个不连续的液位传感器来测量加注量。通常情况下，采用混合式的加注定量方法。此法是先用内部定量法把推进剂加注到产品贮箱中的某一定量液位（如加注量的90%～95%），然后用外部定量法精确地小流量补加到全量，或者精确地泄出多余的推进剂到质量定量器中计量。

③加注速度

为提高加注速度，可采用多台泵并联加注，当加注到一定液位时，采用小流量进行精确补加。

④推进剂调温能力

为满足推进剂温度控制要求（如采用四氧化二氮/偏二甲肼推进剂时，要求四氧化二氮温度在 5～20 ℃，偏二甲肼温度在 1～25 ℃，且两种组元温差不大于 5 ℃）和加注量计算要求（一般按照推进剂温度为 15 ℃进行计算），推进剂贮存库房必须具备一定的推进剂调温能力。

（3）加注系统工序

加注系统工序包括加注工序、迂回加注工序、泄回工序、模拟加注工序和辅助工序。辅助工序包括管路气检、转注、倒罐、管路放空、灌泵、流量计校验、调温、紧急停车和紧急放气等。

加注系统工序之间的关系如图 1-5 所示。

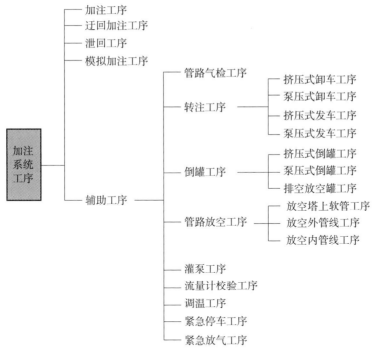

图 1-5　加注系统各工序关系图

①加注和迂回加注工序

加注和迂回加注工序完成火箭推进剂加注任务。加注时推进剂直接进入火箭贮箱，控制系统实时监测推进剂温度、压力、流量、液位等参数信号。这里的压力信号包括贮罐压力、泵后压力及相关管路压力；液位信号包括贮罐液位信号、管道液位信号、贮箱液位信号。通常在加注前 1 h 进行推进剂化验和测温，以获得临射前推进剂的密度和温度参数，为加注系统单元计算提供必要的数据。

②泄回工序

泄回工序的任务是将已经加注到火箭贮箱内的推进剂按照一定程序泄回到加注库房贮罐。

③模拟加注工序

模拟加注工序用于全面检查系统各设备器件之间的协调性和可靠性，检查加注软件控制的有效性和正确性。

④管路气检工序

管路气检工序的作用是对加注系统进行全系统气密性检查，保证贮罐、校验罐、管道设备（包括气动球阀、手动球阀、电动调节阀、止回阀、波纹补偿器、流量计、管道液位信号器、过滤器、热交换器、磁性浮子液位计等）及法兰连接部位在推进剂转注、模拟加注、正式加注过程中无漏气、漏液现象，确保人员安全，保证任务的顺利完成。在进行调试或执行加注任务之前，必须进行管路气检。

⑤转注工序

转注工序的作用是在发射任务期间将推进剂转入库房，任务结束后再将推进剂从库房转出。转注工序分为卸车和发车两类，而每类又有挤压和泵压两种方式。

⑥倒罐工序

倒罐工序分为挤压式倒罐、泵压式倒罐和排空放空罐工序。

⑦管路放空工序

管路放空工序的目的是将管路内的推进剂排放到放空罐中去，它包括放空塔上软管工序、放空内管线工序和放空外管线工序。放空塔上软管时，推进剂经塔上软管、塔上加注阀门、外管线、库房出液阀，然后经流量计后放空阀回到放空罐中。放空外管线时，推进剂经塔上回流阀、外管线、库房出液阀，然后经流量计后放空阀回到放空罐中。

⑧灌泵工序

灌泵工序的目的是使液体推进剂充满从贮罐到流量计的相关管路及泵腔，并通过手动排气和启动泵排气来保证管路和泵腔内没有气体，从而有效防止泵的气蚀。灌泵工序是加注系统的一道基本工序，执行所有有关泵启动的工序之前必须进行灌泵工序。

⑨流量计校验工序

流量计校验工序的目的是通过在线校验得出流量计的仪表系数，进而检验流量计的可靠性和精度是否满足加注系统的使用要求。

⑩调温工序

调温工序的目的是对贮罐中的推进剂进行升降温，以满足运载火箭对临射前推进剂的温度要求。

⑪紧急停车工序

紧急停车工序是加注过程中出现严重故障时进行处理的紧急措施。具体过程为，当库房出现故障需紧急停车时，开库房回流阀，关库房出液阀，延迟2 s后停泵，所有阀门复位，当塔上出现故障需紧急停车时，开库房回流阀，关库房出液阀，转入库房回流状态。

⑫紧急放气工序

当贮罐或管路超压时，执行紧急放气工序，其过程为打开放气阀将贮罐管路内的气体从排放塔放出。

1.3　低温推进剂加注技术

1.3.1　低温推进剂加注系统

低温加注系统包括低温介质的贮存、运输、供应、操作控制和安全等内容，它是运载火箭发射场地面支持设备的重要组成部分。因低温推进剂本身所固有的易燃、易爆和易挥发的特性，世界各国对此都非常重视。近几十年来，低温加注技术得到了长足的进步和发展。

（1）美国火箭低温推进剂加注系统

土星 V 运载火箭的第二级和第三级采用液氢/液氧作为推进剂。其液氢加注系统由液氢贮存容器、液氢输送管路、各种低温加注阀门、放气阀门等组成。土星 V 液氢加注量为 1 275 m³（约 90 t），液氧加注量为 1 730 m³（约 2 000 t），是最复杂的液体低温加注系统。土星 V 液氢地面贮存容器是球形容器，其容量为 3 210 m³。加注管路是真空绝热不锈钢管，直径为 250 mm，总长为 400 m。排气管是直径为 300～400 mm 的铝管。贮罐可容许 15 辆公路运输车同时向内转注液氢。汽化器系统管径为 100 mm。汽化器一方面提供 116 K 的氢气对箭上箱体预冷，另一方面汽化的氢气进入球形贮罐，作为以大流量向火箭加注时的贮罐增压加注用气。由于加注时流量很大，贮罐补充的氢气量很大，所以汽化系统很庞大，占地面积很大。

土星 V 液氧加注系统也是由双层球形罐和输送管路、阀门等组成。液氧球罐的容量更大，达 3 406 m³。液氧加注不采用汽化器挤压，而是采用泵式加注。贮罐增压仍用液氧汽化装置汽化的氧气。在肯尼迪航天中心，液氢库位于发射台东北象限，液氧库位于发射台西北象限，它们都距发射台 440 m。肯尼迪航天中心土星 I 发射场的液氢加注系统与土星 V 液氢加注系统大同小异。主要区别在：1）贮存液氢的主体设备比土星 V 小得多，仅有 437 m³；2）有一个液氢过冷器。这种过冷器使输往火箭的液氢箱的液氢过冷到 −254.5 ℃，从而使补加的液氢成为单向流。为实现液氢过冷，过冷器采用抽真空过冷冷却，为保持过冷器液面不变、压力不变，过冷器有一整套调节系统。

（2）俄罗斯火箭低温推进剂加注系统

俄罗斯东方号系列火箭采用液氧和煤油作为推进剂。能源号火箭助推级采用液氧和煤油作为推进剂，芯级用液氢和液氧作为推进剂。该系统主要由贮罐、泵组、输送管路、液氧过冷系统、贮罐增压系统和排气系统等组成。联盟号火箭液氧采用半地面卧式罐贮存，每个容器的容积是 230 m³（共 8 个罐），采用离心泵向火箭加注。液体输送管路为粉末真空绝热，直径为 250 mm，液氧贮罐的液氧在射前可由液氧铁路槽车转注进罐，加注管直径为 100 mm。在向箭上加注前，先将库存液氧降温到 70 K，降温的方法是用两级引射泵将贮存容器的气腔抽空。小离心泵的作用是向汽化器提供液氧，液氧汽化作为液氧罐的增压用气，另一作用是预冷直径为 250 mm 的加注管。当加注管路预冷合格并充填满后，启动大离心泵，向火箭正式加注。

俄罗斯东方号火箭在发射台上停留时间不允许超过 10 天。一旦加注液氧，必须在 24 h 之内进行发射。东方号火箭采用液氧和煤油作为推进剂。助推级推进剂重 156 t，一级推进剂重 93.2 t，二级推进剂重 5.9 t。二级型联盟号火箭推进剂量也很大，助推级推进剂重 158 t，一级推进剂同样重 93.2 t，二级推进剂重 21 t。俄罗斯火箭大流量加注速率为 7～10 t/min，加注从 −2.5 h 开始，先煤油后液氧。大流量均采用泵式加注，液氧加到 95% 后用泵进行小流量补加。

（3）欧洲火箭低温推进剂加注系统

欧洲阿里安系列运载火箭共有三个发射场，阿里安第 1 发射场和第 2 发射场相距 500 m。阿里安第 1 发射场只限于发射阿里安 1、2、3 型火箭，第 2 发射场可用于发射阿里安 3 型和 4 型火箭，第 3 发射场专用于发射阿里安 5 型火箭。第 1 和第 2 发射场的低温推进剂加注系统类似，第 3 发射场有许多改进。第 1、第 2 两个发射场液氢和液氧采用卧式贮罐，离火箭发射台 400 m，并且中间隔着厚约 1 m 的安全防护用土墙。地面输送管内径为 50 mm。液氢地面管道为真空绝热不锈钢管。液氧由发射场自己生产，液氢由法国用液氢公路槽车从海上用船运抵库鲁发射场。由于阿里安 5 型火箭的芯级液氧箱和液氢箱比阿里安其他型号的大得多，其液氧用量为 130 t，液氢用量为 27 t，分别是阿里安 4 型火箭的 14 倍和 13.5 倍。因此，第 3 发射场的低温加注系统与第 1、第 2 发射场的低温加注系统有明显的不同。首先对用于阿里安 4 型火箭的液氧和液氮生产厂做了改造。改造后日产液氧 14 m^3，液氮 60 m^3。液氢不再从法国运抵圭亚那航天中心，而是在发射场建立了一个日产 33 m^3 的液氢制造厂。其次是液氢、液氧都是射前将贮罐用公路拖车运送到发射区。液氢是用三个 320 m^3 的卧式贮罐，液氧用 5 个 140 m^3 和 16 个 20 m^3 的贮罐。它们分别位于发射台两侧，离发射台约 200 m。

阿里安 2 型火箭和阿里安 3 型火箭第三级采用液氢和液氧作为推进剂。阿里安 3 型火箭第三级总加注量为 35.213 m^3，其中液氢加注量为 27.493 m^3，液氧加注量为 7.72 m^3，液氢和液氧均采用固定贮罐挤压加注和公路槽车自动补加的加注方式。加注从射前 3 h 20 min 开始，液氧预冷 15 min，大流量加注 1 h。液氧加注完后接着液氢贮箱开始预冷，预冷时间为 15 min。液氧液氢大流量加注速率为 10 m^3/s，大流量加注结束后用小流量补加至加泄连接器脱落。

（4）日本火箭低温推进剂加注系统

日本 H−2 火箭在吉信发射场发射，H−2 火箭第一级和第二级均采用液氢和液氧作为推进剂。液氢站主要由液氢贮罐、汽化器、气氢液化装置、液氢加压泵、气氢罐、输送管路等组成，共有两个 540 m^3 的液氢贮罐。液氧站主要由液氧贮罐、汽化器、输送管路等组成，共有 12 个 160 m^3 的液氧贮罐。液氢站和液氧站分别布置在发射台两侧，距发射台 250 m，互相之间距离为 145 m。H−2 火箭的试车台和发射台共用液氢站和液氧站，加注时排放的氢气主要是燃烧处理，少量氢气通过氢气排放管排到大气中去，执行任务时，液氢车向贮罐转注液氢。

1.3.2　低温推进剂加注特点

液氢液氧是当今比冲最高的一组液体火箭推进剂，其比冲比常温推进剂高 30%～40%。该推进剂应用于运载火箭上面级可以显著提高火箭运送有效载荷的能力。此外，液氢液氧推进剂无毒，对环境无污染，因此在国内外航天发射技术中获得了广泛的应用。航天发射场液氢液氧低温推进剂加注系统的主要任务是接收、贮存推进剂并按要求向运载火箭加注。如果航天运载器对推进剂的品质（温度）有一定要求，加注系统应能对推进剂进行过冷调温。低温推进剂加注系统通常具有以下特点：

1）液氢液氧贮罐和加注管路应有良好的绝热以减少蒸发损耗以及防止在加注时产生两相流。

2）对于液氢系统，在加注前要先用氮气，最后用氢气或氦气置换，以防止在系统中形成氢-空气可燃混合气，防止杂质气在液氢中冷凝固化而妨碍加注系统和发动机正常工作。

3）在加注开始时应对系统预冷，防止设备产生超出允许范围的冷缩应力，防止由于液氢液氧大量沸腾汽化而形成超压和振动。

4）由于加到火箭贮箱中的推进剂要不断吸热汽化，因此，加注只能按贮箱液位计定容积加注。为了补偿汽化损耗，在加满贮箱后要进行自动补加，使贮箱处于基本加满状态以改善贮箱的冷热应力状态。

5）要与箭上氢氧发动机系统配合对发动机系统进行增压预冷和自流预冷，以减少氢氧发动机启动前的预冷推进剂消耗，缩短预冷时间。

6）在火箭点火起飞前要按发射准备程序进行射前补加，保证火箭贮箱在火箭起飞时处于加满状态以充分利用贮箱的容积，为火箭提供足够的推进剂。

7）射前补加一直要进行到火箭起飞前结束，为此要求液氢液氧加注、排气软管与火箭加注、排气口连接的自动脱落连接器在临射前能按指令可靠脱落。

8）如果运载火箭对推进剂的品质（温度）有一定要求，加注系统应能对推进剂进行降温过冷，以保证加到贮箱中推进剂的品质符合要求。

9）在加注液氢过程中要排放出大量氢气，为保证发射场和火箭起飞时的安全，要求安全排放或对排放出的氢气进行处理。

1.3.3　低温推进剂加注的关键技术

液氢液氧是深冷液化气体，自从在航天技术中大量应用以来，促进了液氢液氧大规模生产、贮存、运输、输送和加注技术的发展，以下为国内外液氢液氧低温推进剂加注的主要相关技术。

（1）液氢系统加注前的气体置换

液氢的沸点是－253 ℃，除氦气、氢气外其他气体在液氢中都会凝结为固态。这些固态气体在液氢中相当于机械杂质，会卡塞阀门、泵和液量计，堵塞火箭发动机喷嘴，引发加注系统或火箭发动机系统故障。此外，液氢中的固态氧或固态空气遇到摩擦或冲击极易引起爆炸。因此，液氢系统在加注前一定要用氢气或氦气置换，使系统中的氧气、氢氧化物、氮气等杂质气的含量降低到技术要求规定的指标。可以用于液氢系统置换的气体只有氢气和氦气两种。氦气是一种稀有昂贵的气体，用氦气置换当然十分安全，但要消耗大量昂贵的氦气。为了节约氦气，通常先用纯净的氮气置换，使系统中的氧气、氢氧化物含量降低到一定值，然后用氦气置换到符合要求。在火箭技术的早期阶段，为了确保使用液氢的安全，大多采用氦气进行最后的置换。例如，美国第一个应用液氢液氧推进剂的运载火箭上面级"半人马座"的液氢加注系统就是用氦气置换的。随着火箭技术的发展和液氢安全使用经验的积累，为了节约稀有昂贵的氦气，逐渐采用氢气取代氦气置换。例如，美国的"土星"系列火箭和航天飞机的液氢系统都已采用氢气取代氦气进行最后的置换。为了保证安全，在用氢气置换前应先用氮气置换到氧气含量低于 1.5%，最后用氢气置换到符合要求。

大量试验研究证明，在氢气-氮气-氧气混合气中，当氧气含量低于 5% 时，混合气是不可燃的，不存在着火爆炸危险。因此，液氢系统先用氮气置换到氧气含量低于 5%，然后用氢气置换，这是一种安全、经济、实用的置换方案。用液氢汽化得到的氢气，其质量自然符合液氢系统对置换用氢气纯度的要求。用这种方法获得的氢气用于置换是一种简便、经济的方案，可以省去贮存用的高压氢气瓶库和增压用的氢气压缩机等设备。对于运载火箭液氢加注系统来说，在加注前直接用液氢汽化得到的低温氢气置换是实用可行的。用低温氢气置换在一定程度上可以起到预冷的作用。例如，美国土星 V 运载火箭液氢液氧加注，在向二级加注液氧的同时，用液氢贮罐汽化器汽化获得的低温氢气，通过加注管路对二级液氢贮箱预冷。当液氧加注结束，二级液氢贮箱的壁温降低到－107 ℃以下，即可开始向二级加注液氢。这实质上是一种用低温氢气进行置换、预冷的方法。

（2）预冷及其控制

低温推进剂加注预冷过程是一个十分复杂而且不稳定的过程，在预冷初始阶段，进入管路的推进剂会剧烈汽化并引起较大的压力波动，随后产生两相流，只有当管路被冷透后才逐步过渡到单相流状态。在预冷过程中火箭贮箱和加注管路要承受相当大的冷缩应力，因此应对预冷过程加以控制，使压力波动和冷缩应力不至于太大。预冷流量直接影响预冷过程和冷缩应力的大小，为此对预冷流量通常都提出了限制要求。对预冷过程的研究表明，如果管路系统绝热不佳，外界传入的热量足以使预冷进入管路的推进剂完全汽化，则管路将永远达不到要求的预冷状态。因此，预冷流量不能太大，合理的预冷流量应当是在保证因预冷形成的压力升高和冷缩应力不超过允许值的前提下，采用较大的流量以缩短预冷时间。

在预冷阶段，由于两相流，管路上的流量计（通常多采用涡轮流量计）无法测出真实的预冷流量，因而难以对预冷过程进行有效的控制。在此阶段，由于管路和推进剂贮箱具有相当大的热容量，开始预冷进入系统的推进剂会全部汽化并在贮箱中形成相当大的反压。当贮箱排气活门的流通能力一定时，通过监视贮箱反压可以间接判定预冷流量的大小。在预冷过程中，通常规定贮箱反压不超过某一规定值，在某一特定条件下（例如规定进入系统的预冷推进剂全部汽化，假定贮箱气枕温度一定等），贮箱反压与预冷流量的关系可用解析分析方法确定。如果在预冷过程中贮箱反压基本上保持不变，由于贮箱气枕温度随预冷进展而下降，则预冷流量会随着相应增大。随着预冷的进展液相推进剂开始在贮箱中出现，此时如果维持贮箱反压不变，预冷流量会自然增大，这是符合低温推进剂加注由预冷向大流量加注过渡规律的。当预冷进展到一定程度，加注管路中出现单相流，此时，管路上的流量计可以测出真实的预冷（或加注）流量，则可据此流量对预冷（或加注）过程进行控制，这是目前国内外低温推进剂加注预冷过程实用的控制方法。用质量流量计可以测出预冷阶段两相流的真实流量，并可据此对预冷过程加以控制。向运载火箭加注低温推进剂，贮箱反压是一个很重要的指标，通过监视贮箱反压来间接控制预冷流量是一种安全简便的方法。

（3）加注流量调节

低温推进剂加注需要对加注流量进行调节以满足火箭对加注系统的要求。低温推进剂加注流量调节的目的是为了获得规定要求的预冷、大流量和补加流量。加注流量调节原则上有两种方法，一是压力调节法，即通过改变加注压力以获得不同流量；二是节流调节法，即通过改变管路阻力（如用节流阀）以调节流量。用压力法调节流量，当管路流阻特性较平坦，在流量较小时需要的挤压压力很小，此时压力波动（包括贮箱反压的改变）会引起流量较大幅度改变；其次，靠改变推进剂贮罐气枕压力调节流量的调节速度太慢，难以满足加注对流量调节的要求。用节流法调节流量，贮罐挤压压力通常按大流量加注的需要确定并在加注过程中保持不变，用调节阀或大小阀组来改变管路阻力以获得不同流量。和压力调节法相比，节流调节法具有流量稳定、调节速度快的优点。尤其是在小流量补加时，压力波动对流量的影响小，从而能获得稳定的补加流量。纵观国内外航天发射场低温推进剂加注系统，大多采用以节流调节法为主的流量调节方法，例如，欧空局阿里安运载火箭的液氢加注系统、美国的土星 Ⅴ 火箭和航天飞机液氢加注系统均采用节流法调节流量。

（4）两相流及其防止方法

加注液氢液氧推进剂，当管路中某处的压力低于该处液体的饱和蒸气压时，液体就会汽化而形成两相流。液氢汽化为同温度下的气体，其体积增大约 53 倍，对于液氧则要增大 255 倍。因此，少量液体汽化就会产生大量气体而形成严重的两相流。两相流会使管路的输送能力明显下降，流量调节发生困难，加注过程难以控制。因此，防止产生两相流是对低温推进剂加注系统的一项重要要求。

各种防止产生两相流方法的实质都是设法使推进剂的饱和蒸气压低于其静压。提高静压以防止产生两相流的方法有：

1）合理提高加注压力，采用节流法调节流量并使节流阀靠近管路出口，例如美国肯尼迪航天中心 39 号发射场向土星Ⅴ火箭二、三级加注液氢的系统，其大小阀组调节流量的装置均设在勤务塔上，靠近加注管的出口。

2）适当提高箭上贮箱反压可以防止沿整条加注管路产生两相流。但是，贮箱长期处于高反压下工作，会使贮箱中的推进剂温度升高，降低推进剂的品质。因此，靠长期提高贮箱反压来防止两相流是不可取的。可在补加结束前的短期内采用，以保证平稳、可靠射前补加到位。此法在国外运载火箭液氢液氧加注系统中应用，例如美国土星Ⅰ火箭液氢液氧射前补加就是采用这种方法。

3）降低管路阻力可以缓解静压沿管路下降，从而能减轻两相流的发生。因此，低温推进剂加注管路系统应力求简单，尽量减少阀件数量以降低管路阻力。

降低推进剂蒸气压以防止产生两相流的方法有：

1）改善管路绝热以减少推进剂温升，从而能防止两相流的产生。

2）管路流阻损失的能量转化为热会使推进剂的温度升高，所以降低管路流阻可以防止产生两相流。管路流阻一方面使压力沿管路下降，另一方面使推进剂的温度升高。因此，降低管路流阻对防止产生两相流有明显效果。

3）降低推进剂的温度使其饱和蒸气压相应降低，从而可以防止两相流。从原理上说，可以采用外部冷却法和真空冷却法降低推进剂的温度。采用外部冷却法，冷源由制冷机或其他温度更低的介质提供，推进剂通过热交换器被冷却降温。真空冷却法采用推进剂本身作为工质，用真空法使推进剂汽化吸热而降温。因为液氢的温度很低，没有经济实用的低温介质可用于冷却液氢，所以通常多采用真空法使液氢降温过冷。例如，美国土星Ⅰ运载火箭的液氢加注系统就是采用管壳式热交换器，用真空法过冷的液氢作为冷却剂，对补加的液氢进行过冷。用真空法使推进剂降温是基于温度与饱和蒸气压一一对应的原理。降低液面上的压力，对应的饱和温度（液体的平衡温度）随之降低。例如，用真空抽气机对推进剂贮罐抽真空，罐中的推进剂会因大量汽化吸热而降温，直到推进剂的饱和蒸气压等于贮罐气枕压力为止。控制抽真空压力就可以控制真空法冷却降温的温度。考虑到氧气要禁油、氢气易燃易爆，采用的真空抽气机是空气引射式抽气机，此法曾在苏联的低温推进剂降温过冷技术中应用。

（5）低温推进剂在加注过程中的温升和过冷推进剂

由于漏热和流阻损失，液氢液氧低温推进剂在加注过程中不可避免地要升温。低温推进剂加注系统设计时应对推进剂的温升进行计算、预测，合理确定加注管路的绝热形式，以满足火箭对加到贮箱中推进剂的温度要求。当采用离心泵加注时，由于泵的水力损耗会引起推进剂较大的温升，其量值通常比由于管路漏热引起的温升大得多。此外，采用泵式加注，在管路系统的复杂程度、操作的方便性和可靠性等方面都不如挤压式加注。因此，现代航天发射场液氢加注系统无例外地都采用挤压式加注。对于液氧系统，只有当加注量很大时才采用泵式加注。当加注量不大时，采用泵式加注往往是得不偿失的。

为了减少漏热，液氢液氧加注管路应有合理的绝热防护，常用的绝热形式有聚氨酯发泡塑料复合绝热和真空多层绝热两种。液氢管路通常都采用真空多层绝热；对于液氧管路，采用聚氨酯发泡塑料复合绝热是可以满足使用要求的。考虑到聚氨酯发泡塑料复合绝热易于老化，寿命低，所以现代航天发射场液氢液氧加注管路大多采用真空多层绝热。为了便于生产和运输，真空多层绝热管路的每节管长通常不大于 15 m，每节管段之间采用真空绝热法兰或焊接连接。值得注意的是，即使采用真空绝热法兰，通过法兰连接部位漏入的热量往往会达到管路总漏热的 60%～80%。如果真空绝热法兰设计不佳，其漏热将会更大。因此，国外航天发射场液氢液氧加注管路大多采用现场焊接连接，焊好后对连接部位的绝热夹层抽真空，采用这种结构可以大幅度提高管路系统的绝热性能。采用焊接连接，管路的密封性好，在每次加注前不需要对每个连接法兰进行气密性检查，从而能大大减少使用和维护工作量。

在火箭飞行过程中，为了保证能向发动机提供规定品质的推进剂，通常要求加注结束后贮箱中推进剂的温度不超过某一规定值。降低贮箱中推进剂温度的方法有：

1）向贮箱射前补加过冷的推进剂。采用此法，贮箱中推进剂温度降低的量值与贮箱中的推进剂量及其温度、射前补加的推进剂量及其温度、外界传入的热量和补加期间推进剂的蒸发量等多种因素有关，可根据热力学第一定律进行预测与计算。要降低射前补加结束时火箭贮箱中推进剂的温度，可以考虑采取如下措施：

a）合理增加射前补加的推进剂量；

b）适当提高射前补加流量，缩短补加时间以减少在此期间外界传入的热量；

c）合理提高过冷推进剂的过冷度以提高降温效果；

d）改善加注管路绝热，减少外界热量传入。

2）全过程加注过冷的推进剂。全部加注过冷推进剂的好处是可以获得高品质的推进剂，而且在加注过程中能有效地防止产生两相流，保证加注平稳。采用此法需要对贮罐中的推进剂进行过冷，通常采用抽真空减压的方法进行过冷，此法曾在苏联低温推进剂加注系统中应用。抽真空所用的设备是空气引射式抽气泵，采用这种泵抽吸氢气和氧气，防爆、禁油、低温等问题都易于解决。如果运载火箭对贮箱中推进剂的品质有严格的要求，为了防止贮箱中推进剂温度升高，可以用循环法来维持贮箱中推进剂的过冷状态，保证其温度基本不变。采用此法，要设置恒温循环管路系统，在加满贮箱后用泵使贮箱中的推进剂与地面贮罐中的过冷推进剂不断循环以维持温度不变。

（6）射前补加及控制

加到火箭贮箱中的液氢液氧推进剂会有大量汽化损耗，为了补偿汽化损耗需要不断地进行自动补加，使贮箱处于基本加满的状态。通常在火箭临射前要对箭上发动机系统进行预冷，在预冷后要进行射前补加以补充在发动机预冷过程中消耗的推进剂。在射前补加的同时，贮箱中的推进剂在重力作用下自流，对发动机继续进行预冷，以防止已预冷的发动机温度回升。射前补加结束后进行加注管路排空，加注、排气连接器脱落，最后点火发射。为了保证火箭能按预定的时间点火发射，要求射前补加能按规定的速度（流量）及时精确地补加到规定的液位。为此，应合理确定射前补加速度，以保证在预定的射前补加时间内补加的推进剂能够补偿发动机增压预冷和自流预冷的消耗，以及由于外界热量传入引起的推进剂损耗。发动机增压预冷流量、自流预冷流量和加到贮箱中推进剂的蒸发损耗速率需要通过试验才能精确确定。此外，蒸发损耗速率还与当时环境温度、气象条件有关，因此，在设计上应保证射前补加流量能在一定范围内可调。为了保证补加流量不会因为贮箱反压或其他因素干扰而发生变动，射前补加宜采用较高的补加压力，采用节流法调节流量。

精确补加是指补加过程中贮箱液面应平稳准确地达到规定的液位，不会出现虚假的到位现象。如果在射前补加时出现严重的两相流，补加过程中大量气体进入贮箱使贮箱液面不正常地上升并出现波动，则可能会导致电容点式液位计发出虚假的补加到位信号。其次，由于外界热量传入，贮箱中的推进剂大量沸腾汽化也会引起液位非正常的上升并出现波动，同样会导致电容点式液位计发出虚假的补加到位信号。这种虚假的加注到位信号会导致射前补加量不足。关于在射前补加过程中贮箱液位波动不稳的情况已由贮箱电容式连续液位计测得的液位变化曲线所证实。在射前补加接近终了时关闭贮箱放气活门，使贮箱气枕压力升高，可以抑制贮箱中推进剂沸腾汽化，使液面宁静，从而可以保证精确补加到位。关闭贮箱放气活门的措施，不仅可以抑制贮箱中推进剂沸腾汽化，而且还可以抑制加注管路中的两相流，具有一举两得的效果。按液氢饱和蒸气压与温度的关系可以计算预测：贮箱气枕压力升高 0.06 MPa，其防止产生两相流的效果与过冷降温 2 K 相当。在射前补加到位前关闭贮箱放气活门以提高补加准确性的措施已在国外低温推进剂加注系统中得到应用，例如美国土星 I 火箭二级液氧射前补加是在发射倒计时 −150 s 开始的，到 −50 s 补加到位，补加时关闭贮箱放气活门并增压到 0.32 MPa。该火箭二级液氢系统射前补加也是在关闭贮箱放气活门的条件下进行的，射前补加在倒计时 −150 s 开始，贮箱压力为 0.15 MPa，大约在 −90 s 补加到位。

1.3.4　低温推进剂加注流程

（1）低温推进剂加注基本要求

液氢液氧推进剂在加注状态时处于极端低温状态（−200 ℃以下），其加注技术与常规液体推进剂加注有着很大的区别。加注顺序是先液氧、后液氢。液氢采用固定罐汽化器自身增压加注方式，液氧采用固定罐泵式加注或汽化器自身增压方式。对于大型运载火箭，一般采用泵式加注方式，可以加大流量，缩短加注时间。

低温推进剂加注时，首先采用大流量快速加注，加注到预定液位 95% 左右时，改用小流量自动补加。正常加注管路与补加管路是分开的，正常加注由主加注贮罐向火箭加注，补加由补加贮罐用挤压法向火箭加注。正常加注和补加所用的压力不同，预冷时间也不相同，如液氧的一、二级补加管路均采用定时预冷法，一级是在液氧箱加注到 75% 时开始预冷，加注到 98% 时停泵转为补加工况；二级则在停泵并预冷 30 s 后自动进入补加工况。补加过程利用自动补加阀调节控制，当加注到 99.75% 时，转为减速补加，补加速度低于液氧的蒸发速度，液面缓慢下降；当液面下降到 99.25% 时，则恢复大流量补加。自动补加如此反复运行，保证液面在 99.25％～99.75％之间变动。

低温推进剂加注对发射准备的影响很大。由于低温推进剂是发射前数小时才实施加注，加注后低温推进剂极易蒸发，因此小流量补加过程是发射程序的重要组成部分。补加过程一直持续到射前数分钟，补加过程是发射程序和发射安全可靠性的关键环节之一。为了减小低温推进剂加注对发射准备的影响，通常要求在加强安全控制的前提下，采用大流量快速自动加注技术完成基本量加注，优化并缩短发射程序，从而减小低温推进剂对电气系统的不良影响并缩短小流量补加过程。这是低温推进剂加注与常规高沸点可贮存推进剂加注的显著区别之一。

低温推进剂的加泄连接器是气动设备，具备自动脱落功能。它由本体、连接与分离机构、开关活门控制机构、信号装置、绝热层、动密封和静密封等组成。

（2）液氧加注工艺

①系统组成

液氧加注系统由贮罐、液氧泵、调节阀、过冷器、涡轮流量计、过滤器、加泄连接器、低温球阀和各种管路等组成。因液氧的密度比较大，需要采用泵送法和挤压法配合加注，大流量加注用泵送法，小流量加注和补加用挤压法。图 1-6 所示为液氧加注工艺流程简图。

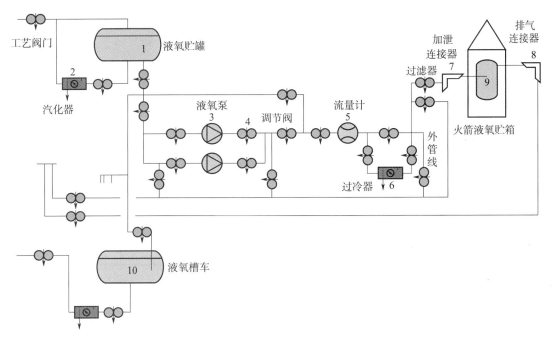

图 1-6　液氧加注工艺流程简图

②工序流程

1）转注贮罐：液氧槽车→液氧贮罐。

2）液氧加注：液氧贮罐→液氧泵→调节阀→流量计→外管线→过滤器→加泄连接器→液氧贮箱。开式泵送加注，汽化器给贮罐增压，压力约为 0.25 MPa，贮箱的氧气排放。

3）液氧补加：液氧贮罐→流量计→过冷器→外管线→过滤器→加泄连接器→液氧贮箱。开式挤压加注，汽化器给贮罐供气，贮箱的氧气排放，过冷器冷却液氧。

4）泄回液氧：液氧贮箱→加泄连接器→过滤器→外管线→液氧贮罐。一般用挤压泄回，给贮箱增压，贮罐内的氧气排放。

③加注程序

1）预冷加注管路及贮箱：用汽化器给液氧贮罐供气挤压，调节液氧流量，对加注管路、补加管路、液氧泵和贮箱等进行预冷，氧气排放。当贮箱内的液氧量达到约 2 m³时，预冷结束。

2）大流量加注：用汽化器给液氧贮罐增压、补气，启动液氧泵，调节液氧流量进行大流量加注，加注到箭上贮箱一液位时停止，然后将液氧罐泄压，防止罐内液氧升温。

3）排放管路：用挤压方式把加注管内的热液氧排放掉，以保证补加液氧达到温度要求。

4）补加：用汽化器给液氧贮罐供气挤压，控制流量，补加到箭上贮箱二液位时，停止补加，输送液氧前，应当给过冷器供液氮，用液氮冷却液氧。

5）发动机预冷：发动机预冷前，贮箱应先增压，待预冷好后泄压，此时地面系统一是给液氧贮罐增压到补加压力，二是排放掉管路内的热液氧。

6）射前补加：用补加工序进行射前补加，补加到箭上贮箱三液位时，自动停止补加，关闭加注活门和排气活门，发送加注完毕信号，发射程序进入射前 4 min 准备。在补加的同时，发动机进行自流预冷。

7）排空脱落：用自流或挤压方式把加注管内的液氧排入贮罐中，管中排空 1 min 后自动转入连接器脱落工序，待脱落后发送脱落完毕信号。

8）排空全管路：火箭起飞后排空管路中的全部液氧，待排净后拆除全部设备、软管，液氧加注工作结束。

④废氧排放

液氧加注系统排放废气有两部分，一部分是地面库房内的排气，另一部分是液氧贮箱的排气。因氧气的危险性较小，一般将其引至发射场外低空自然排放。地面库房排氧、贮箱排氧分别设置排气管路，可共用排放塔。

排氧系统由管路、波纹补偿器、单向阀、低温蝶阀、排水阀和排氧塔架等组成。

（3）液氢加注工艺

①系统组成

液氢加注系统由铁路加注运输车、流量计、节流阀、过滤器、连接器、低温球阀和各种管路等组成。因液氢的密度很小，宜采用挤压法加注，如图 1-7 所示。

②工序流程

1）液氢加注：铁路加注运输车→流量计→外管线→过滤器→加泄连接器→液氢贮箱。开式挤压加注到二液位，贮箱排放氢气引至燃烧池燃烧处理。

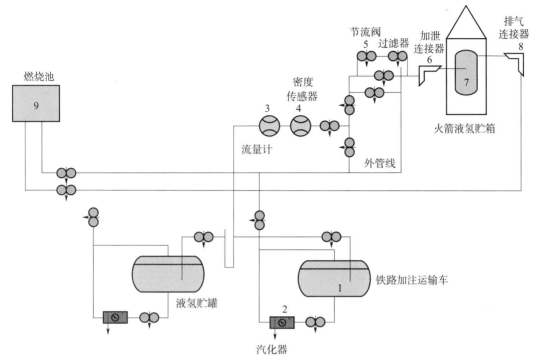

图 1-7　液氢加注工艺流程简图

2）液氢补加：铁路加注运输车→流量计→外管线→过滤器→加泄连接器→液氢贮箱。挤压连续补加，贮箱液位保持在二液位和三液位之间。

3）液氢泄回：液氢贮箱→加泄连接器→过滤器→外管线→铁路加注运输车。一般采用开式挤压泄回，逐项增压，槽车排放氢气引至燃烧池燃烧处理。

③加注程序

1）整体置换：加注管路和贮箱一起置换。先用氮气置换，后用氦气置换，氮气置换约 8 次，充气压力约 0.2 MPa，放气压力约 0.01 MPa。

2）预冷加注管路及贮箱：用汽化器给液氢贮罐供气挤压，控制液氢流量约 300 L/min，对加注管路、设备、贮箱等进行预冷，贮箱压力大于 0.03 MPa 时排放氢气，当贮箱内的液氢量达到 4 m³ 时，预冷完成。

3）大流量加注：增大贮罐挤压压力（约 0.3 MPa），调节液氢流量约 1 500 L/min，进行大流量加注，加注距二液位约 2 500 L 时，贮罐泄压（约 0.17 MPa）进行减速加注，调节液氢流量 850~1 000 L/min，当贮箱达到二液位时停止加注。

4）补加：贮罐挤压压力保持不变，调节液氢流量约 700 L/min 进行自动往复补加，由贮箱二液位、三液位信号控制，液位升到三液位时暂停补加，液位降到二液位时又启动进行补加。

5）氢排管预冷：在进行发动机预冷前预冷氢排管，将贮箱补加到三液位，然后对氢排管预冷。

6）发动机预冷：将贮箱补加到三液位时停止补加，给贮箱增压，然后对发动机预冷，预冷完毕贮箱泄压。与此同时，将加注管中的热液氢排入氢排管中，排空流量约 300 L/min，发动机预冷完毕停止排放。

7）射前补加：用补加工序进行射前补加，调节液氢流量为 700～1 000 L/min，将贮箱补加到三液位，并根据贮箱液位下降情况随时进行补加。发射程序进入射前 5 min，补加到三液位，然后停止补加，关闭加注活门和排气活门，并发送加注完毕信号。

8）排空脱落：贮罐泄压，用自流或挤压方式把氢加注管内的液氢排入贮罐中（或氢排管中），管中排空 1 min 后自动转入连接器脱落工序，待脱落后发送脱落完毕信号。

9）管路吹除：发射后用氢气吹除加注管路，供气压力约 0.5 MPa，待吹除完毕，拆除相关设备、软管，液氢加注全部结束。

④氢气排放及处理

液氢加注系统排放废气有两部分，一部分是地面库房内的氢气排气（包括槽车、贮罐及管路泄压、放空等），另一部分是箭上液氢贮箱的排气（包括预冷、蒸气等）。因氢气的危险性较大，对排气量少的废氢气，可引至发射区外较远的高空排入大气，依靠自然稀释排放。对大量排放的废氢气，为了确保发射场安全，将其引至发射场外较远的地方，经燃烧处理后排放。地面和箭上贮箱的排氢，分别设置排气管路。

1.4　推进剂加注工作的安全可靠性分析

1.4.1　火箭推进剂的危害性

火箭推进剂是一类特殊的高能化学物质，国内常用的液体火箭推进剂包括硝基氧化剂、肼类燃料和煤油等，在实际使用过程中均会对作业人员的身体产生危害。国内外因火箭推进剂突发事故而引发的中毒、灼伤和死亡案例也时有发生，推进剂危害已成为航天发射场作业人员面临的最大威胁。

国际劳工局 1983 年修订版的《劳动百科全书》中明确指出推进剂的化学毒性、燃烧爆炸、腐蚀作用以及环境污染是航天地面活动存在的重大危险。在推进剂转注、运输、加注、贮存，卫星和火箭的测试、发射，以及推进剂废液、废气处理等涉及推进剂作业过程中，均可能发生着火、爆炸、烧伤、冻伤、中毒和窒息事故，引起星箭毁坏、人员伤亡，造成环境污染，影响当地群众生产生活。

（1）硝基氧化剂和肼类燃料的危害

目前，我国使用的液体火箭推进剂主要为硝基氧化剂（硝酸 27S、四氧化二氮）和肼类燃料（偏二甲肼、甲基肼和无水肼）。硝基氧化剂腐蚀性强且易挥发，肼类燃料吸附和渗透性强并易燃易爆，均为三级中等以上毒性物质。其对人体损伤主要通过呼吸道、胃肠道和皮肤吸收引起中毒。肼类、红烟硝酸和氮氧化物高浓度时可引起急性中毒。中枢神经系统急性中毒，主要是引起功能性紊乱和器质性损伤；肝脏急性中毒，可引起急性肝损伤，如肝细胞坏死和过敏性肝炎；呼吸道急性中毒，可引起窒息、肺水肿或化学性肺炎；

血液循环系统急性中毒，可引起红细胞、白细胞和骨髓的损伤。偏二甲肼和四氧化二氮分别是具有代表性的燃料和氧化剂。根据我国《化学物质毒性全书》分级标准，偏二甲肼为Ⅲ类中等毒物，常温下为无色透明液体，易挥发，有氨样（鱼腥样）臭味，具有强刺激性，属于中枢神经兴奋剂，中毒的主要危险来源于呼吸道吸入。急性中毒，轻度可出现上呼吸道刺激症状，重度可引起强直性痉挛和角弓反张，同时可能合并恶心、呕吐、食欲缺乏等消化道症状，以及因血管内溶血导致的血尿、血红蛋白尿、高铁血红蛋白尿等表现。另外，偏二甲肼对皮肤和眼有较强的刺激作用，局部染毒可引起化学性烧伤。四氧化二氮为Ⅱ类高毒化学品，常温下为红棕色液体，沸点仅为 21.15 ℃，极易挥发，在空气中冒红棕色烟，有强烈的刺激性臭味，具有强烈的腐蚀性，主要通过呼吸道吸入引起中毒。其毒性主要是二氧化氮的毒性：进入体内溶解于水形成硝酸和亚硝酸，刺激肺泡上皮细胞和腐蚀肺毛细血管壁，致使大量液体渗入肺泡间质或肺泡中，形成肺水肿；同时损害肺泡表面活性物质，使肺泡萎缩，严重影响肺的通气、换气功能；另外，亚硝酸在体液内可破坏血红蛋白，形成高铁血红蛋白血症而失去携氧功能。四氧化二氮沾染皮肤或眼，若不及时冲洗，会造成化学性烧伤。

　　（2）低温推进剂作业易引起的危害

　　目前我国常用的火箭低温推进剂主要有液氢（冰点：－259.18 ℃，沸点：－252.78 ℃）、液氧（冰点：－218.3 ℃，沸点：－183.0 ℃），低温液氢和液氧可能会对取样的作业人员造成冻伤。此外，液氢还是强烈的易燃易爆和绝缘物质，属非导电体，当其在管路中高速流动时，会产生高达数千伏特的静电；在管路出口与空气相遇时，易产生静电放电。因此，在液氢加注过程中极易造成强烈的静电起电现象，如果监测和管控措施不当，很容易造成燃烧或爆炸事故。液氢在加注条件下静电起电的机理非常复杂，受到如罐体大小、管道尺寸、液体流动形态、液体的电导率和液体内的杂质、管道壁粗糙程度等内在因素，以及温度、压力等外部环境因素的多方面影响，通过对液氢加注系统的组成、工作原理和加注流程分析可以得出液氢加注过程中的静电起电机理。首先，液氢在加注过程中会因为与设备、管道、贮罐、各种闸门等相互作用而积累大量静电电荷，存在着接触分离起电、沉降起电和气-液起电等多种起电过程，在一定液面条件下，其静电起电电位可高达数万伏，一旦超过安全极限，便会因为静电放电造成火灾和爆炸。其次，在液氢的加注过程中，由于液氢以高速、高压流过输送管道，在管道内流动摩擦，特别是高速流动摩擦，容易产生静电。第三，喷射起电和冲击起电等复杂起电过程，很容易出现快速的静电积累，液氢在管道内产生所谓的冲流电流，冲流电流会在管道的一端或者接头部位形成电荷的积累，产生静电。达到一定电位时就可能引起静电火花放电，造成燃料的燃烧或者爆炸，特别是燃料从管道输送给火箭贮箱的过程中，因为冲流起电、喷射起电，产生火花放电从而引起爆炸事故。第四，液氢在加注过程中从喷嘴喷出时，由于液体集中高速摩擦而往往使喷出的介质带电。喷出的带电介质储入容器内，如果容器不接地，将使容器带电，从而产生静电。最后，人体是一个特殊的静电系统。人体本身是静电导体，而与人体紧密联系的衣服和鞋、袜常常是由绝缘材料制成的，也就是说，人体和大地之间形成了一个电容器，可以存储静电能量。当带电的人体系统接近接地导体时，就可能发生静电放电现象，放电的能量超过危险场所的敏感能量，就会发生静电事故。因此，在火箭液氢的加注现场，人体是非常危险的静电源。

（3）新型火箭推进剂的毒性

硝酸羟胺（HAN）是硝酸羟胺基新型液体推进剂的主要成分，在可靠性、稳定性、能量、成本上较现在通用的液体推进剂都有所提高，特别是在安全性能方面减少了许多危险，是一种很有发展前途的液体火箭推进剂。硝酸羟胺无挥发性，但有毒，可使人通过直接接触中毒。硝酸羟胺属于中等毒性类化学物质，它可腐蚀皮肤，引起化学性烧伤，也是一种较强的眼睛刺激物。由于硝酸羟胺常温下挥发的是水蒸气，所以防护重点在于防止推进剂喷溅接触到皮肤和口、眼。火箭煤油是中国近年来研制的一种高密度、低凝点、高品质的大型火箭发动机用煤油，其碳数分布在 C8～C16 之间，并且环烷烃的含量较高，将作为我国新一代大推力运载火箭的主体推进剂投入到航天发射中。许多动物和人体实验表明，煤油燃料具有一定的毒性，主要表现在对人体中枢神经系统、呼吸系统、血液系统和皮肤、黏膜的损害。此外，火箭煤油在运输、使用过程中产生的蒸气也会对环境和人体健康造成一定的危害。

（4）推进剂加注流程及安全风险

根据推进剂在航天发射场的作业程序，操作环节主要包括以下 8 个方面：

1）转注站台操作：主要负责推进剂槽车、站台固定管路间金属软管的连接、拆卸，手动阀门的开启、关闭，气密性检查，槽车、管路的增压、泄压，压力、液位、温度、流量等参数的监控，管路排空、残余推进剂处理以及相关故障的排除等工作。除槽车内部作业环境为封闭状态外，其余均为敞开状态。

2）加注泵间操作：主要负责推进剂泵间手动阀门的状态调整，手动灌泵及由此产生的推进剂废液处理，加注转注泵、电动气动阀门、流量计、泵间内管路、仪表等工作状态、参数的监视以及相关故障的排除等工作。泵间多为半地下室结构，操作环境属于封闭状态。

3）贮罐放空罐间操作：主要负责推进剂罐间手动阀门的状态调整，推进剂取样，贮罐放空罐、罐间阀门、管路、液位计等工作状态、参数的监视以及相关故障的排除等工作。罐间也多为半地下室结构，操作环境属于封闭状态。

4）塔上加注泄回操作：主要负责发射塔架固定管路与火箭间金属软管的连接、拆卸，加泄连接器的安装、拆卸，塔上手动阀门状态调整，管路排空，残余推进剂处理，火箭贮箱、塔上管路、阀门、仪表等状态、参数监视以及相关故障的排除等工作。工作时塔架回转平台处于合拢状态，操作环境属于半封闭状态。

5）应急抢险：主要负责推进剂加转注过程中发生重大推进剂泄漏事故时的堵漏和修复相关设备以及从污染地带抢送伤病员等工作。

6）加转注指挥：负责推进剂加转注过程的指挥协调以及故障排除、应急抢险时的现场指挥。

7）推进剂质量、污染检测以及废气、污水处理：负责推进剂质量、作业环境污染的检测，加转注过程中产生的废气、污水处理工作，一般距推进剂库较远。

8）外围救护及其他相关岗位：负责推进剂加转注事故中伤病员的前期救治和后送，以及其他相关指挥、协调、警卫和保障工作。一般处于推进剂作业的外围。

整体而言，肼类推进剂作业的危险性高于硝基氧化剂的同类作业。而同一种推进剂作业时，应急抢险作业的危险性最高。塔上加注泄回和转注作业由于使用了金属软管并需要拆装操作，危险性高于使用永久性固定管路的罐间作业。

1.4.2　国内外推进剂加注工作事故

世界航天史上曾发生过多起触目惊心的重大事故，在众多的发射事故中，因推进剂系统引发的占 60%，而推进剂事故中，中毒烧伤窒息事故发生得最为频繁，危害也最为严重。1960 年 10 月 24 日，苏联拜科努尔发射场，在未泄出推进剂的情况下进行现场故障排除作业，R16 洲际导弹突然爆炸，造成包括导弹部队司令涅杰林元帅在内的 160 人死亡。1980 年 3 月 18 日，苏联东方号火箭在普列谢茨克发射场进行推进剂加注时发生爆炸，45 名技术人员当场被炸死，另有 5 人送医院后死亡。美国 9 个大力神 II 型导弹发射基地在 1978 年 1 月至 1979 年 9 月期间，连续发生推进剂泄漏中毒事故 8 起，死亡 3 人，中毒数十人。1995 年 5 月，我国曾发生四氧化二氮泄漏事故，中毒及化学灼伤 10 余人。据不完全统计，40 多年来，国外共发生火箭推进剂突发事故 300 多次，死亡 260 多人，中毒 360 多人，烧伤 130 多人，甚至造成发射失败和巨大的财产损失，直接影响了航天事业的发展，危及有关人员的生命安全，政治、社会和经济影响巨大。在世界航天史上典型的 170 多起推进剂事故中，因中毒烧伤和窒息造成人员伤亡的事故有 63 起，根本原因都是人员防护不当造成的。

火箭液体推进剂从厂家生产开始到火箭加注，中间需经过运输、贮存、转运、检验、加注、尾废处理等多个环节，各个环节均可能发生泄漏、爆炸等意外事件，最可能发生意外的环节是加注和尾废处理。我国曾多次出现偏二甲肼和四氧化二氮泄漏事故，其中危重病例均出现严重的肺水肿。1990 年 7 月，我国长征二号 E 火箭发射澳星，因气象原因两次推迟发射，箭内推进剂贮存时间过长，助推器内压力传感器垫圈因老化而发生泄漏。在堵漏和泄出推进剂过程中，相继有 83 人偏二甲肼和四氧化二氮混合吸入中毒，其中 23 人经现场救治后送医院处理，1 例极重者死于严重的肺水肿。1995 年 1 月，我国长征二号 E 火箭发射亚太二号卫星，升空 50 s 突然发生星箭爆炸，残骸及剩余的约 39.7 t 偏二甲肼和 84.6 t 四氧化二氮溅落，发生燃烧并污染大气。事故后 3 h 检测大气中的偏二甲肼浓度为 5 mg/m³，氮氧化物浓度为 103 mg/m³，可以推测事故当时大气中这些物质的浓度远远超过此水平。该事故中有 64 人因吸入偏二甲肼和四氧化二氮及其燃气中毒，有 18 人当时诊断为化学性肺炎和中毒性肺水肿，3 例因严重的肺水肿死亡。1996 年 2 月，长征三号 B 火箭试验发射，点火 10 s 后在距离发射工位 2 km 处触地爆炸，污染局部环境，造成 31 人中毒，两例极重者死于肺水肿。在以上事故中，吸入中毒病例均有不同程度的胸闷气短等呼吸系统症状，危重病例尤其是死亡病例均有严重的呼吸窘迫等急性肺损伤或急性呼吸窘迫综合征样临床表现。液体推进剂意外事件主要包括加注时泄漏事件、尾废处理时出现意外、抽样检验时空气中推进剂浓度过高、库房间转注出现部分泄漏等。在处理火箭液体推进剂的各环节中，运输和贮存环节发生推进剂意外事件相对较少，而火箭液体推进剂加注时发生相关意外事件的风险最高。

1.4.3　推进剂泄漏事故典型案例

20 世纪 90 年代，我国某型号火箭首发飞行试验任务中，推进剂加注后拆卸加泄连接器时，突发重大推进剂泄漏事故。发射当天下午 1 时 20 分左右，各系统人员基本就位，即将进入射前 8 小时准备程序。火箭推进剂已全部加注完毕，火箭加满推进剂后，已按满载要求给氧化剂和燃料贮箱充好了保护压力，准备拆卸最后一道工序，从箭上拆卸二级氧化剂箱的加泄连接器。消防、救援等后勤保障和辅助医疗人员已准备撤离阵地。当指挥员下达口令，操作手解除加泄连接器锁紧定位，拔下连接器的瞬间，意外发生，大量的氧化剂（四氧化二氮）随着连接器的脱落，从火箭加注口喷泄而出，突发了灾难性事故。现场顿时黄烟弥漫，倾泻出的四氧化二氮边挥发、边沿着箭体和几十米高的发射塔向下四处流淌、蔓延。此时，火箭的全部火工品已安装到位，各系统电气设备和大量电缆散布在各个角落，部分箭上人员正在发射场塔下电梯附近待命，准备上塔进入岗位。此时此刻，如果腐蚀性很强的四氧化二氮和带电设备或燃料接触就会迅速起火，大量倾泻的氧化剂必将助燃蔓延的大火，难以扑灭。上百吨的推进剂将不可避免地发生连锁反应的颠覆性大爆炸，摧毁火箭和发射场，并会波及大量人员，出现群体性伤亡，造成重大灾难性恶性事故。

由于该发射场长期对液体火箭推进剂的爆炸风险和灾难事故高度警戒，20 世纪 90 年代以后，根据技术发展的要求和承接国内外发射任务的增长需要，对加注系统地面设备进行了系统的自动化改造，加强了系统的自动化程度和推进剂防护安全检测手段，执行任务前针对任务特点对重大安全隐患进行了处理，开展了一系列事故预想和应对预案技术演练。因此，在突发重大推进剂泄漏事故后，采取了一系列科学有效的技术措施，启动了事故预案，控制了事故的进一步恶化和蔓延，避免了重大灾难性事故的发生，最大限度地减少了人员的化学伤害。

在这次重大泄漏事故发生后四个小时的排故抢险过程中，始终保持了多批次的人员按技术方案、预案有序排故抢险，保持了对推进剂泄漏蔓延和关键部位的有效消防水冲洗、喷淋控制，保持了对中毒人员的及时抢救和后送医院救治。最终大量四氧化二氮喷泄完毕，在火箭及塔架上结为大量的干冰，控制了事态的进一步恶化，避免了灾难性爆炸的发生。

1.4.4　推进剂加注工作的安全防护

从安全防护角度考虑，火箭推进剂主要依据其易燃、易爆的程度和毒性大小进行安全等级分级。火箭推进剂的毒性大小和易燃易爆程度，表明它所具有的潜在危险性大小。为了预防事故的发生，必须全面了解它们的各种特性、使用条件、可能发生的危险，从而决定所必须采用的安全防护措施，而不能不分主次、场合、使用条件，用单一模式去处理。

正常状态推进剂作业中毒危险远远高于火灾、爆炸危险，主要危险性在于毒性危险，因此，要求作业人员必须使用适当的防护装备。肼类燃料泄漏时，极有可能达到爆炸极限，应急抢险作业具有较高的风险，在做好个人防护的同时，尤其要注意采取合理的防火和防爆措施。无论是瞬时泄漏还是连续泄漏，作业区域的瞬时蒸气浓度可高达 $10^6 \sim 10^7 \, mg/m^3$，此时环境中的氧气浓度低于 15%。对于推进剂的连续泄漏，由于是连续释放方式，作业区域必须使用隔绝式防护装具。瞬时泄漏时由于排放量有限，初始蒸发时间极短，随着蒸发积液层温度降低蒸发量急剧下降，可以使用过滤式防护装具。肼类推进剂泄漏时，以泄漏点为中心，一定范围内存在着爆炸危险，作业时应杜绝出现明火和静电累积。勤务保障人员的工作位置应尽量选择在排放或泄漏的上风向区域，处于下风向的勤务人员必须迅速转移至上风向位置。确需在下风向作业的人员必须使用过滤式防护装具。下风向 160 m 范围内可见二氧化氮红棕色烟雾，1 300 m 范围内可嗅到偏二甲肼的鱼腥臭味。排放或泄漏时，四氧化二氮下风向 1 000 m 范围内、偏二甲肼 2 000 m 范围内应注意人员的中毒。出现大量泄漏事故时，应将上述范围的人员进行疏散。

正常状态的推进剂作业，除塔上加注作业和应急抢险属于高危险作业外，其余岗位的作业主要是可能的推进剂毒气渗漏引发的毒性危险。因此，可以把推进剂作业的危险区域分为三类：

1) 缺氧且存在爆炸可能的高危险场所。此类场所内氧气浓度低于 18%、推进剂蒸气浓度处于爆炸极限范围内，防护的重点为爆炸、窒息、灼伤和中毒。可能出现此类危险的推进剂作业有：推进剂泄漏抢险、泄漏状态下更换管道组件、进罐作业等。

2) 存在推进剂液体瞬时泄漏或气体排放的危险场所。此类场所在正常作业时，氧气浓度不会低于 18%、推进剂蒸气浓度一般不超过 500 mg/m³（可见二氧化氮红棕色烟雾），防护重点为中毒、灼伤。可能出现此类危险的推进剂作业有：加转注、化验取样、泵/罐间巡查、废气/废液处理等。

3) 存在推进剂毒气扩散范围的外围工作场所。此类场所是指推进剂作业时，周边环境中可能超过职业卫生标准的区域，根据评价和预测结果，此类区域规定为作业点周边 3 km 范围内。

安全通常是指各种事物对人不产生危害、不导致危险、不造成损失、不发生事故、运行正常、进展顺利的状态。为提高防护效率，防护体系的建立通常遵循最小遗憾法则，即根据不同的作业岗位，针对性地对存在较大危险隐患的区域和岗位进行重点防护，对其他进入危险区的人员实施普遍防护，以期最大程度发挥防护效能，将损失降低到最小。分级防护正是基于这种原则，按不同的需要或标准以及所处客观环境进行分级。按照卫星发射中火箭推进剂作业现场情况提出的三级防护的具体内容与实施办法如下：

（1）全封闭隔绝式安全防护（一级防护）

全封闭隔绝式防护，也称特殊防护或一级防护。按照标准要求应做到：当人员处于缺氧或推进剂浓度超过 2% 的环境中，在规定时间内进行排故、抢险、人员救护等作业时，不会发生中毒或化学灼伤。防护装具配置时除考虑对皮肤的安全防护外，更关键的是还要有独立的清洁气源供人员呼吸。解决办法可采用隔绝式生氧防毒面具，也可采用长管式送气防毒面具。皮肤防护装具必须选用耐酸碱、不透气的丁基胶防毒服、防毒手套和靴套，佩戴隔绝式化学生氧面具或氧气瓶供氧防毒面具。也可选用大眼窗头罩、丁基胶防毒服、手套、靴套组成的全封闭隔绝式防护系统，由导气管直接供给清洁空气或氧气。二者的差别在于，前者氧气经二氧化碳过滤器后循环使用，后者则为一次性使用，防护体系呈正压状态，对密封性要求相对较低。前者人员活动范围不受限制，但因氧气循环使用，呼吸气体温度可高达 40 ℃，加之呼吸阻力大，极易使人感到疲劳，同时氧气量有限，工作时间多在 2 h 之内。长管式供气装置不存在呼吸气体温度和呼吸阻力的影响，工作时间不受限制。所供空气或氧气除了气量可以随意调节外，还可通过环境控制器进行调节。唯一缺点是导气管与人体防护系统相连，活动范围受到限制。对于液体推进剂管道清洗、贮箱和贮罐清洗、进罐作业以及应急抢险人员，都必须采用这种全封闭隔绝式防护系统，才能保证人员的绝对安全。

（2）有限防护（二级防护）

有限防护也称二级防护，主要用于正常情况下直接从事各类推进剂运输、保管、加注、取样和小量推进剂处理的操作人员。推进剂对皮肤有灼伤作用，能被皮肤吸收，所以皮肤防护器材仍应选用不透气丁基胶防毒服和防毒手套、靴套。呼吸保护器必须选用过滤式防毒面具，火箭推进剂特防面具 T-1 型即是此类防毒面具。在人员与推进剂直接接触的环境中，推进剂具有一定浓度，因推进剂泄漏而发生着火爆炸的危险随时存在。佩戴过滤式防毒面具就可以保证推进剂有毒气体不被人体吸入，而且事故发生后可以迅速逃离现场。这种有限防护只能用于氧气体积浓度高于 18% 和推进剂有害气体浓度低于 2% 的环境。另外，因滤毒罐都有一定的体积和重量限制，所以不能无限期使用。滤毒罐使用时间与多种因素有关，如环境中毒气浓度、工作的作业强度、个体因素及其他环境因素等。

（3）一般安全防护（三级防护）

一般安全防护主要用于进入航天发射场规定危险区内不需采取一、二级安全防护的其他所有人员。这些人不直接从事推进剂操作、检验、管道清洗、设备检修等作业，但因发射场或多或少存在推进剂有毒气体，所以对呼吸器官和人体外表应采取一定的安全防护措施。这类人员可以佩戴简易防毒口罩，穿 82 型透气防毒服、防静电胶鞋和戴一般的棉纱手套。这些防护装备可以保证人员不会吸入有害气体，衣服不会被推进剂玷污。在发生意外的情况下，在迅速撤离的过程中使人员呼吸系统和全身皮肤得到暂时性保护。一般安全防护绝非可有可无，更不能与一般的劳动保护等同视之。必须认识到，在航天发射场存在着大量易燃、易爆、易蒸发的液体推进剂，随时有泄漏、着火的危险。因此，只要进入航天发射场，人员安全就受到一定威胁。所采取的措施除了满足正常情况下卫生安全要求外，还要能在事故发生时提供短时间的逃生安全防护。

此外，加强对作业场所火箭推进剂的在线监测，对于控制环境污染、防止事故的发生、指导人员防护、保障工作人员的安全和健康、保证卫星以及飞船发射过程的顺利进行，具有极其重要的意义。对于发射场而言，推进剂远距离多通道监测报警系统，应能够完成推进剂贮存库房、加转注间及塔架等推进剂作业环境中推进剂浓度远距离在线连续监测。局部可设计成一个集散式监测系统，实现推进剂毒气最高允许浓度和应急暴露极限两级报警。监测数据和报警信号必须通过上位机传输给加注指挥员，以便指挥员指导作业人员实施有效防护，并通过加注指挥系统进入发射阵地 C^3I 系统，以便发射总指挥全面了解现场的情况。一旦发生推进剂泄漏事故，极可能损坏发射场设备设施、影响航天发射的进程，发生人员中毒、烧伤甚至死亡事故。为使事故的危害最小化，需要及时控制和修复泄漏源，为此在航天发射场应建立完备的应急救援系统，包括事故抢险和医疗救援两部分。事故抢险体系应包括现场指挥和应急抢险分队。现场指挥一般由发射场总师系统担任，负责事故现场的一元化指挥，其他行政领导不得干预。应急抢险分队的主要职责是从事故现场转移伤员、控制泄漏源，并在最短时间内排除故障、恢复正常状态。医疗救援体系的建立和完善，在火箭推进剂卫勤应急管理中具有重大意义。三级救护队是救护工作的前线，由担架队、急救箱、救护车、洗消车、阵地医疗救护组、场区医疗救护队以及场区或阵地救护所组成，负责伤员的洗消、分类和初步治疗。后期治疗任务主要由一级救护中心和二级救护站完成。三级救援体系不仅事先要做好预防工作及一切准备工作，一旦事故发生，要分轻、重、缓急等不同情况区别对待，按伤员轻、中、重不同程度中毒状况对症采取应急救护措施。

1.5　加注自动对接技术及研究意义

1.5.1　加注自动对接技术

从运载火箭加注对接与撤收的实际需要出发，以替代人工现场操作、提高系统的安全性和意外情况应对能力为目的，针对推进剂易燃易爆、腐蚀性强等特点和箭体加注口活门位置相对随机以及塔架上空间狭小、承载能力有限等环境约束，研制适合塔架现场加注环境的自动对接与脱离机器人，用于实现加泄连接器与箭体加注活门之间的自动对接与撤收、气密性自检及加注过程中与箭体随动等复杂现场作业，与后方监控系统一起构成自动对接与脱离机器人系统。

研制加注机器人，要全面、系统地分析加注机器人工程应用对象的特点和环境因素。应用对象包括推进剂地面转注口和火箭加注口。应用环境包括地面转注环境和发射塔架内部环境。在上述分析的基础上，明确应用指标需求和环境约束条件，为加注机器人的设计提供基本依据。加注机器人系统涉及的关键技术主要有以下几个方面：

1）自动定位对准技术。针对加注现场的复杂恶劣环境，研究具有高响应特性、高精度和高鲁棒性的自动定位对准技术，解决加泄连接器前端面中心与箭体活门中心相对位置为随机变量时的机器人自动对中难题。

2）机器人自动上箭锁紧技术。针对我国细长结构的火箭箭体，若机器人与火箭箭体没有相互连接固定，竖立空置的火箭箭体受大力推动，可能被机器人推向另一侧，从而导致火箭箭体与塔架平台相撞，影响火箭箭体结构安全。因此，机器人必须与火箭箭体能够自动连接固定，才不会在加泄连接器与火箭加注活门对接时，导致火箭偏移。

3）加注口柔顺对接技术。由于火箭加注活门内有橡胶密封圈，对接方向偏离时阻力较大，但直接大力冲撞对接又会影响火箭加注口的可靠性，因此，对接机构必须适应阻力快速调整方向，像人的关节一样保持柔顺用力完成对接。

4）滑动筒自动收放技术。加注时，火箭推进剂在管路内快速流动，压力较大，若连接器与加注活门不锁紧，容易出现连接器受力反弹脱落导致推进剂大量外泄的恶性后果。连接器的滑动筒自带一套锁紧机构，但需先拉开并对接到位后，才能放开锁紧，因此机器人必须具备滑动筒自动收放的能力。

5）加注活门泄漏自动在线检测方法。人工对接时，在加泄连接器与箭体加注活门对接完成后，管路加压，人工在对接结合处通过观察肥皂泡的变化来判断气密性的好坏。在推进剂加注完成后至撤收加泄连接器前，为检测火箭活门是否正常闭合，还需要采用超声波探测仪器现场进行泄漏检测。采用加注对接机器人后，要完全实现塔架无人化，还要开发一套自动化的泄漏在线检测系统，解决对接后的管路气密性自动检测和加注后的泄漏自动检测问题。

6）加注过程中箭体轻微晃动的随动跟踪方法。在加注的过程中，箭体因受风等外力的影响，会产生方向不定的轻微晃动，国外提出的晃动量指标是任意方向为 ± 1 in（英寸），角位移 $\pm 0.5°$。我国的火箭加注活门尤其是二级活门位置较高，外力作用下所产生的晃动量大，位移量约为任意方向 ± 2 in。研究加注过程中加注机构与箭体随动实现的最优方法，以"零滞后"为目标，以保证箭体活门不受塔架上加注机器人的强力牵扯而降低可靠性。

7）适用于对接机构大行程分离面动密封的防腐、防爆、隔热设计。推进剂易燃易爆且具有腐蚀性，机器人必须具备防爆、防腐、隔热能力。对于具有大行程直线运动的对接机构而言，其中防爆难度最大。对于现场机器人本体，潜在的点火源主要来自携带的电子电气设备可能发出的电火花以及机械传动部分由于摩擦、撞击等可能产生的火花。其防爆设计应保证在灾害现场存在可燃气体泄漏的情况下，对接、脱离等一系列作业不会对外界环境产生不良影响。

8）加泄连接器的容差夹持装置设计。目前的对接由人工手持加泄连接器完成，加泄连接器由固定手掌的手握环和用于拉动的拉动环两部分组成。这两个环都是采用手工焊接，相对位置具有很大的随机性，另外，用于人工对接的加泄连接器外部尺寸精度不高，尤其缺乏对机械臂进行定位的基准面。通过设计具有容差能力的专用夹持器，消除由当前加泄连接器所带来的随机误差，使其成为适用于机器人操作的标准件。

9）塔架空间约束环境下精细操作的多任务集成优化设计。塔架各层平台空间狭小，平台承重能力有限，在这种约束条件下，需要大幅度优化机器人的结构、重量，还要完成适应多种不同任务的复杂操作，确保火箭箭体安全，必须实现小惯量、轻灵化设计和高度集成。

10）机器人应急处置应用方法。机器人应用后，加注过程中塔架是无人的，此时一旦出现异常情况，必须依赖机器人解决。可能的极端情况有两种：一是机器人未离箭时，加注活门存在泄漏，需要应急处置。二是机器人离箭后火箭异常，中止发射，推进剂需要泄出时的应急再对接。

1.5.2　加注自动对接意义

2016 年 9 月 1 日，美国 SpaceX 公司的猎鹰 9 号火箭在佛罗里达州卡纳维拉尔角空军基地静态点火测试时发生爆炸，由于现场是无人化操作，所以没有人员伤亡。2019 年 8 月 29 日，伊朗的火箭在塔架上发生爆炸。2019 年 9 月 11 日，日本的 H - 2B 运载火箭在准备发射前突然燃起大火，经过 3.5 h 的扑救火势才得到控制。以上重大事故说明，火箭加注过程中和加注后的发射现场是高危区域，即使是技术高度先进的当代，依然可能发生重大安全事故。为避免出现发射场重大人员伤亡事故，必须大力提升加注现场的自动化程度。采用现场无人值守的加注自动对接技术，不仅可以大幅提升运载火箭的自动化测试发射水平，改变火箭发射场射前操作项目多、保障人员多的现状，而且可以有效提高火箭发射可靠性和工作人员安全性，对航天发射技术发展具有重要意义。

1）可以缩短发射前的准备时间，降低勤务人员误操作风险，确保发射准备人员的生命安全。安全性和可靠性是航天发射任务的核心要求。由于常规推进剂易燃、易爆、有毒，航天发射场推进剂加注属于典型的高危作业，工作人员应尽量远离此类危险场所。尤其是当出现推进剂泄漏或火箭紧急关机后需要泄出推进剂等紧急情况时，利用自动加注与脱离机器人代替人工完成泄漏情况下应急再对接、火箭紧急关机推进剂泄出时加泄连接器自动对接与脱离、对接与脱离过程泄漏自动检测报警等高危现场复杂作业，可有效避免人与危险环境的直接接触，对于缩短准备时间，增强应急处置能力，提高航天发射安全性、可靠性，确保产品及人员安全具有重要意义。

2）可以促进航天发射技术进步，提升航天快速发射能力。从当前的航天发展趋势来看，航天发射能力远远无法满足航天发射数量的需求。为适应高密度、常态化的测试发射任务，进一步提升航天发射能力，必须加强航天发射场的自动化、智能化和信息化建设。开发火箭加注自动对接技术，研究智能对接系统能够简化发射条件，可大幅度提升发射场应急处置能力、测试发射能力和智能化水平。

此外，未来空间站建成后，快速往返空间站对发射准备时间要求更高。研制加注自动对接与脱离机器人，提升航天发射场快速发射能力，对于开展载人飞船应急快速发射与救援，也具有十分重要的现实意义。

参 考 文 献

［1］ 赵晓刚.液体推进剂的现状与发展趋势［C］.中国化学会全国化学推进剂学术会议，2017：
141－145.

［2］ 符全军.液体推进剂的现状及未来发展趋势［J］.火箭推进，2004（1）：1－6.

［3］ 周载学.发射技术（下）［M］.北京：中国宇航出版社，2009.

［4］ 郭宵峰.液体火箭发动机试验［M］.北京：宇航出版社，1990.

［5］ Huzel D. K.，Huang D. H. Design of Liquid – Propellant Rocket Engine［C］. AIAA，Reston，
Virginia，1992（147）.

［6］ Anon. Turbopump Systems for Liquid Rocket Engines［J］. NASA Space Vehicle Design Criteria
Monograph. NASA，SP－8107，1974.

［7］ Humble R. W.，Henry G. N.，etc. Space Propulsion Analysis and Design［M］. McGraw – Hill，
New York，1995.

［8］ 崔吉俊.航天发射试验工程［M］.北京：中国宇航出版社，2010.

［9］ 王瑞铨.国外运载火箭低温加注系统［J］.导弹与航天运载技术，1997（2）：19－29.

［10］ 黄兵，等.低温液体运载火箭推进剂加注过程分析［J］.低温工程，2015（4）：62－66.

［11］ 刘松.大剂量火箭液体推进剂吸入引起的急性肺损伤——发生机制及药物防治研究［D］.北京：
中国人民解放军军医进修学院，2004.

［12］ 林义勇，等.火箭低温推进剂加注过程中的静电防护研究［J］.河北科技大学学报，2011（S1）：
210－214.

［13］ 吴冬惠，等.火箭液体推进剂急性损伤12例分析［J］.人民军医，2018（11）：1004－1006.

［14］ 赵金才.XX型号火箭推进剂重大泄漏事故抢险组织指挥的启示［C］.第四届全国灾害医学学术会
议暨第二届"华森杯"灾害医学优秀学术论文评审会学术论文集，2007：24－27.

［15］ 彭清涛，张光友，等.我国液体火箭推进剂防护服的研究现状及发展趋势［J］.中国个体防护装
备，2014（3）：9－14.

［16］ 丛继信.航天发射场常规液体推进剂安全防护研究［D］.长沙：国防科学技术大学，2004.

［17］ 丛继信，等.发射场液体推进剂个体防护体系的研究与设计［J］.中国个体防护装备，2010（4）：
14－17.

［18］ 李泳峰，等.火箭推进剂输送连接器自动对接装置及其动态特性研究［J］.机床与液压，2020，48
（4）：13－18.

［19］ 顿向明，等.探究火箭推进剂加注机器人［J］.机器人产业，2015（5）：86－93.

［20］ 闻靖，顿向明，等.推进剂加注自动对接与脱离机器人技术现状和发展趋势研究［J］.机器人技
术与应用，2010（6）：20－23.

［21］ 李刚，杨武，等.运载火箭液体推进剂机器人自动加泄技术初探［J］.重庆工学院学报，2003
（5）：49－52.

［22］ 黄小妮，顿向明，等.运载火箭推进剂加注自动对接与脱离机器人本体设计［J］.机器人，2010
（2）：145－149.

［23］ 肖士利，等.运载火箭发射场无人值守加注发射技术研究［J］.宇航学报，2019（4）：459－465.

第 2 章　火箭箭地对接技术发展现状

在运载火箭发射支持系统中，地面的推进剂输送管路、供配气管路以及电线路与运载火箭之间需通过专用接口设备进行对接。运载火箭在发射准备过程中与地面设备之间的电路、气路、液路等管线的联系十分复杂，这些连接箭地的管线统称为脐带，脐带与火箭之间的接口设备一般称为连接器。随着技术的发展和长期持续改进，地面连接器与火箭的连接方式从早期的纯人工对接方式，逐步发展到今天的人工对接、半自动对接与脱离、全自动对接与脱离等多种方式。尤其是随着人工智能的水平越来越高，远程智能脐带系统和基于机器人完全自主的管线自动对接系统正逐步走向实际工程应用。

2.1　概述

随着自动化、远程监控等技术的发展，各国对火箭发射现场的人员安全性更加重视，加大了对自动加注及测试发射技术的研究力度，并逐步实现了发射前端的无人值守。宇宙神 5 在射前 14 h 运往发射区，从射前 7.5 h 芯级推进剂加注开始至点火发射，基本实现了无人值守。德尔它 4 火箭从射前 5.5 h 的推进剂加注开始也是无人值守的。猎鹰 9 火箭从射前 40 min 开始超过冷推进剂加注，实现了发射前端从加注开始的无人值守。阿里安 5 火箭射前 9 h 才从技术区总装厂房转运至发射区，从射前 6 h 开始进入倒计时程序，此时人员撤离发射前端。旋风号是国际上首个采用全自动射前准备与发射技术的火箭，火箭在发射区完成总装测试后，就不再需要人直接操作，后续自动按程序执行。天顶号是继旋风号后第二个采用全自动发射的火箭，也是自动化、智能化程度最高的火箭之一，火箭在离开水平总装测试厂房后，通常在 28 h 内实现无人值守加注发射。国外火箭通过减少射前操作项目、优化射前流程、射前状态参数远程监控、连接器自动对接及脱落、组合式连接器、连接器零秒脱落等技术基本实现了加注发射全过程无人值守。为缩短加注时间，不同推进剂同时大流量自动加注，提高加注速度。将箭地接口组合化，大幅减少了箭地连接器数量和操作人数，提高了脱落可靠性。同时，大量应用连接器零秒脱落技术，提高了射前流程可逆性。

在运载火箭发射支持系统中，地面的推进剂输送管路、供配气管路与运载火箭间需通过连接器进行对接，实现液/气介质加注及泄出火箭的功能。目前，连接器与箭上接口的对接工作多以人工操作完成为主，而箭上接口的位置、运动范围及速度在外界因素作用下持续变化，尤其是在异常情况下必须快速完成连接器与箭上接口的二次对接以进行推进剂泄出，否则容易引发火箭贮箱压力剧增导致爆炸等事故，对操作人员及地面保障条件要求更高。因此，开展连接器自动对接技术研究需求迫切。俄罗斯、美国、法国、日本等国家航天局都对运载火箭连接器自动对接技术开展了持续的研究，并形成了两种截然不同的研究方向——以俄罗斯为代表的地面塔架自动对接与脱离技术（简称为"架栖"对接技术）和以美国为代表的箭上人工对接自动脱离技术（简称为"箭栖"对接技术）。

2.2　美国箭地对接技术

美国在连接器方面一直关注快速对接而并不强调自动对接，前期对土星Ⅴ、宇宙神5、X-33等型号运载火箭/飞行器开展了平衡臂式、伸缩式等脐带自动对接装置的研究。2004年，肯尼迪航天中心、罗韦德尔公司开发了远程智能脐带对接系统原理样机，该对接系统可在6个自由度上移动，对接后被动随动，具备人工操作等功能，可有效减小操作人员现场进行推进剂加注工作面临的危险，但目前未见型号应用报道。2007年，NASA提出了"自动对接地面脐带连接器系统"研究计划，用于保持可靠性，并减少地面脐带连接的操作时间和人力。2012年，肯尼迪航天中心针对战神Ⅰ研制了由内板、外板等组成的线性脐带对接锁紧机构，外板用于与火箭箭体连接，内板由人工推动将连接器与火箭加注口对接。

美国以火箭箭体为安装基架的箭栖对接与自动脱离技术，其自动脱离装置安装在火箭箭体上，对接及加注过程中加注口与加泄连接器均处于相对静止状态，这样便避免了对接和加注过程中由于箭体晃动所产生的对中及随动难度。"箭栖"对接的特点是自动对接装置体积小巧，结构紧凑，对接的可靠性高。但使用前需要由人工先将对接装置安装在箭体上，这就造成一旦对接装置与箭体脱离后则无法实现自动再对接。此外，利用箭体发射所产生的升力进行对接装置与箭体的强力分离，虽然能够完成自动脱离动作，但脱离动作缺乏流畅性、易对箭体活门和贮箱造成伤害。美国曾发生过对接装置不能从火箭上顺利脱落的恶性事故，导致管路被火箭拉断，火箭推进剂贮箱严重损坏，致使发射失败。

2.2.1　土星Ⅴ火箭

土星Ⅴ运载火箭采用了10个组合式连接器，从图2-1中可以看到土星Ⅴ运载火箭的中间脐带架和脐带连接器。

（1）箭栖对接方式

土星Ⅴ加注连接方式采用的是以火箭为安装基架的箭栖对接技术，即半自动对接装置由人工安装在火箭箭体上，发射时由火箭上升带来的牵引力自动脱落。

土星Ⅴ运载火箭二子级（S-Ⅱ）采用气电组合式脐带自动脱落连接器，如图2-2所示，包括44路气路、电路和一个空调管，集中在一个长方形的脐带自动脱落连接器上。

S-Ⅱ级还采用了两个8 in的液氢和液氧加泄连接器，安装在第Ⅱ级中间，由服务臂支承，服务臂由人工事先安装在箭体上。图2-3（a）是连接状态，图2-3（b）是脱落状态。其特点是分离机构与连接机构各自分开，分离机构可不考虑密封盒低温对它的影响。

推进剂加注软管和气路、电路连接通过平衡臂式和万向伸缩式装置与发射塔架连接，连接器靠平衡臂支撑和钢索吊挂，以减小火箭的承力。

图 2-1 中间脐带架和脐带连接器

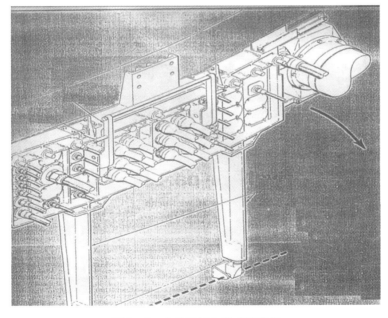

图 2-2 土星 V 气电集成连接器

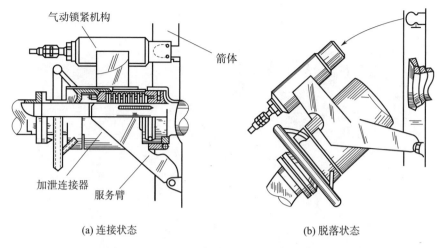

（a）连接状态   （b）脱落状态

图 2-3   土星Ⅴ运载火箭 S-Ⅱ级加泄连接器

（2）自动脱离方式

集成连接器等对接装置安装在脐带服务臂上，服务臂用来接近火箭和支撑为火箭服务的勤务管道。服务臂有飞行前用和飞行中用两种类型，飞行前用的服务臂在火箭起飞前回收并紧靠脐带塔锁定。飞行中用的服务臂在接收到控制开关的指令信号后，火箭起飞时回收。

飞行服务臂在起飞时回收的典型程序有下面四步：

1）解开臂锁；

2）释放脱落插头支架；

3）回收支架；

4）回收臂和锁定。

在起飞前 15 s（T_0-15 s）时，根据预先设定的射前计时程序，发送信号打开臂锁。当火箭上升 3/4 in 时，牵制臂上打开气动系统，解锁脱落插头支架，并迫使每个支架脱离火箭。如果这个系统发生故障，火箭已上升约 2 in 时，就开动辅助机械释放机构。如果这两个系统都发生故障，当火箭上升大约 15 in 时，支架由火箭拱起。当支架弹出时，用双极开关启动支架回收系统和服务臂回收系统。如果开关发生故障，当火箭上升 18 in 时，将借助辅助起飞开关发出的信号由旁路启动。当支架弹出时，还要启动 S-ⅣB 级前、后臂上的管道操纵装置。整个支架和服务臂的回收均由气动或液压系统完成。各级对接回收的具体操控如下：

1）S-ⅠC 级箱间段（飞行前）。在这里有液氧加注与排泄对接接头，通过气动的复式并联装置来回收脱落插头，从发射控制中心可将臂再连接到飞行器上。在 T_0-30 s 时回收，回收用的时间是 13 s，再连接的时间大约是 5 min。

2）S-ⅠC 级的前段（飞行前）。在这里有气动、电气和空调对接接头，通过气动断开/牵索装置的辅助机械系统回收脱落插头，在起飞前 16.2 s（$T_0-16.2$ s）时回收，回收时间 6 s。

3）S-Ⅱ级的后段（飞行前）。有接近火箭的舱口，起飞前按照要求回收服务臂。

4）S-Ⅱ级的中段（飞行中）。在这里有液氢、液氧的输送管、排气管，气动、仪表冷却、电气和空调对接接头。脱落插头回收系统除多了一个气动牵索外，与S-ⅣB级前段相同。如果主要回收系统发生故障，就用这套系统操作。回收时间 6.4 s（最大）。

5）S-Ⅱ级的前段（飞行中）。在这里有气氮排气、电气气动对接接头，脱落插头回收系统与S-ⅣB级前段的相同，回收时间 7.4 s（最大）。

6）S-ⅣB后段（飞行中）。有液氢、液氧的输送管，电气、气动和空调的对接接头。脱落插头回收系统与S-ⅣB级前段的相同，还安装有管道维护装置，回收时间 7.7 s（最大）。

7）S-ⅣB级前段/仪器装置脱落插头（飞行中）。就S-ⅣB级来说，有燃料箱排气、电气、气动、空调和飞行前调节的对接接头；就仪器装置来说，有气动、电气和空调的对接面。通过气动断开连接气动/液压的辅助机械系统回收脱落插头。服务臂也装有管道维护装置，以便在脱落插头回收期间保护管道，回收时间 8.4 s（最大）。

8）服务舱（飞行中）。舱内有空调、排气管、冷却剂、电气和气动连接接头，用气动/机械牵索系统与辅助机械系统回收脱落插头，臂的回收时间 9.0 s（最大）。

9）指令舱接近臂（飞行前）。通过环境室出入宇宙飞船。臂可以由发射控制中心控制伸缩，在（T_0-43 min）到（T_0-5 min）的时间里，回收到停止位置。从这个位置伸张的时间是 12 s。

2.2.2 航天飞机

根据 NASA 定义，一个航天飞机左右脐带系统的主要作用是在发射前的 T_0 时刻，被用来为航天飞机提供液体和电气线路。每个脐带系统是由包含空气铝质运载盘的地面支持设备（Ground Support Equipment，GSE）配接至一个航天飞机接口面板。航天飞机接口面板是飞机的一个组成部分。左舷和右舷包含运载盘的地面支持设备，在 T_0 时刻，将收回到其自身的连接尾端支持柱（Tail Service Mast，TSM），而尾端支持柱在发射台环境下会通过防爆屏蔽罩进行保护。

液氢（LH_2）运载盘是航天飞机的地面支持设备（GSE）的一个组件，而 T-0 脐带运载盘是尾端支持柱（TSM）的一部分，尾端支持柱又是移动发射平台（Mobile Launch Platform，MLP）的一部分。移动发射平台共有两个尾端支持柱，每个尾端支持柱都有一个 T-0 脐带运载盘。其中一个 T-0 脐带运载盘用来为航天飞机和贮罐加注液氢，另一个用来为航天飞机和贮罐加注液氧。T-0 脐带运载盘直接与航天飞机配接，并为航天飞机和贮罐提供所有与地面支持设备连接的电气线路和液体管道。在发射后数毫秒，配接的 T-0 脐带运载盘跟航天飞机自动分离并回收入尾端支持柱。此时，尾端支持柱上的防爆屏蔽罩关闭，以防止受到航天飞机升空时主发动机的火焰破坏。图 2-4（a）为液氢 T-0 脐带盘对接入航天飞机时的连接状态，飞机上配接了一个黄色的矩形盘。图 2-4（b）中给出了从航天飞机侧观察到的脐带盘面板。从图中可以看出，和匹配连接器相连接的有液体和电气连接器。位于盘中间的那个最大的是液体连接器，是液氢填充和排放线的连接器。另外，总共有 12 个电气连接器，电气连接器分布在液氢填充和排放线的两侧。

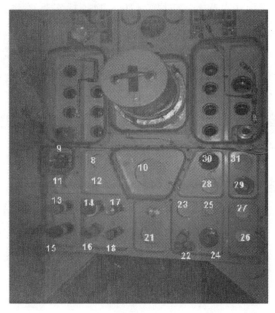

（a）液氢 T—0 脐带盘对接入航天飞机　　　（b）从航天飞机侧观察到的脐带盘面板

图 2-4　航天飞机电液集成连接器连接面板（见彩插）

为了帮助识别航天飞机面板上的连接器，采用了航天飞机操作和维护文档 VULML001-01 中的编号方法，图 2-5 给出了液氢 T—0 脐带面板与航天飞机的对接部位，图 2-6 显示了航天飞机液氢 T—0 脐带面板编号，表 2-1 包含了连接器的名称和相应功能。

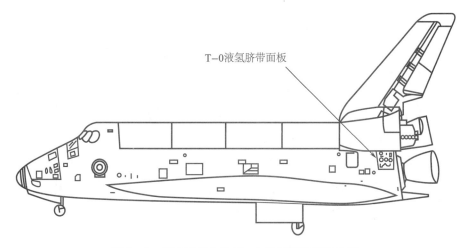

图 2-5　航天飞机上的 T—0 液氢脐带面板位置

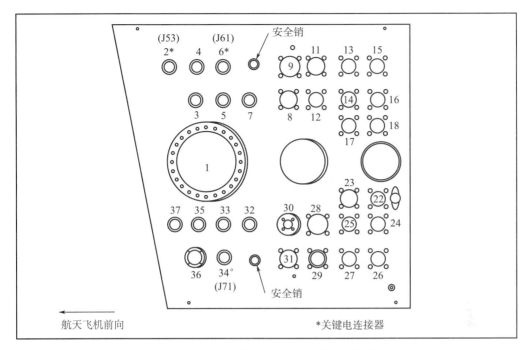

图 2-6　航天飞机液氢 T—0 脐带面板编号

表 2-1　连接器名称和功能一览表

序号	类型	参考标志符	功能
1	流体	S0517PD7	液氢加注口
2	电气	50V77W85J53	EPDC C&T 系统
3	电气	50V77W199J55	载荷系统(连接器 1)
4	电气	50V77W88J57	EPDC 系统
5	电气	50V77W197J59	载荷系统(连接器 2)
6	电气	50V77W88J61	EPDC,EC,DP&S 系统
7	电气	50V77W151J63	DFI 系统(连接器 2)
8	流体	S0517PD0998	备用
9	流体	S0517PD0887	液氢溢出口(MPS)
11	流体	S0517PD0997	备用
12	流体	S0517PD0999	备用
13	流体	S0517PD20	ECLSS 冷却剂主供给
14	流体	S0517PD11	MPSGN$_2$发动机清洗
15	流体	S0517PD21	ECLSS 冷却剂主回流
16	流体	S0517PD886	OV/ET 液氢脱离净化
17	流体	S0517PD180	载荷舱气体泄漏检测

续表

序号	类型	参考标志符	功能
18	流体	S0517PD181	机身中部气体泄漏检测
22	流体	S0517PD140	机身尾部气体泄漏检测
23	流体	S0517PD0996	备用
24	流体	S0517PD8	MPS 液氢-氦预增压
25	流体	S0517PD0998	备用
26	流体	S0517PD23	ECLLS 冷却剂副回流
27	流体	S0517PD22	ECLLS 冷却剂副供给
28	流体	S0517PD46	载荷冷氦加注
29	流体	S0517PD10	MPS 氦加注
30	流体	S0517PD41	PRSD 氢气供给
31	流体	S0517PD0994	备用
32	电气	50V77W100J73	载荷系统（连接器 3）
33	电气	50V77W151J69	DFI 系统（连接器 1）
34	电气	50V77W1J71	OL DP&S, C&T 系统
35	电气	50V77WXXJ67	备用

注：编号来源于 VUML00-001[1]，第 1～6 页，图 1-3。

　　T—0 脐带盘液氢（LH$_2$）面板的加强筋可以通过图 2-7 所示的航天飞机内部图看到。面板用螺栓沿飞机框架结构的四个边固定在上面，同时刚好垂直于液氢加注和排放管道的船尾横梁。液体管线和电气线束来自于面板上的连接器，从图 2-7 中也可以看到，许多连接器被封住，没有使用，说明设计时充分考虑了通用性和可扩展性。

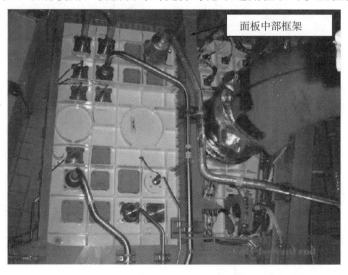

图 2-7　航天飞机液氢 T—0 脐带面板内部图

图 2-8 中，可以从内部看到航天飞机的 T-0 脐带盘液氧（LO_2）面板。液氧面板和液氢面板之间的主要不同在于液氧面板尾部区域存在着三个中等大小的管线。两个面板的前部电气连接器部分非常相似。两个面板的中部区域都有一个垂直梁。由于前部区域的相似结构，面板外部的电气连接器位置参数可以相互对比。

图 2-8 航天飞机液氧（LO_2）脐带面板内部图

图 2-9 是脐带装置的支架，分为平衡臂式和万向伸缩式两种。图 2-10 是航天飞机起飞时的连接器脱离过程。它也是一个组合式连接装置，起飞前由摆臂摆开。航天飞机轨道飞行器脐带装置在起飞前收到尾部两个服务塔里面，防止被火焰烧坏。图 2-11 是尾部服务塔结构原理图。这几幅图都用来说明连接器和火箭的连接关系及脱落方式。前者连接器靠平衡臂支承和钢索吊挂，以减小火箭的承力，脐带支承连接板靠气动脱落。后者支承连接板靠火箭起飞升力插拔脱落。

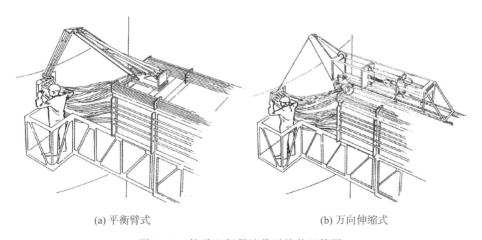

(a) 平衡臂式　　　　　　　　　　(b) 万向伸缩式

图 2-9 轨道飞行器脐带对接装置简图

图 2 - 10　航天飞机起飞时的连接器脱离过程

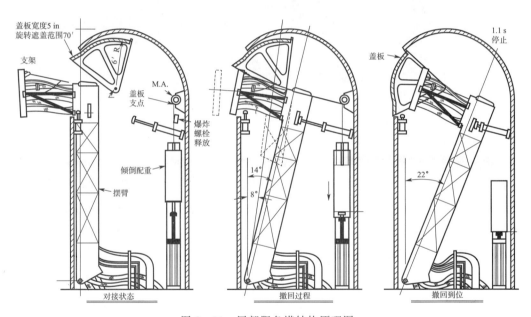

图 2 - 11　尾部服务塔结构原理图

2.2.3　战神火箭

美国战神火箭最初提出一个六自由度的支撑系统概念，能够实现自动对接操作。随着研究的深入，具体设计和展示的原理样机与最初模型有些差别，对支撑系统液压缸进行了简化，地面连接器为两块式结构，连接器概念模型如图 2 - 12 所示。2008 年，美国正式开展该脐带连接器系统的设计，并在随后的数年里开展各项原理样机试验，应用背景是太空发射系统（SLS），实际脐带摆杆和自动对接集成连接器如图 2 - 13 所示。

图 2-12　战神火箭箭地连接器概念模型

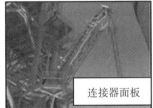

图 2-13　美国战神火箭箭地连接器的对接脱落

　　自动对接集成连接器是针对低温二子级研发。该连接器安装于脐带摆杆前端，能实现箭地气液、空调、电/数据的传输。图 2-13 呈现了连接器自动对接及火箭起飞过程连接器脱落、脐带摆杆向上旋转收起状态。图 2-14 为连接器内、外面板结构，外面板用于实现连接器与箭体连接固定，内面板用于实现箭地介质传递。二子级共设两个连接器，液氢管路和液氧管路分开。

　　另外，美国猎鹰 9 火箭二子级连接器采用的就是与战神火箭类似的设计。公开资料中虽然没有介绍猎鹰 9 火箭的连接器具体设计方法，但从公开的发射视频资料中，可以看出其二子级的电气液集成连接器与战神火箭的连接器结构非常相似，如图 2-15 和图 2-16 所示。连接器为二子级提供推进剂、气源和通信连接，在起飞时刻分离。

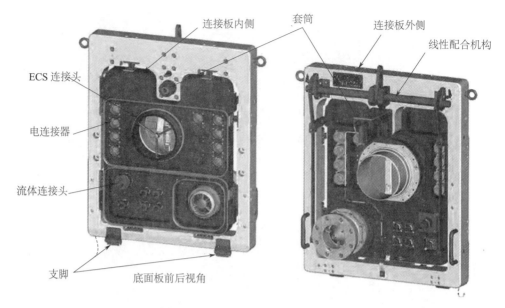

图 2 - 14　美国战神火箭连接器面板

图 2 - 15　猎鹰 9 火箭气电液一体连接器脱落前状态

2.2.4　其他对接系统

（1）远程智能脐带对接系统

基于 NASA 下一代脐带对接技术需求，肯尼迪航天中心、罗韦德尔公司合作开发了远程智能脐带对接系统，于 2002 年将样机交付 NASA 使用。该对接系统可在 6 个自由度上移动，对接后被动随动，系统完全智能化，可实现连接器快速、可靠的对接与分离，同

图 2 - 16　猎鹰 9 火箭气电液一体连接器脱落后状态

时具备人工操作等功能，可减小操作人员在推进剂加注工作过程中面临的潜在危险，如图 2 - 17所示，但目前未见型号应用报道。

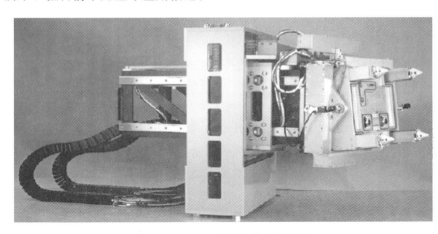

图 2 - 17　远程智能脐带对接系统

　　远程智能脐带对接系统由一个对接板、机器人视觉系统、柔性电机控制系统组成。为了更好地适用于航天系统，后来又添加了触觉感应系统，并对远程控制能力和视觉系统进行了改进。

　　对接头可以做高精度的摇摆运动，并将相关数据发送给远程智能脐带对接系统的控制中心。控制中心进行处理，控制伺服电机动作来调整连接器的位置，保证连接器随箭体一起摆动。连接器与火箭箭体对接锁紧以后，与箭体相连的连接板将会附着在箭体上，与箭体一起摇摆，实现随动。

　　图 2 - 18揭示了脐带连接器在一定范围内可以移动到任意指定位置的原理，其中机架是固定在脐带臂上的，脐带连接器就安装在前后移动部件上。远程智能脐带对接系统使用

了 3 个伺服电机，控制 3 个移动部件。通过控制左右、前后和上下这 3 个移动部件在 X、Z、Y 方向上的运动，使它们迅速移动到指定位置，从而保证脐带连接器可以在一定范围内到达指定的位置，并且任意一个方向上的运动对其他两个方向上的运动没有影响。

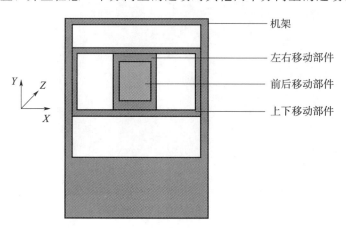

图 2-18　远程智能脐带对接系统随动原理

在脐带连接面的四个边角各布置了一个锥杆式定位销，在对接时起导向对中定位的作用，以保证精确对中、可靠连接。

（2）自动脐带连接器

穆格（Moog）公司研制的 50E559 的自动脐带连接器（Automatic Umbilical Connector，AUC）是一种独立式全自动系统，它能为飞船的消耗补给提供多管道式脐带连接，如图 2-19 所示。AUC 设备只需要电力支持，就能按输入的控制命令自动完成对接和脱离操作。其电子机械传动器是由一个 200 V 的三相、400 Hz 电动齿轮电机驱动的导螺杆和凸轮机构。穆格公司提供的两个旋转切断分离器被牢牢地安装到装配平台上，一旦分离后，采用一个旋转圆形护罩保护这对分离器并使之密封，以免被污染。

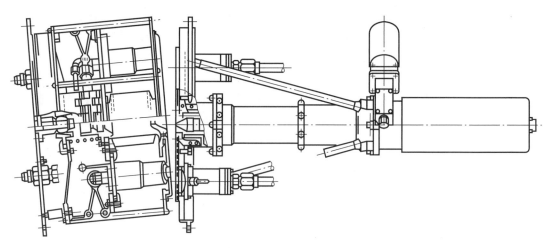

图 2-19　自动脐带连接器构件图

（3）线性遥控电气脐带器

线性遥控电气脐带器（Linear Remotely Operated Electrical Umbilical，LROEU）如图 2-20 所示，它是一个电气脐带的概念，以避免大卫星或负载在 X_0 和 Y_0 位置未能对准的情景出现。LROEU 与飞行支持系统脐带器协作，以完成遥控电气脐带自动对准功能。

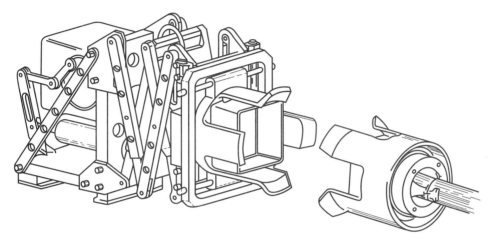

图 2-20　线性遥控电气脐带器

2.3　俄罗斯箭地对接技术

苏联是最早开展自动对接集成连接器研究和应用的国家，其早期的连接器也是采用手动操作，发射场参试人员较多。为了避免 1960 年拜科努尔发射场悲剧的再次发生，苏联下定决心要避免人员在现场操作，逐步采取了全部自动化措施。"以人为本"是苏联开发箭地自动对接技术的主旨，并且自动对接及自动测试等技术应用以后，苏联没有再发生过发射场人员伤亡事故。

俄罗斯继承了苏联大部分的航天技术，地面自动对接系统主要包括机械本体、执行机构、跟踪定位机构、气动系统、触觉装置等，这些装置及导管等装在地面滑轨式底座上，为运载火箭提供加注自动对接与脱离服务。形成这种固定塔架对接技术的重要原因是由于俄罗斯的火箭加注口位于箭体尾段，自动对接装置位于半地下的坑道里。对接机构与加注口两者基本处于相对静止状态，因此对中瞄准与随动系统可大为简化。采用气压驱动通过锥杆式机械导向可方便地实现自动对接，简捷实用，可靠性较高。"架栖"对接技术虽然具有对接及脱离简便可靠、操作时间短的优点，并且具有脱离后再对接的功能，但其核心属于刚性装配技术，不可避免地存在环境适应性差（只适用于加注口位于箭体尾段的火箭）、对箭体吊装和安放等配套环节要求高、装置本身体积庞大等不足之处。

2.3.1　旋风号火箭

旋风号是国际上首个采用全自动射前准备与发射技术的火箭。旋风号箭地气电液对接采用自动对接设备，如图 2 - 21 所示。

图 2 - 21　旋风号气电液对接设备

旋风号火箭在发射场完成总装和测试后，就不再需要人直接操作，而是采用自动化方式完成后续转场、起竖、加注、测试和发射等步骤。高度自动化设计简化了地面操作，提高了发射可靠性。该设备可完成火箭的电气、加注、温控和吹除管路与相应的地面系统管路的对接和分离，设备中间布置电气和气动管路，两侧布置燃料和氧化剂液路管路。

2.3.2　天顶号火箭

天顶号是苏联继旋风号后第 2 个采用全自动发射的火箭，也是自动化程度最高的火箭。20 世纪 80 年代，在拜科努尔的另一发射工位，天顶号发射时因故障也在发射台上发生了爆炸，但这一次由于应用了自动对接技术，人员不在现场，未造成人员伤亡。采用自动对接技术后，大幅度减少了参试人员，同时也大大缩短了发射准备时间。天顶号发射后 6 h 即可进行下次发射，一个工位可连续进行六次发射，在几分钟内就可完成箭地连接。

天顶号上的电插头连接装置可使地面测发控设备与火箭各系统在电路上自动对接和脱离；气液自动对接装置能使液氧、煤油、冷氦管路及恒温管路与火箭的第一级加注口自动对接或自动脱落。图 2 - 22 所示是天顶号电气管路连接装置。

电缆杆是管状悬臂的状态，在杆内敷设电缆和向火箭供应压缩气体的导管，在杆端固定着接头组件，用来和箭上连接板对接。天顶号箭地电气液管路的对接以及分离均在遥测系统控制下自动完成。

图 2 - 23 所示是天顶号气液连接装置，它能使液氧、煤油、冷氦管路及恒温管路与火箭的第一级加注口自动对接和自动脱落。天顶号上的气液自动对接系统固定安装在一个专用服务仓内，以保护自动对接脐带不受燃气流的冲击。整个对接过程由自动控制系统的专

图 2 - 22　天顶号电气管路连接装置

用遥控控制台完成。加泄连接器与火箭对接的锁紧与分离采用气动方式。锁紧器产生的锁紧力将对接装置压实到火箭上，以保证对接的密封性。另外，对接时具有导向机构、限位与缓冲措施。自动对接装置中还包含有检查火箭加注阀门与连接器连接部位密封性的专门系统，用于加注前对连接部件快速地进行密封性检查，检查时间为 1～2 min。整个对接过程自动进行，机械本体及导管等安装在滑架上，以气动方式驱动执行机构。跟踪机构负责检测定位，触觉系统与自动控制系统等共同辅助完成程序。

图 2 - 23　天顶号气液连接装置

连接过程为：开机→启动能源→找准→同步定位→对接→自动锁紧。分离过程为：以气动方式驱动连接器解锁松开→关闭能源→退出→关机。连接过程与脱落过程由发射设备遥控系统的中央控制台控制。在进行例行维护工作时可使用现场的控制台进行控制。自动找准采用锥杆式机械导向，三个自由度的导引范围在±40 mm内。自动对接系统固定安装在一个专用仓内，以保护自动对接脐带不受燃气流的冲击。自动对接装置处于火箭尾段侧面，在发射前5 s自动脱落并回收，防护门自动关闭，保护自动对接装置免受发动机火焰喷烤，以便重复使用。

2.4 其他国家箭地对接技术

2.4.1 欧洲阿里安火箭

在欧空局研发的阿里安系列火箭中，随着阿里安5火箭低温二子级的应用，也开发了具备自动对接功能的气液集成连接器。图2-24是阿里安运载火箭起飞前的状态，可以看出三级火箭头部左右两根电缆摆杆上固定的液氧和液氢脐带连接系统。地面系统与火箭连接处装有两个可脱落的单向阀门盘。液氧系统可脱落的单向阀门盘由液氧加注阀门、液氧箱测压阀门、液氧箱增压放气阀门、氦泄出单向阀门以及48个充气阀门组成。液氢系统可脱落的加泄连接器由液氢加注阀门、液氢箱增压放气阀门、换气单向阀门、控制系统充气阀门、换气阀门及液氢箱测压阀门组成。这两个单向阀门盘在火箭起飞前4 s自动脱落。

图2-24 阿里安5火箭电缆摆杆脐带连接器

图2-25所示为阿里安5火箭上的液氢、液氧集成脐带连接器在发射控制中心与火箭第三级进行对接试验。左右两根摆杆上分别固定着一个集成式脐带连接器。

集成脐带连接器如图2-26所示，它将液氧或液氢加注管路和其他一些气路管路集成在一起。

图 2 - 25　阿里安 5 运载火箭集成脐带连接器对接试验

图 2 - 26　阿里安 5 运载火箭集成脐带连接器

2.4.2　日本 H - 2A 火箭

日本 H - 2A 低温管路采用自动连接系统，这种连接系统使液氧和液氢连接器在不到半个小时内实现分别和管路接通或卸开。连接时采用垂直连接和垂直卸开。从图 2 - 27 可以看出火箭上部低温管路自动连接系统的外观。

图 2-27　H-2A 火箭对接连接器

2.5　国内相关研究进展

北京航天发射技术研究所长期承担运载火箭气液连接器的研制及型号配套工作，是最早开展运载火箭连接器对接机械设备研究和设计的单位。针对连接器自动对接技术，该所研究人员从对接部位、对接时机及输送介质等方面进行了分类，基于国内现役火箭技术特点提出了应用建议及措施，对并联机构式连接器自动对接系统的控制流程进行了研究。此外，上海宇航系统工程研究所、南京理工大学、上海交通大学等单位对连接器自动对接技术中对接机器人本体机构运动学及动力学特性、液压系统响应特性等进行了研究。

以长征五号火箭为代表的新一代运载火箭首飞成功，实现了液氢大流量加注发射的无人值守，代表着我国运载火箭无人值守技术取得了长足的进步。但在火箭发射前的加注、状态准备等诸多环节中仍需要大量的人工参与，系统安全风险仍然存在。尤其是连接器一旦分离，无法实现自动再对接，在紧急关机情况下，如果燃料泄出，必须由人工完成高危环境下的应急再对接。

近年来，酒泉卫星发射中心联合上海交通大学和航天八院等单位，已研制出了能够实现常规液体火箭加注自动对接与撤收的三种机器人实验样机。研究人员从工程实际应用需求出发，以完全替代现场操作人员完成加泄连接器与箭体活门的对接与脱离为目的，根据我国的火箭箭体和发射塔架结构，研制出可实现火箭加泄连接器的自动对接与脱离、大泄漏情况下的应急再对接、连接气密性在线检测的机器人系统，适用于多种型号运载火箭常规推进剂加注，形成了具有我国完全自主知识产权的加注对接技术。

第一种实验样机是"箭栖"加注自动对接与撤收系统，通过箭体加注口周围的四个螺钉孔实现对接机构与箭体活门的相对连接固定，有近控和远控两种操作方式，能够自动完成所需的对接与撤收动作，采用可变刚度柔顺设计，实现了柔顺对接和泄漏情况下的快速再对接。应用方法类似于美国的箭栖对接装置，其操作过程为：通过人工将自动对接机构与箭体连接，由自动对接机构完成加注时的对接和加注后的撤收工作，加注过程中可根据需要随时进行快速再对接作业，直至整个加注工作完成，加泄连接器自动退回到其在对接机构的初始位置，最后由人工拆除或依靠火箭升力实现自动对接机构从箭体上脱离。第二种实验样机是"箭架两栖"可重构加注自动对接机器人。该机器人立足于在不改变现有箭体结构的情况下，实现加泄连接器的自动对接与撤收。"箭架两栖"综合对接技术是融合"箭栖"对接技术和基于柔性装配理念的"架栖"对接技术两者优点的高度集成体，通过对接过程中机器人本体分离与重构，分别采用箭栖对接解决火箭晃动时的零滞后随动跟踪难题，以及采用重构解决紧急关机情况下的应急再对接难题。第三种实验样机是基于SCARA 机械臂式的灵巧型加注自动对接机器人，通过大幅度简化机器人机械臂的结构，进一步提高了可靠性，并已在火箭推进剂槽车转注、火箭塔架加注等领域开展了深入的应用测试。

参 考 文 献

［1］ 王立兴．俄罗斯火箭脐带自动对接技术评析［J］．航天发射技术，2003（1）：45－50．

［2］ 符锡理．运载火箭脐带自动脱落连接器技术进展［J］．中国航天，1994（5）：29－30．

［3］ 马志滨，何麟书．国外重型运载火箭发展趋势述评［J］．固体火箭技术，2012，35（1）：1－4．

［4］ Shuttle Ground Support Equipment（GSE）T－0 Umbilical to Space Shuttle Program（SSP）Flight Elements Consultation．NASA，2007．

［5］ Space Shuttle T－0 Umbilical Dynamic Displacements rind Forces．NASA，8/22，2005．

［6］ Cryogenic Fluid Storage Technology Development：Recent and Planned Efforts at NASA．NASA，TM－2009－215514．

［7］ NASA Outlines SLS Mobile Launcher Umbilical Plans．NASA，2012．

［8］ Multi－purpose Crew Vehicle Service Module．http：//spaceflightsystems．grc．nasa．gov/EFDPO/LCSO/MPCV/SM/．

［9］ Using Radiokrypton for Detection of Leaks in Space Vehicles．NASA，N6634606．

［10］ Robtic Control and Inspection Verification．NASA，N91－24075．

［11］ ASEA IRB 90，http：//www．robotics．ca/usedrob/irb90．htm．

［12］ Umbilical Connect Techniques Improvement Technology Study．NASA，N10－7702．

［13］ S．D．Holland，R．Roberts，D．E．Chimenti，etc．Two－Sensor Ultrasonic Spacecraft Leak Detection Using Structure－Borne Noise［J］．Acoustics Research Letters Online，2005（6）．

［14］ S．D．Holland，R．Roberts，D．E．Chimenti，etc．Leak Detection in Spacecraft Using Structure－Borne Noise with Distributed Sensors［J］．Applied Physics Letters，2005（86）．

［15］ S．D．Holland，R．Roberts，D．E．Chimenti，etc．An Ultrasonic Array Sensor for Spacecraft Leak Direction Finding．Ultrasonics［J］．Applied Physics Letters，2006（45）．

［16］ The Perfect Mate for Safe Fueling．http：//ntrs．nasa．gov/archive/nasa/casi．ntrs．nasa．gov/20050031187＿2005019705．pdf．

［17］ Leak Detection and Location Technology Assessment for Aerospace Applications．NASA，TM－2008－215347．

［18］ Kennedy Space Center（KSC）Launch Complex 39（LC－39）Gaseous Hydrogen（GH2）Vent Arm Behavior Prediction Model Review Technical Assessment Report．NASA，TM－2009－215570．

［19］ Adaptive Servo Control For Umblical Mating．NASA，N89－14169．

第 3 章　火箭加注自动对接机器人理论建模与仿真

火箭加注自动对接机器人理论建模与仿真是实现机器人研发与工程应用的重要环节，通过科学建模、特性仿真和不同工况下的分析计算，来检验机器人系统设计的正确性，尤其对各类干扰因素的仿真分析，是改进机器人设计、实现机器人工程应用的重要保证。本章概要介绍了机器人虚拟样机的建模方法，详细论述了箭架两栖机械臂和 SCARA 机械臂的建模仿真方法，给出了火箭加注过程特殊工况条件的分析计算方法，对后续开展不同类型和结构的火箭加注自动对接机器人系统建模与仿真具有一定的借鉴意义。

3.1　概述

为了研究在给定输入下机器人末端加泄连接器的受力情况、移动精度控制情况和运动空间限制情况，验证该机构各个模块功能设计的合理性，有必要针对机器人末端加泄连接器与火箭加注口的对接过程，采用仿真软件对其进行运动学和动力学仿真分析，根据仿真输出的位移、速度、加速度和反作用力等结果对加注机器人功能和精度进行预先估计和检测。加注机器人运动仿真可采用 ADAMS 软件和 ANSYS 软件实现。

ADAMS 软件是美国 MDI 公司开发的机械系统动力学仿真软件，它使用交互式图形环境和零件库、约束库、力库，可以创建完全参数化的机械系统几何模型。其求解器采用多刚体系统动力学理论中的拉格朗日方程，建立系统动力学方程，对虚拟机械系统进行静力学、运动学和动力学分析，输出位移、速度、加速度和反作用力曲线。ADAMS 软件的仿真可用于预测机械系统的性能、运动范围、碰撞检测、峰值载荷以及计算有限元的输入载荷等。

ANSYS 软件可以对机械结构的静态、动态力学特性进行分析。静力分析适用于静态载荷，可以考虑结构的线性及非线性行为，例如，大变形、大应变、应力刚化、接触、塑性、超弹性及蠕变等。在机械结构动力学分析中，利用弹性力学有限元建立结构的动力学模型，进而可以计算出结构的固有频率、振型等模态参数以及动力响应。

本章主要介绍应用 ANSYS 软件进行加注自动对接机器人的机械结构静力学分析。对于一般的有限元分析，ANSYS 典型的分析过程由前处理、求解计算和后处理 3 个部分组成。前处理模块主要有两部分内容：实体建模和网格划分。ANSYS 程序提供了两种实体建模方法：自顶向下与自底向上。ANSYS 程序提供了对 CAD 模型进行便捷、高效网格划分的功能。

在加载及求解阶段，用户可以定义分析类型、分析选项、载荷数据和载荷步选项，然后开始有限元求解。加载就是用边界条件数据描述结构的实际情况，分析结构和外界之间的相互作用。无论采取何种加载方式，ANSYS 求解前都将载荷转化到有限元模型上。因此，加载到实体的载荷将自动转化到其所属的节点或单元上。

后处理阶段是对前面的分析结果以图形形式显示和输出。例如，计算结果（如应力）在模型上的变化情况可用等值线图表示，不同的等值线颜色代表了不同的值。

3.2　虚拟样机构建方法

虚拟样机构建的基础有两个方面：一是机器人整体架构的初步设计思想。只有对加注对接过程深入了解之后，结合机器人相关理论知识，才能设计出加注机器人的整体架构，为仿真建模提供指导。二是强大的机械动力学仿真软件。仿真软件是将设计思想转化为可视虚拟现实的有力工具。

3.2.1　设计构想

初步设想加注自动对接机器人由机械臂和基座两大部分组成，如图 3-1 所示。

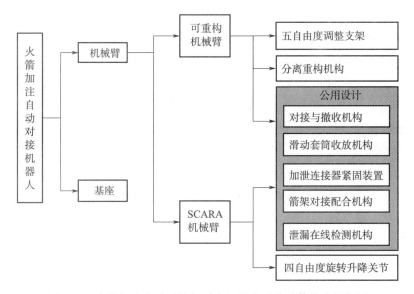

图 3-1　火箭加注自动对接与脱离机器人系统总体构成框架图

根据 1.5.1 节中提出的加注过程中箭体轻微晃动随动跟踪需求，机械臂可考虑采用两种设计方法：一种是分离重构式机械臂，上箭后，与地面塔架脱开，可确保上箭部分零滞后随动跟踪；另一种是采用 SCARA 式机械臂，上箭对接后，机械臂断电，也可实现水平较大范围的无滞后随动跟踪。

两种机械臂前部都需要有火箭的对接和撤收机构、滑动套筒收放机构、加泄连接器紧固装置、箭架对接配合机构和泄漏在线检测机构。虚拟样机重点仿真模拟机械臂的运动适应性和关键部件的结构设计可靠性。

根据初步分析，机器人携带加泄连接器与火箭加注活门对接，精确瞄准并精细调整空间位置去完成对接，至少需要五个自由度。对接与撤收机构上可设计一个方向的进给自由度，其他自由度均需由机械臂实现。对于可重构机械臂，需要提供俯仰、偏转、升降、左右、前后共五个自由度，另外还需提供分离重构功能支持。对于 SCARA 机械臂，各自由度由多个旋转关节和末端升降关节提供。具体的机械结构设计见第 4 章。

3.2.2　仿真工具

虽然 ADAMS 是非常流行的动力学仿真软件，但它的造型功能偏弱，因此采用 Pro/E（Pro/Engineer 的简称，是现今主流的模具和产品设计三维 CAD/CAM 软件之一）对机器人本体结构的主要零部件进行准确的创建，并完成机器人的虚拟装配。通过 Parasolid 格式将模型导入 ADAMS 环境下。最后在 ADAMS 环境中为机器人添加复杂约束，完成机器人虚拟样机的建立。应用 ADAMS 进行机械系统仿真分析的一般步骤如下：

（1）机械模型的动力学建模

对于复杂的产品，在 ADAMS 中造型相当吃力，因此产品预装配一般都在 CAD 软件（如 UG 和 Pro/E）中完成。对于较简单的模型，可以直接在 ADAMS 中建立模型。每一个几何体都设有一个参考坐标。几何体参考坐标在地面坐标中的位置和方向，确定了几何体所在的位置和方向。ADAMS 中创建的几何体有四类：刚性形体、柔性形体、点质量和地基形体。刚性形体的几何形状在任何时候都不会发生改变，刚性形体有质量和惯性矩。在力的作用下，柔性形体会发生变形，与刚性形体类似，柔性形体也有质量和惯性矩。点质量的体积为零，它仅有质量而没有惯性矩。地基形体没有质量和惯性矩，其自由度为零，在任何情况下都保持静止不动。在默认状态下，地基形体还是所有构件的速度和加速度惯性参考坐标。

在建模过程中，为使建立的机械模型更加接近实际情况，经常需绘出复杂的零件外形及装配关系，但这样会使得模型所包含的零件数目增加，给仿真工作带来了很大的困难，更重要的是这也会影响到仿真结果的正确性。因此，在将模型导入到 ADAMS 之前应对其进行简化。

（2）定义约束和运动

建模后，可以通过各种约束限制构件之间的某些相对运动，并以此将不同构件连接起来组成一个机械系统。在 ADAMS 中可以处理四种类型的约束：运动副约束、基本约束、运动约束和高副约束。约束对零件的相对运动进行了限定，包括：

1）约束方向，即限制某个运动方向，如限制某个构件总是沿着平行于另一个构件的方向运动。

2）约束接触，定义两个构件在运动中发生接触时是怎样相互约束的。

3）约束运动，如规定一个构件遵循某个时间函数按照指定的轨迹规律运动。

在定义火箭加注自动对接机器人模型的约束和施加载荷时，其中主要有固定约束、移动约束和旋转约束 3 种，各模块的运动靠力矩来驱动，通过在机器人模型的各部分施加驱动力矩来模拟各个电机驱动。

（3）施加载荷力

ADAMS 中可以考虑 4 种类型的力：作用力、柔性连接力、特殊力（如重力）和接触力。在 ADAMS 中施加的作用力可以是单方向的作用力，可以是 3 个方向的力的分量，也可以是 6 个方向的分量（3 个力的分量加上 3 个力矩的分量）。有两种定义力的方向的方法：沿坐标标记的坐标轴定义力的方向，或者是沿两点连线的方向定义力的方向。在输入作用力数值的时候，ADAMS 提供了 3 种输入力值的方法：

1）直接输入力值、力矩值、刚度系数 K 和阻尼系数 C 等。

2）输入 ADAMS 提供的函数（位移、速度和加速度函数），用以建立力和各种运动之间的函数关系，力函数用于建立各种不同的力之间的关系。

3）输入子程序的传递参数，ADAMS 允许用户用 FORTRAN、C 或 C++语言编写子程序，用来描述力和力矩。

（4）仿真分析与仿真结果后处理

ADAMS 中可以自动调用 ADAMS/Solve 求解程序，再由 ADAMS/Solve 完成以下 4 种类型的仿真分析：动力学分析（Dynamic）、运动学分析（Kinematic）、静态分析（Static）和装配分析（Assemble）。

交互式仿真分析是最方便、最迅速的样机仿真分析和实验方法。在进行交互式仿真分析时，只需要输入很少几个参数（如步数、时间），就可以进行样机仿真分析和实验。火箭加注自动对接机器人就是采用这种交互式仿真方法。它可以直接通过 ADAMS 进行交互式仿真分析，还可以编制成一个仿真过程脚本，然后由程序根据脚本中的设置进行仿真分析。对于希望按照一套预先设置好的仿真参数，反复进行仿真分析的场合，使用仿真脚本是非常方便的。

ADAMS 软件仿真分析结果的后处理是通过调用独立的后处理模块 ADAMS/PostProcessor 来完成的。ADAMS/PostProcessor 模块主要提供了两个功能：仿真结果回放功能和分析曲线绘制功能。通过仿真结果的后处理，可以完成以下工作：

1）可以通过多种方式验证仿真结果，并对仿真结果做进一步的分析。

2）可以绘制多种仿真分析曲线，并进行一些曲线数学和统计计算。

3）可以通过图形和数据曲线比较不同条件下的分析结果。

4）可以对分析结果曲线进行各种编辑。

为使火箭加注自动对接机器人的仿真分析能够顺利进行，需要采取渐进的、从简单分析逐步发展到复杂的机械系统分析的策略。前面提到 ADAMS 建模有两种方法：一是使用 ADAMS 自带的建模工具建立模型，二是通过 Pro/E 建立的模型，通过适当的中间转换导入到 ADAMS 中去。本书机构模型的建立选择具有很强实体造型和虚拟装配能力的 Pro/E 软件，并通过接口设置将模型保存为 Parasolid 格式，再导入 ADAMS 中。但一般而言，比较简单的实体采用第一种方法更方便，即直接在 ADAMS 中建模。

将模型导入到 ADAMS 中常用的方法有两种：一种是将 Pro/E 创建的模型另存为 ADAMS 可以识别的文件格式（如 IGES、STEP、Parasolid 等），然后导入 ADAMS 中。

另一种是利用 MSC 公司提供的 Pro/E 与 ADAMS 专用接口模块 Mechanism/Pro 导入 ADAMS 中。Mechanism/Pro 是 MSC 公司为 ADAMS 开发的 Pro/E 专用接口模块，是连接 Pro/E 和 ADAMS 的桥梁，通过该模块可以实现 Pro/E 和 ADAMS 之间的无缝连接，将 Pro/E 中建立的精确装配总成导入到 ADAMS 中，然后进行相关仿真。在第一种方法传递过程中，图形元素（如质量、颜色等）很容易丢失，所以通常采用第二种方法进行传递。但是在使用 Mechanism/Pro 模块时，需要注意 Pro/E 与 ADAMS 的版本是否兼容，不兼容时需要采用第一种方法或更新软件。

3.3　可重构机械臂建模仿真

3.3.1　虚拟样机运动特性仿真

（1）机械结构建模

首先根据机械结构设计，进行箭架两栖机械臂的建模，如图 3 - 2 所示。这里要特别指出，在模型导入过程中，要对 Pro/E 模型做一些特殊的操作。首先选择 mms - part - solid 模板，在组装零件的时候把各个零件进行放置约束（轴对齐、面匹配）即可，需要注意的是要把允许假设的复选框勾选，否则导入 ADAMS 中会出现错误。将文件保存为 Parasolid（∗ . x _ t）格式，即可导入到 ADAMS 中。一般情况下，导入 ADAMS 环境中运行一次后才会出现模型。前面提到由于导入采用了第一种方法，整个模型的图形元素会全部丢失。因此在仿真之前必须对出现的模型进行材料、质量、颜色等设置，否则会出现错误而无法实现仿真。模型导入 ADAMS 后，利用添加到地基形体的标记点，可以准确、快捷地建立活动框模型。

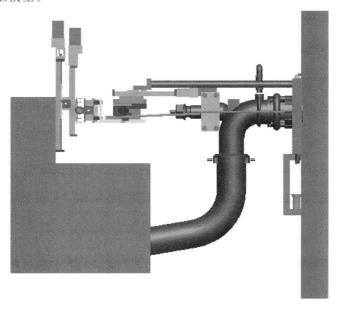

图 3 - 2　Pro/E 中建立的自动对接机器人系统模型（见彩插）

（2）添加约束

在 ADAMS 软件中，我们可以获取丰富的约束库。通过这些约束库可以方便地实现约束的添加。ADAMS 软件提供自由度验证功能，提示约束的施加结果，以便补充或者调整约束。

根据机器人的系统模型，需要添加基本工况约束。经过自由度验证的基本工况约束结果如图 3-3 所示。可以看出，将 Pro/E 创建的模型另存为 ADAMS 可以识别的文件 Parasolid 格式，再导入 ADAMS 中，零件的颜色曲面等在 Pro/E 中创建的特征都消失了。对比图 3-2 和图 3-3 的实体图可以明显看出，采用第一种方法直接存成 ADAMS 可识别文件，导入 ADAMS 中的机器人系统模型效果比较差，最好采用 Pro/E 与 ADAMS 专用接口模块 Mechanism/Pro 导入 ADAMS 中。

图 3-3　ADAMS 中自动对接机器人系统的实体模型（见彩插）

（3）仿真分析结果

在 ADAMS 软件中，常用 ADAMS 的函数编辑器来创建和修改定义力（Force）、测量（Measure）与运动副转动（Motion）的表达式、函数、子程序。函数编辑器主要有两种类型：设计与时间函数（Design-time）和运动与时间函数（Run-time），分别对应于函数编辑器的 Expression 模式和 Run-time 模式。

根据加泄连接器的实际运动，火箭加注自动对接机器人仿真运动过程为：机器人的自动对准平台模块调整 X 方向、Y 方向、Z 方向的平移运动以及绕 Y 方向的上下俯仰，绕 X 方向的左右摇摆运动，使得加泄连接器的空间姿态与箭体活门姿态一致。箭架转换机构模块的 X 方向移动部分向前运动将加泄连接器与箭体活门对准。脱离过程与之相反。

根据以上运动步骤，使用 Math Function 中 step 函数和 sin 函数实现运动的分段控制。由于各模块的运动靠力矩来驱动，可以通过在机器人模型的各部分施加驱动力矩来模拟各个电机驱动。各个自由度驱动分别为：TraX、TraY、TraZ 输入 sin 函数曲线，RotX、RotY 输入 step 函数曲线。建立机械臂在 ADAMS 环境下的完整仿真模型，然后进行15 s、1 000 步脚本仿真。

通过观看动画可以验证机构运行功能的合理性，在后处理模块中还可以计算处理各个关节运动副上的位移、速度、加速度等数据曲线。在给定以上输入驱动的情况下，可以查看机器臂末端载荷的重心与速度变化情况。图 3 - 4 为机器人末端加泄连接器 X 方向重心轨迹变化曲线。图 3 - 5 为 X 方向速度输出曲线。

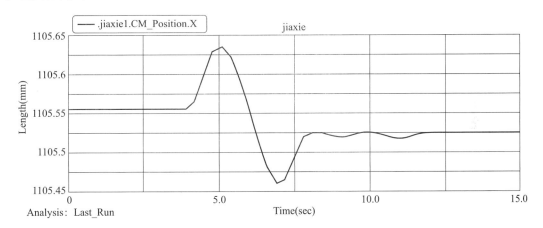

图 3 - 4　X 方向重心轨迹变化曲线

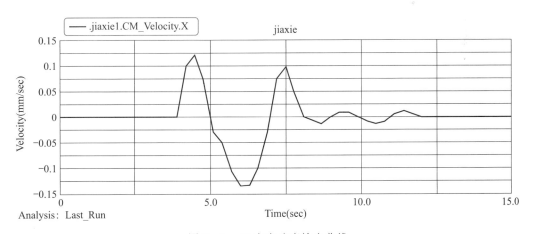

图 3 - 5　X 方向速度输出曲线

从图 3 - 4 和图 3 - 5 可以看出，在第 0～4 s，因为没有给 X 方向任何驱动，X 方向移动模块处于相对静止状态。在第 4～8 s，移动模块在正弦驱动作用下，机器人末端的 X 方向速度呈正弦输出，但输出曲线有微小的振荡。加泄连接器 X 方向的相对位移主要由对应 X 方向的移动模块调节，而由于整个机构中存在调整末端姿态的旋转模块，这就对 X

方向的重心有了一定的影响，但左右摇摆、前后俯仰的角度很小，因此这种影响非常微小。在第 8～15 s，没有给 X 方向任何驱动，X 方向移动模块几乎处于静止状态。从图 3-5 可以看出，速度运动相对比较平稳，满足对接平稳的要求。

机械臂末端加泄连接器 Y 方向重心轨迹变化曲线和速度输出曲线分别如图 3-6 和图 3-7 所示。从图 3-6 可以看出，在 0～15 s 内，Y 方向移动模块在正弦驱动作用下，加泄连接器的 Y 方向位移一直呈正弦变化。同 X 方向类似，输出曲线有微小的振荡。同样，因为整个机构中存在调整末端姿态的旋转模块，使得机械臂末端加泄连接器 Y 方向的重心有微小的振荡。可以看出，这种微小的变化随着角度调整的出现而出现。

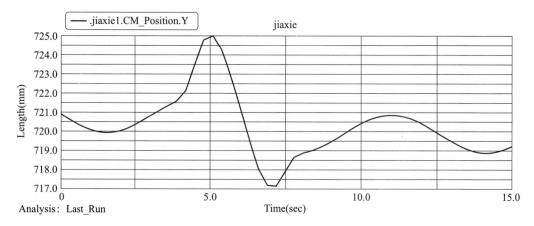

图 3-6　Y 方向重心轨迹变化曲线

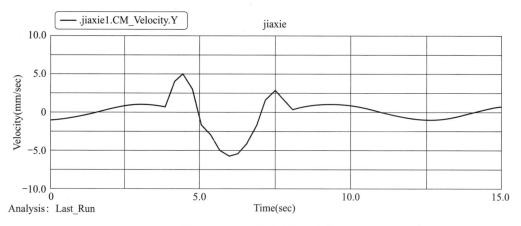

图 3-7　Y 方向速度输出曲线

图 3-8 和图 3-9 分别为机器人末端加泄连接器 Z 方向重心轨迹变化曲线和速度输出曲线。Z 方向移动模块在正弦驱动下呈正弦输出，输出曲线同样有微小的振荡。

图 3-10 和图 3-11 分别为绕 Y 上下俯仰运动的角度变化曲线和绕 X 左右摇摆运动的角度变化曲线。

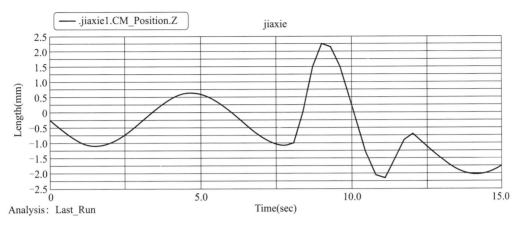

图 3 - 8　Z 方向重心轨迹变化曲线

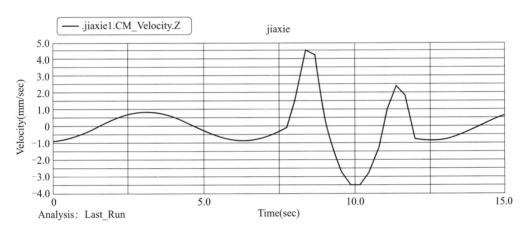

图 3 - 9　Z 方向速度输出曲线

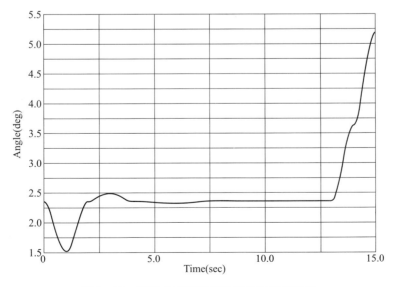

图 3 - 10　绕 Y 上下俯仰运动的角度变化曲线

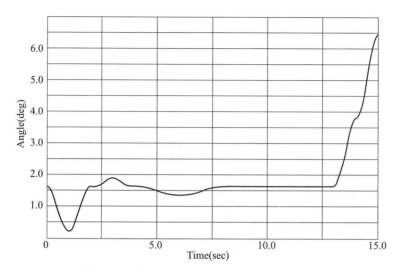

图 3 - 11　绕 X 左右摇摆运动的角度变化曲线

　　从图 3 - 10 和图 3 - 11 看出，无论是绕 Y 上下俯仰的角度还是绕 X 左右摇摆运动的角度，它们的数值都不大。在 0～13 s 内，角度变化很微小，因为这个阶段主要是位置调整；在13～15 s 内，这两个角度相对变化比较快，这个阶段主要是通过 X 上下俯仰运动的角度和 Y 左右摇摆的角度调节机器人的姿态。

　　以上仿真结果说明，加泄连接器与加注口 X、Y、Z 方向的相对位移主要由对应方向的移动模块调节，而旋转模块主要调整末端姿态，姿态调整时有微小的位移调整，产生的结果就是移动方向上的微小振荡。可见仿真结果与设计结果一致，从而验证了该机器人机构设计的合理性以及各个功能的有效性。

　　通过以上对箭架两栖机械臂的建模和仿真，可以验证箭架两栖机械臂的建模是否符合工程应用的基本要求，如不符合，则需对模型进行重新设计和仿真验证，直至达到设计使用要求。

3.3.2　五自由度平台力学特性仿真

（1）系统静力学模型

　　ANSYS 主要研究机械结构受到外力负载所出现的反应，如应力、位移、温度等，根据该反应可以知道机械结构受到外力负载后的状态，进而判断是否符合设计要求。一般机械结构系统的几何结构相当复杂，承受的负载也相当多，理论分析往往无法进行，想要解答必须先简化结构，采用数值模拟方法分析。

　　在建立有限元模型之前，首先要对机器人系统的实际受力情况进行分析。有限元分析计算结果的可信度直接受分析模型与实际工程结构力学特性符合程度的影响。在实际结构的基础上有效地建立简化而正确的有限元模型，是保证有限元分析结果准确的首要条件。

　　对于火箭加注自动对接机器人来说，机器人对接时的外力和加速度没有特别要求，机器人整个系统受的外力只有机器人各个关节自重、加泄连接器自重和管道内部燃料的自重。根据机器人系统的实际受力情况，建立如图 3 - 12 所示的机器人系统受力简图。

如图 3 - 12 所示，机器人的五个关节受力如下：末端关节 5 受到一个集中载荷 P（加泄连接器和内部燃料的重力）。其余关节只受到自身的重力。机器人系统组成一个典型的悬臂梁结构。

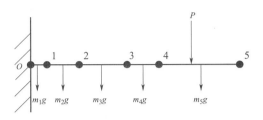

图 3 - 12　机器人系统受力简图

根据悬臂梁模型的挠度特点，可知关节 5 处变形最大。在应变作用下，以上建立的悬臂梁结构截面正应力 σ、弯矩 M 和惯性矩 I 之间的关系可用下式表示

$$\sigma = -\frac{My}{I} \tag{3-1}$$

其中，y 是横截面上任意一点到中性轴的距离。对于机器人系统组成的图 3 - 12 所示的悬臂梁来说，O 点处受的弯矩最大，由于机器人的各个关节截面大小形状不一致，惯性矩 I 的大小不一，因此最大弯曲应力点难以估计。另外，对于机器人系统具体的某个关节，它的截面大小是不变的。因此简化的悬臂梁结构中，所有五个关节的根部必然出现最大弯曲应力点。下面采用 ANSYS 软件进行强度和应力分析计算。

（2）系统有限元模型

机器人结构的有限元模型是进行机器人结构分析的基础。建立机器人结构的有限元模型，就是根据所研究问题的具体情况，选择合适的单元，对机器人结构进行离散化，给这个模型赋予合适的材料属性，进行边界条件的模拟和模型调试，最后提供一个具有可接受精度的机器人结构仿真模型的过程。

根据有限元分析的一般过程，机器人结构的有限元分析分为以下几个步骤：

①建立机器人结构有限元模型

建立机器人结构有限元模型是前处理阶段的主要工作，包括几何建模、网格划分、载荷移置、约束处理、材料定义等。

②有限元分析

机器人结构的有限元分析可利用通用有限元分析软件完成。经有限元分析后可得到若干结果文件，如节点位移文件、单元应力文件，这些文件是机器人结构分析结果后处理的基础。

③后处理

后处理主要是将机器人结构有限元分析的结果以等值线图、云图的方式进行可视化的显示，并且进行刚度、强度等分析，研究机器人的局部变形，校验机器人的刚度和强度等。

　　首先通过 Pro/E 建立机器人的结构模型，然后用 ANSYS 有限元分析法对机器人进行分析，确保此结构在给定工况中能正常工作，不会被破坏。

　　前面提到，对于结构复杂的对象，承受的负载相当多，直接理论分析往往无法进行，必须先简化结构，因此简化模型尤为重要。在机器人系统中的一些结构件，如丝杠、电机等，可以在 ANSYS 的模型中忽略。

　　机器人结构复杂，主要以臂上自动对准平台模块为载体，其他零部件分别安装在其上，装配成完整的对接机器人。在建模时，考虑到自动对准平台模块是机器人的核心支撑件，仅对机器人的自动对准平台模块结构进行了实体建模，对自动对准平台模块上的其他零部件以载荷的形式进行考虑。

　　采用 Pro/E 建立简化结构的三维模型后，将模型从 Pro/E 导入 ANSYS 中。导入 ANSYS 中机器人自动对接调整平台的 3D 简化模型如图 3 - 13 所示。

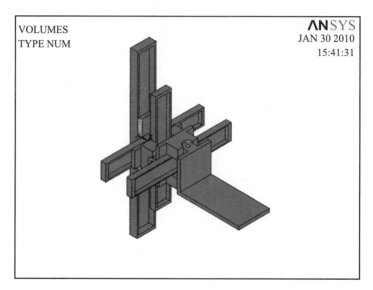

图 3 - 13　ANSYS 中机器人自动对接调整平台的 3D 简化模型

　　上述的力学模型是将机器人看作刚体所建立的。事实上，在对它们进行静力学分析时，为了提高分析的精确度，应该采用离散的方法对简化后的机器人力学模型进行分析，把它们划分成许多形状简单的单元体进行静力学分析，然后再组合成整个机器人系统进行研究。

　　在划分网格之前，通常都要指定所分析对象的特征，即定义单元类型。主要包括 3 个基本类型的常数定义：单元类型（Element Type）定义、实常数（Real Constant）定义和材料属性（Material Attribute）定义。按照 ANSYS 要求，应定义如下材料属性：杨氏模量 E、泊松比 L 和密度 ρ。

　　划分网格是建立有限元模型的一个重要环节，它要求考虑的问题较多，需要的工作量较大，所划分的网格形式对计算精度和计算规模将产生直接影响。网格数量的多少将影响计算结果的精度和计算规模的大小。一般来讲，网格数量增加，计算精度会有所提高，但同时计算规模也会增加，所以在确定网格数量时应权衡计算精度和计算量这两个因素的影响，同时还要考虑仿真分析的目标数据类型。在静力分析时，如果仅仅是计算结构的变形，网格数量可以少一些，如果需要计算应力，则在精度要求相同的情况下应取相对较多的网格。

机器人模型复杂，对整体模型进行网格划分较为困难。首先可利用布尔运算将实体进行分割，以便于网格划分，然后选择四面体形状单元分别对分割后的各部分进行网格划分。这样处理可以大大加快运算速度，且对运算精度影响也不大。另外也可以对局部关键区域网格进行细化处理以提高计算精度。

（3）强度计算及结果分析

对机器人结构进行静力分析的目的，在于计算结构在载荷作用下的变形与应力，以便进行强度和刚度的检验。本节主要研究和分析机器人结构在相应载荷及约束条件下的应力分布情况，给出强度和刚度分析评价结果。

对火箭加注自动对接机器人的分析中，加载的载荷主要有：

1）自由度约束。图 3-13 中，左端第一关节固定于机器人机架上，因此对其三个移动自由度进行约束。

2）集中载荷。当外载荷作用在结构上的区域很小时，可以认为这种载荷是集中载荷。在图 3-13 最右面的 L 型平板上，由于机器人的其他部件安装在其上，形成了一个最大质量为 30 kg 的向下的集中载荷。

3）整个机器人的重力载荷。根据受力分析所得结果，得到机器人在以上载荷作用下的变形图和应力云图，分别如图 3-14 和图 3-15 所示。

图 3-14 中机器人系统组成的悬臂梁结构，最大挠度出现在末端 L 型支撑板末位。结果与上面静力学模型分析的结果一致。

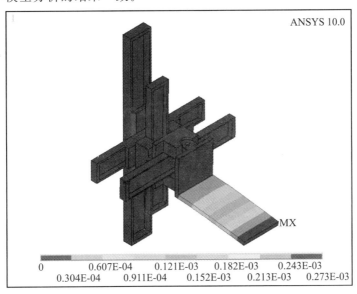

图 3-14　机器人变形图（见彩插）

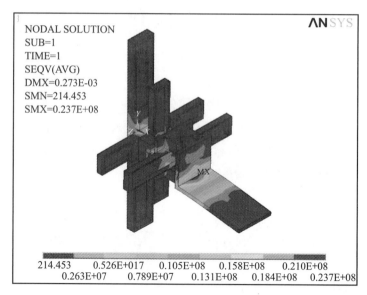

图 3 - 15　机器人应力云图（见彩插）

图 3 - 15 中，机器人系统的最大应力值是 27 MPa，出现在末端 L 型支撑板左端的根部。由于其他零件直接安装在 L 型支撑板的右边板上，L 型支撑板起到支撑的作用。机器人系统实际工程中产生的是一个悬臂梁结构，理论分析其最大应力也出现在这五个关节根部之一，这与 ANSYS 有限元分析的应力分布图是一致的。而其他的结构上应力均在5.26 MPa 以下（蓝色部分），比较大的分布值（绿色）大约是 10.5 MPa。查得常温下，机器人系统材料的许用应力 $[\sigma] = 100$ MPa。由此可见，机器人系统的强度满足要求。

3.3.3　末端支撑板力学特性仿真

以上是从整体的角度出发，考虑外力作用下机器人系统的应力应变大小，从图 3 - 14 中看出机器人系统中最薄弱的关节是末端 L 型支撑板。接下来对机器人系统中最薄弱的 L 型支撑板做进一步的有限元分析校核。

首先按照 ANSYS 要求，定义如下材料属性：杨氏模量 $E = 206$ GPa，泊松比 $L = 0.3$，密度 $\rho = 7.8$ g/cm³。

由于 L 型支撑板结构不是很复杂，可直接采用网格划分工具 Mesh Tool 进行网格划分。此外利用 Mesh Tool 的 Refine 功能，对孔的部分进行进一步的网格细分。

L 型支撑板的 3D 结构分析中，加载的载荷主要有：

1）自由度约束。L 型支撑板的左端孔可以实现绕 Z 轴的左右旋转，故需要对这个面加上移动自由度约束。

2）力载荷。L 型支撑板的右面平板上，由于机器人的其他部件安装其上，形成了一个最大质量为 30 kg 的向下的载荷。

受力分析所得结果如图 3 - 16 和图 3 - 17 所示。由图 3 - 16 中 L 型支撑板应力云图可看到最大的应力值是 30 MPa，出现在 L 型支撑板的左端孔的根部（见图 3 - 17）。由于其他零件直接安装在 L 型支撑板的右边板上，L 型支撑板起到支撑的作用。但就整个部分的运动来说，L 型支撑板及其他辅件组成的整个结构最终绕左边孔摇摆，实际工程上产生的是一个悬臂梁结构，理论分析其最大应力也出现在孔的根部，这与 ANSYS 有限元分析的应力分布图是一致的。从图 3-16 看出，比较大的分布值（绿色）大约是 16.8 MPa。由此可见，机器人系统中的最薄弱零件 L 型支撑板也是可靠的，因此整个机器人系统的强度满足要求。

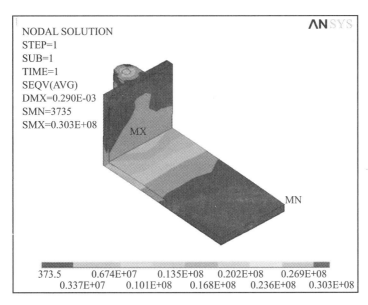

图 3-16　L 型支撑板应力云图（见彩插）

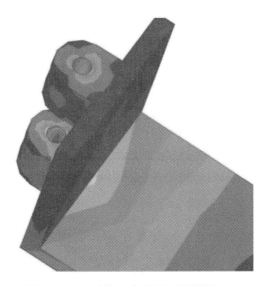

图 3-17　应力集中分布图（见彩插）

3.4　SCARA 机械臂建模仿真

3.4.1　力学特性仿真

SCARA 机械臂力学特性问题主要包含以下几个方面：

1) 对接过程中机械臂对箭体施加的最大对接力；

2) 对接过程中机械臂的末端受力变形情况；

3) 非柔顺状态下，随箭体晃动或回转平台晃动时可能产生的径向、轴向最大作用力。

SCARA 机械臂在工作时受到重力和金属软管的拉力影响，会使机械臂产生形变，从而产生误差，对机械臂末端的定位精度产生影响。静态分析就是利用 ANSYS 软件，分析这些力会使机械臂末端产生多大的形变，从而验证机械臂设计的可靠性。

（1）机械臂简化模型的建立

机械臂的真实模型零件过多，利用真实模型进行分析时，不但求解过程缓慢，而且容易出错，现在利用 Solidworks 建立简化的机械臂模型，如图 3-18 所示。机械臂主要分为四个连杆，包括 3 个转动副和一个移动副。简化机械臂模型的建模原则是每个连杆的参数（包括连杆长度、连杆偏距、连杆轴夹角和关节角）、连杆的总质量、连杆的质心坐标不变。因为只进行静态分析，所以简化模型的建立未考虑连杆的惯性张量。

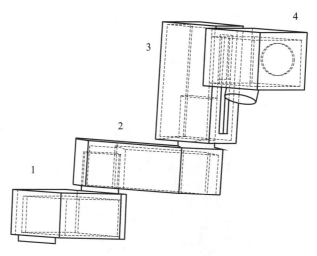

图 3-18　简化的机械臂模型

（2）机械臂的受力分析

在 ANSYS 中的分析过程如下：将简化的机械臂模型导出为可被 ANSYS 识别的 Parasolid 格式，在 ANSYS 中设置机械臂零件的材料为铝合金，划分网格，在连杆 1 和底座接触的转动关节上添加固定约束，在关节 4 左下方的推进剂输送金属软管接口上添加垂直于金属软管平面的拉力，在环境中添加重力，最后求解。

分别选取机械臂的两种不同位姿进行分析。当连杆 1 与连杆 2 平行，连杆 3 背对连杆

1，连杆 4 滑动到最高点时，设为位姿 1。当连杆 1 与连杆 2 垂直，连杆 3 侧对连杆 1，连杆 4 滑动到最低点时，设为位姿 2。选取这两个位姿是有道理的，因为从理论上讲，机械臂处于位姿 1 时，金属软管拉力对连杆 1 与底座相连的关节力臂最大，所以力矩最大，末端产生的形变量也最大。机械臂处于位姿 2 时，金属软管拉力与底座相连的关节力臂最小（其实还能找出力臂更小的位姿，但在每个关节角 180° 的转动范围下，机械臂处于位姿 2 时，力臂最小），所以力矩最小，产生的形变量也最小。机械臂处于其他位姿时，末端形变量介于以上两者之间。

分析结果分别如图 3－19、图 3－20、图 3－21 和图 3－22 所示。

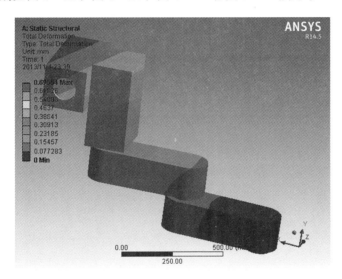

图 3－19　位姿 1，金属软管拉力 300 N

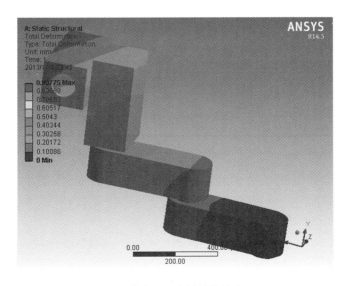

图 3－20　位姿 1，金属软管拉力 500 N

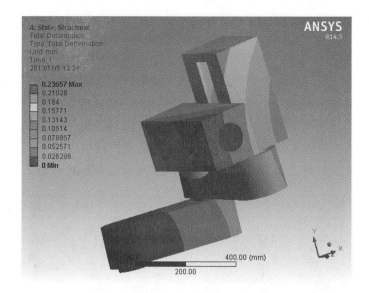

图 3 - 21　位姿 2，金属软管拉力 300 N

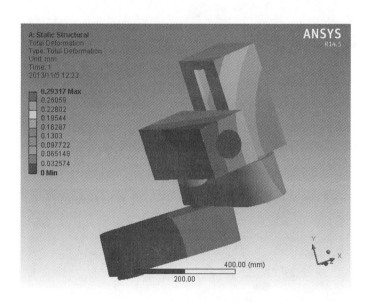

图 3 - 22　位姿 2，金属软管拉力 500 N

金属软管拉力范围为 300～500 N，现在对于每个位姿，分别取 300 N 和 500 N 的金属软管拉力进行分析，得到四种状态下，机械臂末端（连杆 4 的圆孔处）的最大形变量。

（3）机械臂受力仿真分析结果

由分析结果可以看出，在相同的金属软管拉力下，机械臂处于位姿 1 时的末端形变量大于机械臂处于位姿 2 时的末端形变量，这符合预期结果，现在把机械臂的不同位姿和不同金属软管拉力下的末端形变量归纳于表 3 - 1 中。

表 3 - 1　机械臂不同状态下对应的末端的最大形变量

状态	位姿 1 软管拉力 300 N	位姿 1 软管拉力 500 N	位姿 2 软管拉力 300 N	位姿 2 软管拉力 500 N
末端最大形变/mm	0.618 26	0.806 89	0.236 57	0.293 17

把最终得到的结论归纳如下：当金属软管拉力为 300 N 时，机械臂末端的形变量为 0.237～0.618 mm；当金属软管拉力为 500 N 时，机械臂末端的形变量为 0.293～0.807 mm。

3.4.2　精度特性仿真

精度分析主要包含以下几个方面：

1）加泄连接器和加注活门自身结构决定的理想情况下最大对接容差；

2）对接进给距离的最小值以及判读评估精度；

3）滑动筒收放距离的精度判断。

在实际的机械臂产品中，由于制造误差、装配误差等一系列误差的影响，机械臂各个连杆的参数可能会与理论上不相符，连杆参数的误差会导致机械臂末端连杆坐标系的位姿与理论上不相符，误差分析的目的是研究连杆参数的误差对机械臂末端连杆坐标系位姿的影响。

机械臂的误差分析在机器人学中有一套成熟的理论，本节将直接给出机械臂的运动学正解和机械臂末端连杆坐标系的位姿误差（包括末端连杆坐标系原点误差 Δx_N、Δy_N、Δz_N 以及实际末端连杆坐标系相对于理论坐标系的旋转误差 δx_N、δy_N、δz_N）与各个连杆参数误差（包括每个连杆的长度 a、关节轴夹角 α、连杆偏距 d 和关节角 θ）的关系表达式，然后据此进行误差分析。

（1）机械臂连杆坐标系的变换矩阵

建立如图 3 - 23 所示的坐标系。

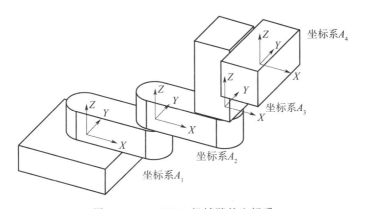

图 3 - 23　SCARA 机械臂的坐标系

图 3 - 23 中，由于底座坐标系与连杆 1 坐标系位置较近，不好分辨，所以采用了两张图。

A_0 为固定在底座的坐标系，A_1、A_2、A_3、A_4 分别为固定在连杆 1、连杆 2、连杆 3、连杆 4 上的坐标系，A_4 也为末端连杆坐标系。SCARA 机械臂各关节运动学参数如表 3-2 所示。

表 3-2　SCARA 机械臂各关节运动学参数

i	$\alpha_{i-1}/(°)$	a_{i-1}/mm	d_i/mm	$\theta_i/(°)$
1	0	0	0	0～180
2	0	400	204	0～180
3	0	400	187	0～180
4	0	205	114～306	0

表中的 θ_i 值是这样规定的：当坐标系 $A_i(i=1, 2, 3, 4)$ 的 X 轴与坐标系 A_0 的 X 轴同向时，$\theta_i=0°$。

由机器人学的知识，直接给出连杆 1 向底座的变换矩阵 T_1，连杆 2 向连杆 1 的变换矩阵 T_2，连杆 3 向连杆 2 的变换矩阵 T_3，连杆 4 向连杆 3 的变换矩阵 T_4。

$$T_1 = \begin{bmatrix} \cos\theta_1 & -\sin\theta_1 & 0 & 0 \\ \sin\theta_1 & \cos\theta_1 & 0 & 0 \\ 0 & 0 & 1 & 0 \\ 0 & 0 & 0 & 1 \end{bmatrix} \tag{3-2}$$

$$T_2 = \begin{bmatrix} \cos\theta_2 & -\sin\theta_2 & 0 & 400 \\ \sin\theta_2 & \cos\theta_2 & 0 & 0 \\ 0 & 0 & 1 & 204 \\ 0 & 0 & 0 & 1 \end{bmatrix} \tag{3-3}$$

$$T_3 = \begin{bmatrix} \cos\theta_3 & -\sin\theta_3 & 0 & 400 \\ \sin\theta_3 & \cos\theta_3 & 0 & 0 \\ 0 & 0 & 1 & 187 \\ 0 & 0 & 0 & 1 \end{bmatrix} \tag{3-4}$$

$$T_4 = \begin{bmatrix} 1 & 0 & 0 & 205 \\ 0 & 1 & 0 & 0 \\ 0 & 0 & 1 & d_4 \\ 0 & 0 & 0 & 1 \end{bmatrix} \tag{3-5}$$

（2）机械臂的末端连杆坐标系误差

由机器人学的理论直接给出末端连杆坐标系的误差与各个连杆参数误差之间的关系

$$\begin{cases} dx_4 = \sum_{i=1}^{4} \{[\boldsymbol{n}_{i+1} \cdot \boldsymbol{k}_i^1 + (\boldsymbol{p}_{i+1} \times \boldsymbol{n}_{i+1}) \cdot \boldsymbol{k}_i^2]\Delta a_{i-1} + (\boldsymbol{n}_{i+1} \cdot \boldsymbol{k}_i^2)\Delta a_{i-1} + (\boldsymbol{n}_{i+1} \cdot \boldsymbol{k}_i^3)\Delta d_i + [(\boldsymbol{p}_{i+1} \times \boldsymbol{n}_{i+1}) \cdot \boldsymbol{k}_i^3]\Delta\theta_i\} \\ dy_4 = \sum_{i=1}^{4} \{[\boldsymbol{o}_{i+1} \cdot \boldsymbol{k}_i^1 + (\boldsymbol{p}_{i+1} \times \boldsymbol{o}_{i+1}) \cdot \boldsymbol{k}_i^2]\Delta a_{i-1} + (\boldsymbol{o}_{i+1} \cdot \boldsymbol{k}_i^2)\Delta a_{i-1} + (\boldsymbol{o}_{i+1} \cdot \boldsymbol{k}_i^3)\Delta d_i + [(\boldsymbol{p}_{i+1} \times \boldsymbol{o}_{i+1}) \cdot \boldsymbol{k}_i^3]\Delta\theta_1\} \\ dz_4 = \sum_{i=1}^{4} \{[\boldsymbol{a}_{i+1} \cdot \boldsymbol{k}_i^1 + (\boldsymbol{p}_{i+1} \times \boldsymbol{a}_{i+1}) \cdot \boldsymbol{k}_i^2]\Delta\alpha_{i-1} + (\boldsymbol{a}_{i+1} \cdot \boldsymbol{k}_i^2)\Delta a_{i-1} + (\boldsymbol{a}_{i+1} \cdot \boldsymbol{k}_i^3)\Delta d_1 + [(\boldsymbol{p}_{i+1} \times \boldsymbol{a}_{i+1} \cdot \boldsymbol{k}_i^3]\Delta\theta_i\} \end{cases}$$

$$\tag{3-6}$$

$$
\begin{cases}
\delta x_4 = \sum_{i=1}^{4} \left[(\boldsymbol{n}_{i+1} \cdot \boldsymbol{k}_i^2) \Delta \alpha_{i-1} + (\boldsymbol{n}_{i+1} \cdot \boldsymbol{k}_i^3) \Delta \theta_i \right] \\
\delta y_4 = \sum_{i=1}^{4} \left[(\boldsymbol{o}_{i+1} \cdot \boldsymbol{k}_i^2) \Delta \alpha_{i-1} + (\boldsymbol{o}_{i+1} \cdot \boldsymbol{k}_i^3) \Delta \theta_i \right] \\
\delta z_4 = \sum_{i=1}^{4} \left[(\boldsymbol{a}_{i+1} \cdot \boldsymbol{k}_i^2) \Delta \alpha_{i-1} + (\boldsymbol{a}_{i+1} \cdot \boldsymbol{k}_i^3) \Delta \theta_i \right]
\end{cases} \tag{3-7}
$$

其中

$$
\begin{cases}
\boldsymbol{k}_i^1 = (-d_i \sin\theta_i \quad -d_i \cos\theta_i \quad 0)^{\mathrm{T}} \\
\boldsymbol{k}_i^2 = (\cos\theta_i \quad -\sin\theta_i \quad 0)^{\mathrm{T}} \\
\boldsymbol{k}_i^3 = (0 \quad 0 \quad 1)^{\mathrm{T}}
\end{cases} \tag{3-8}
$$

$$
\begin{bmatrix} \boldsymbol{n}_i & \boldsymbol{o}_i & \boldsymbol{a}_i & \boldsymbol{p}_i \\ 0 & 0 & 0 & 1 \end{bmatrix} = \boldsymbol{T}_i \boldsymbol{T}_{i+1} \cdots \boldsymbol{T}_4 \quad i \leqslant 4 \tag{3-9}
$$

$$
\begin{bmatrix} \boldsymbol{n}_i & \boldsymbol{o}_i & \boldsymbol{a}_i & \boldsymbol{p}_i \end{bmatrix} = \begin{bmatrix} 1 & 0 & 0 & 0 \\ 0 & 1 & 0 & 0 \\ 0 & 0 & 1 & 0 \end{bmatrix} \quad i = 5 \tag{3-10}
$$

（3）机械臂单点误差分析

选取表 3-3 所示的一组关节变量值，这是一个机械臂运动空间中的一般位置。用 MATLAB 生成一组 $-0.1 \sim 0.1$ 区间的随机关节参数误差值，如表 3-4 所示，分析机械臂在此位置下和此组随机关节参数误差下的末端连杆坐标系误差，得到的结论归纳于表 3-5。

表 3-3　单点误差分析中的关节变量

θ_1 /(°)	θ_2 /(°)	θ_3 /(°)	d_4 /mm
27	113	43	209

表 3-4　单点误差分析中 MATLAB 生成的随机关节参数误差

$\Delta\alpha_0$ /(°)	Δa_0 /mm	Δd_1 /mm	$\Delta\theta_1$ /(°)
$-0.015\ 65$	$0.083\ 15$	$0.058\ 44$	$0.091\ 90$
$\Delta\alpha_1$ /(°)	Δa_1 /mm	Δd_2 /mm	$\Delta\theta_2$ /(°)
$0.031\ 15$	$-0.092\ 86$	$0.069\ 83$	$0.086\ 80$
$\Delta\alpha_2$ /(°)	Δa_2 /mm	Δd_3 /mm	$\Delta\theta_3$ /(°)
$0.035\ 75$	$0.051\ 55$	$0.048\ 63$	$-0.021\ 55$
$\Delta\alpha_3$ /(°)	Δa_3 /mm	Δd_4 /mm	$\Delta\theta_4$ /(°)
$0.031\ 10$	$-0.065\ 76$	$0.041\ 21$	$-0.093\ 63$

表 3-5　单点误差分析结论

dx_4 /mm	dy_4 /mm	dz_4 /mm	δx_4 /(°)	δy_4 /(°)	δz_4 /(°)
0.527	-0.214	0.395	0.001 4	$-0.027\ 0$	0.063 6

（4）不同关节参数误差对末端误差的影响

选取三组关节参数误差 0.1、0.01、0.001（每组关节参数误差均为 0.1、0.01 或 0.001，表示角度时单位为°，表示长度时单位为 mm）。对于每组关节参数误差，随机生成 1 000 组机械臂关节变量值，对于每组关节变量，分别计算机械臂在此关节变量下，每组关节参数误差产生的末端位姿误差。这样对于 0.1、0.01 和 0.001 三组关节参数误差，每组都计算了由此产生的 1 000 个末端误差，将这 1000 个末端误差取绝对值，并求出误差绝对值的最大值和最小值，归纳于表 3-6 中。其中，变量 $\boldsymbol{T} = \begin{bmatrix} \mathrm{d}x_4 & \mathrm{d}y_4 & \mathrm{d}z_4 & \delta x_4 & \delta y_4 & \delta z_4 \end{bmatrix}$。

表 3-6　不同关节参数误差对末端误差的影响

步长	关节参数误差 0.1	关节参数误差 0.01	关节参数误差 0.001
$T_{\max}$	2.281 7	0.233 5	0.022 7
	2.788 3	0.276 3	0.027 8
	2.951 6	0.295 1	0.029 7
	0.389 6	0.040 1	0.005 7
	0.292 2	0.028 6	0.005 7
	0.401 1	0.040 1	0.005 7
$T_{\min}$	0.004 4	0.000 1	0.000 0
	0.003 9	0.000 7	0.000 0
	0.076 1	0.008 5	0.001 4
	0.000 0	0.000 0	0.000 0
	0.000 0	0.000 0	0.000 0
	0.401 1	0.040 1	0.005 7

在每组关节参数误差下，表 3-6 确定了末端误差的一个范围，虽然这个范围是在这组关节参数误差下末端误差实际变化范围的一个子集，但这样的分析是有意义的，因为机械臂工作空间可以分为两个部分，即末端误差在表 3-6 确定范围内和不在表 3-6 确定范围内。又因为末端误差是关节参数误差的连续函数，所以末端误差不在表 3-6 确定范围内的点组成了一个或多个区域。在工作区间内随机取足够多的点，却没有一个点落在这个区域内，说明了末端误差不在表 3-6 确定范围内的点所组成的区域相对于机械臂工作空间是不大的。在这个不大的区域内，由于末端误差的连续性，实际的末端误差变化区间也不会与表 3-6 中的区间相差很大。

另外，从表 3-6 中还可以看出，末端坐标系原点的误差最大值比关节参数误差大了一个数量级，而末端坐标系转动误差的最大值与关节参数误差处于同一个数量级。

（5）关节参数误差中每个值对末端误差的影响

SCARA 加注机器人机械臂一共有 16 个关节参数，现在考虑这 16 个关节参数误差中的一个误差单独作用时，对末端误差的影响。把其中一个关节误差设为 0.1（表示角度时单位为°，表示长度时单位为 mm），其余设为 0。采用相同的分析方法，得到的结论归纳于表 3-7～表 3-10 中。

表 3 - 7　单一参数误差对第一组关节末端误差的影响

变量	Δa_0 /(°)	Δa_0 /mm	Δd_1 /mm	$\Delta \theta_1$ /(°)
T_{max}	1.207 7	0.100 0	0	1.395 5
	1.212 7	0.100 0	0	1.750 7
	1.713 9	0	0.100 0	0
	0.097 4	0	0	0
	0.097 4	0	0	0
	0	0	0	0.097 4
T_{min}	0.002 2	0.000 0	0	0.000 2
	0.000 7	0.000 0	0	0.001 3
	0.000 8	0	0.100 0	0
	0.000 0	0	0	0
	0.000 0	0	0	0
	0	0	0	0.097 4

表 3 - 8　单一参数误差对第二组关节末端误差的影响

变量	Δa_1 /(°)	Δa_1 /mm	Δd_2 /mm	$\Delta \theta_2$ /(°)
T_{max}	1.214 4	0.100 0	0	0.698 1
	1.211 9	0.100 0	0	1.055 9
	1.054 4	0	0.100 0	0
	0.097 4	0	0	0
	0.097 4	0	0	0
	0	0	0	0.097 4
T_{min}	0.0017	0.000 0	0	0.003 0
	0.000 7	0.000 0	0	0.002 6
	0.001 0	0	0.100 0	0
	0.000 0	0	0	0
	0.000 0	0	0	0
	0	0	0	0.097 4

表 3 - 9　单一参数误差对第三组关节末端误差的影响

变量	Δa_2 /(°)	Δa_2 /mm	Δd_3 /mm	$\Delta \theta_3$ /(°)
T_{max}	0.850 3	0.100 0	0	0
	0.855 3	0.100 0	0	0.357 8
	0.357 8	0	0.100 0	0
	0.097 4	0	0	0
	0.097 4	0	0	0
	0	0	0	0.097 4
T_{min}	0.000 4	0.000 0	0	0
	0.002 7	0.000 0	0	0.357 8
	0.000 2	0	0.100 0	0
	0.000 0	0	0	0
	0.000 0	0	0	0
	0	0	0	0.097 4

表 3 - 10　单一参数误差对第四组关节末端误差的影响

变量	$\Delta\alpha_3$ /(°)	Δa_3 /mm	Δd_4 /mm	$\Delta\theta_4$ /(°)
	0	0.100 0	0	0
	0.533 9	0	0	0
T_{max}	0	0	0.100 0	0
	0.097 4	0	0	0
	0	0	0	0
	0	0	0	0.097 4
	0	0.100 0	0	0
	0.199 1	0	0	0
T_{min}	0	0	0.100 0	0
	0.097 4	0	0	0
	0	0	0	0
	0	0	0	0.097 4

由以上分析结果可得出：对 dx_4 影响较大的有 $\Delta\alpha_0$、$\Delta\alpha_1$、$\Delta\alpha_2$、$\Delta\theta_1$、$\Delta\theta_2$，dx_4 受它们影响所产生的最大值分别为 1.207 7、1.214 4、0.850 3、1.395 5、0.698 1；对 dy_4 影响较大的有 $\Delta\alpha_0$、$\Delta\alpha_1$、$\Delta\alpha_2$、$\Delta\alpha_3$、$\Delta\theta_1$、$\Delta\theta_2$、$\Delta\theta_3$，dy_4 受它们影响所产生的最大值分别为 1.212 7、1.211 9、0.855 3、0.533 9、1.750 7、1.055 9、0.357 8；对 dz_4 影响较大的有 $\Delta\alpha_0$、$\Delta\alpha_1$、$\Delta\alpha_2$，dz_4 受它们影响所产生的最大值分别为 1.713 9、1.054 4、0.357 8；对 δx_4 影响较大的有 $\Delta\alpha_0$、$\Delta\alpha_1$、$\Delta\alpha_2$、$\Delta\alpha_3$，δx_4 受它们影响所产生的最大值分别为 0.097 4、0.097 4、0.097 4、0.097 4；对 δy_4 影响较大的有 $\Delta\alpha_0$、$\Delta\alpha_1$、$\Delta\alpha_2$，δy_4 受它们影响所产生的最大值分别为 0.097 4、0.097 4、0.097 4；对 δz_4 影响较大的有 $\Delta\theta_1$、$\Delta\theta_2$、$\Delta\theta_3$、$\Delta\theta_4$，δz_4 受它们影响所产生的最大值分别为 0.097 4、0.097 4、0.097 4、0.097 4。

SCARA 机械臂用于火箭推进剂加注，主要扰动是机械臂末端金属软管口与火箭加注口对其牵扯影响，所以机械臂对 δx_4、δy_4、δz_4 的敏感度较小，对 dx_4、dy_4、dz_4 的敏感度较大，应注意控制 $\Delta\alpha$ 和 $\Delta\theta$。

3.4.3　空间运动特性仿真

机械臂的工作空间即为其末端参考点所能达到的空间点集合，是机器人机械臂运动灵活程度的重要指标。目前，机械臂工作空间的求解方法主要有图解法、解析法及数值法。图解法直观性强，可以得到工作空间的剖截面或剖截线，但受到自由度的限制，有些三维机器人无法准确地描述。解析法通过多次包络确定工作空间边界，虽然可以把工作空间的边界用方程表示出来，但其直观性不强，十分烦琐，一般只适用于关节数少于 3 个的机器人。用数值法计算机器人的工作空间，实质上就是选取尽可能多的独立的不同关节变量组合，再利用机器人的正向运动学方程，计算得出机器人末端杆件端点的坐标值，从而形成机器人的工作空间。坐标值数目越多，越能反映机器人的实际工作空间。数值法应用简单，可以分析任意形式的机器人结构，随着计算机软硬件的发展，得到了越来越广泛的应用。

（1）机械臂的运动学正解

机械臂的结构简图如图 3-18 所示。机械臂一共由 4 个连杆组成，连杆 4 为机械臂的末端。连杆 1 与底座、连杆 2 与连杆 1、连杆 3 与连杆 2 之间都是由转动副连接的，转角分别定义为 θ_1、θ_2、θ_3；连杆 4 与连杆 3 之间是由移动副连接的，连杆偏距为 d_4。

机械臂的连杆坐标系如图 3-23 所示。其中，A_0 为固定在底座的坐标系，与图中 A_1 重合，所以图中未标出。A_1、A_2、A_3、A_4 分别为固定在连杆 1、连杆 2、连杆 3、连杆 4 上的坐标系，A_4 也为末端连杆坐标系。

由式（3-2）～式（3-5）可知，连杆 4 向底座的变换矩阵 $\boldsymbol{T}=\boldsymbol{T}_1\boldsymbol{T}_2\boldsymbol{T}_2\boldsymbol{T}_4$。机械臂的末端为连杆 4 上孔口的圆心，在连杆 4 坐标系上的齐次坐标为 $^4\boldsymbol{P}=(0\quad 248.7\quad 0\quad 1)^{\mathrm{T}}$，所以得到机械臂末端相对于底座坐标系的齐次坐标为 $^0\boldsymbol{P}=\boldsymbol{T}_1\boldsymbol{T}_2\boldsymbol{T}_3\boldsymbol{T}_4{}^4\boldsymbol{P}$。其中列向量 $^0\boldsymbol{P}$ 的前 3 列即为机械臂末端的 (x, y, z) 坐标在底座坐标系中的表示。

（2）运动空间蒙特卡洛仿真

蒙特卡洛法（Monte Carlo Method）是借助随机抽样解决数学问题的数值方法。

该方法容易实现计算机图形显示功能，计算速度快，适合于关节型机械臂工作空间求解，对关节转角的变化范围没有限制，误差也与维数无关。具体求解步骤如下：

1）根据机械臂的运动学分析，求出机械臂末端执行器在参考坐标系中的位置向量。

2）利用随机函数 $\mathrm{RAND}(j)$（$j=1, 2, \cdots, N$）产生 N 组 0～1 之间的随机值，由此产生一随机步长 $(q_{\max}-q_{\min})\times\mathrm{RAND}(j)$，得到机械臂关节转角的伪随机值为 $q_i=q_{\min}+(q_{\max}-q_{\min})\times\mathrm{RAND}(j)$，式中，$q_i$ 为关节转角的伪随机值，$q_{\max}$、$q_{\min}$ 分别为关节转角变量的上下限，i 为关节数目。

3）将 N 个关节转角随机值组合代入运动学方程，得到末端的坐标值，并将其对应的 x、y、z 分别存于矩阵 $\boldsymbol{X}$、$\boldsymbol{Y}$ 和 $\boldsymbol{Z}$ 中，坐标值数目越多，越能反映机器人的实际工作空间。

将所得位置的向量值用点状方式显示在图形设备上，即可得到工作空间点集的"云图"。利用 MATLAB，取 N 为 100 000，得到机械臂工作空间如图 3-24 所示。机械臂工作空间在 XOY、XOZ、YOZ 平面的投影分别如图 3-25、图 3-26、图 3-27 所示。

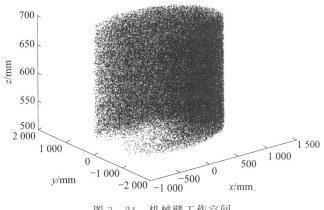

图 3-24　机械臂工作空间

　　通过蒙特卡洛方法分析了该机械臂的工作空间，由分析结果可以推断，该机械臂工作空间是一个沿着 Z 轴被切去一部分的柱体，离空腔远的点关于 Y 轴对称。蒙特卡洛法具有计算工作量小、精度高的优点，且能够准确显示机械手工作空间的边界，与定步距角步长法相比有明显的优势。

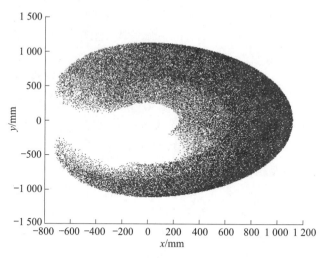

图 3-25　工作空间在 XOY 平面的投影

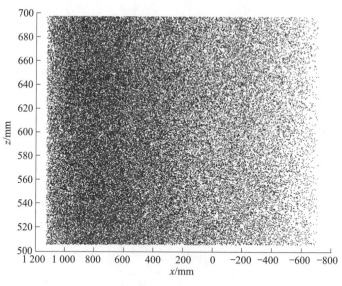

图 3-26　工作空间在 XOZ 平面的投影

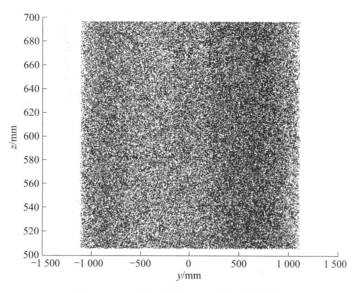

图 3 - 27　工作空间在 YOZ 平面的投影

3.5　火箭泄漏与承载建模计算

3.5.1　火箭加注口大泄漏冲击力计算

可采用简化的计算方法，可将火箭贮箱简化，如图 3 - 28 所示。主要考虑当火箭贮箱加满推进剂后，如果发生泄漏所产生的压力，以便校核螺栓连接是否有效。当推进剂泄漏时除了有舱内压强和推进剂液柱产生的静压外，还有由于液体运动而产生的动压。静压相对容易计算，这里主要讨论动压的计算。

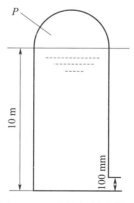

图 3 - 28　火箭加料舱简图

在盛有液体的容器的侧壁或底部开一孔口，液体经孔口流出，称为孔口出流。本例符合此特点，故可以按此理论进行计算。孔口出流在水作用力计算中局部水头损失起主要作用，沿程损失可以忽略不计，用能量方程计算流速，并由实验确定系数。

　　按孔口直径 d_0 与液面高度 H 的比值的大小，可以把孔口分为大孔口和小孔口。当 $d_0 < H/10$ 时称为小孔口，当 $d_0 \geqslant H/10$ 时称为大孔口。本例显然属于小孔口。

　　按孔口边缘厚度是否影响孔口出流情况，可以把孔口分为薄壁孔口和厚壁孔口。孔口边缘的厚度 $\delta \leqslant d_0/2$ 时，其厚度不影响孔口出流，称为薄壁孔口，反之则称为厚壁孔口。火箭上的孔口通常为厚壁孔口。

　　孔口自由出流时，如图 3-29 所示，由于惯性作用，液体从孔口流出，流线不可能成折角地改变方向，因此，液体在流出孔口后有收缩现象，在离孔口不远的地方，过流断面达到最小值，这个最小的过流断面称为收缩断面 c，其面积用 A_c 表示。收缩断面面积 A_c 与孔口面积 A 比值用 ε 表示，即

$$A_c/A = \varepsilon \tag{3-11}$$

式中　　ε ——无量纲数，称为收缩系数，由实验测定。

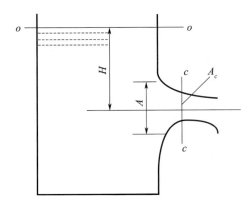

图 3-29　孔口自由出流

　　如果沿孔口的所有周界上液体都有收缩，称为全部收缩，反之称为部分收缩。全部收缩又分为完善收缩和不完善收缩。实验表明，孔口任一边缘到容器侧壁的距离大于同一方向上孔口宽度的三倍，如图 3-30 所示孔口 1 可视为完善收缩，反之视为不完善收缩，如图 3-30 所示孔口 2。经测定圆形小孔完善收缩时的收缩系数 $\varepsilon = 0.63 \sim 0.64$。显然本例不是完善收缩，取收缩系数 $\varepsilon = 0.65$。

　　孔口出流的流速可用能量方程求出。如图 3-29 所示，以通过孔口中心的水平面为基准面，对孔口上游断面 o 和收缩面 c 列能量方程

$$H + \frac{\alpha_0 v_0^2}{2g} = 0 + \frac{\alpha_c v_c^2}{2g} + h_w \tag{3-12}$$

$$H + \alpha_0 v_0^2/2g = H_0$$

式中　　v_0 ——上游断面的平均流速；

　　　　v_c ——收缩断面的平均流速；

　　　　$\alpha_0 \alpha_c$ ——分别是上游断面和收缩断面的流速系数；

　　　　H_0 ——孔口的总水头；

　　　　h_w ——断面 o 至断面 c 之间的水头损失。

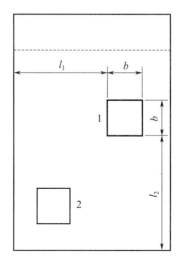

图 3-30　不同的孔口

令 $h_w = \zeta v_c^2/2g$；ζ 为孔口局部损失系数。将以上关系式代入能量方程整理得

$$v_c = \varphi\sqrt{2gH_0} \tag{3-13}$$

式中　φ——流速系数。

由于孔口收缩断面流速分布比较均匀，可取 $\alpha_c = 1$，则流速系数 $\varphi = 1/\sqrt{1+\zeta}$ 与局部损失系数 ζ 值有关。而局部损失系数与壁孔的形状、孔的大小、位置、进口形式等因素有关。φ 值可以由实验来测定。对完善收缩的小孔一般可取 $\varphi = 0.97$。

结合实际情况，在本例中由于舱内有预制压强 $P - P_0 = 0.2$ MPa，高度差 $H = 10$ m，所以能量方程应为

$$\frac{p}{\rho g} + H + \frac{\alpha_0 v_0^2}{2g} = 0 + \frac{\alpha_c v_c^2}{2g} + h_w + \frac{P_0}{\rho g} \tag{3-14}$$

式中　P_0——大气压；

　　ρ——氧化剂密度，为 1 446 kg/m³。

又因为推进剂是刚开始泄漏，所以可以认为 v_0 为零，所以孔口的总水头 $H_0 = (P - P_0)/\rho g + H = 24.11$ m。

本例由于是厚壁孔口，而且是不完善收缩，将会影响流速，可取 $\varphi = 0.96$。可以计算出流速度 $v_c = \varphi\sqrt{2gH_0} = 20.87$ m/s。当液体推进剂以 20.87 m/s 的速度喷射而出时，必须在对接装置把加注口堵住。所需的对接力，可以用液体冲击加注对接装置的力近似，应用动量定理进行计算

$$F_c\delta t = \varepsilon\rho A v_c\delta t v_c = \varepsilon\rho\pi d^2 v_c\delta t v_c/4 \tag{3-15}$$

解得力 $F_c = \varepsilon\rho\pi d^2 v_c^2/4 = 3\,213.63$ N。设箭体活门泄漏口的横截面积为 S，在 Δt 时间内有质量为 Δm 的氧化剂与加泄连接器发生相互作用，则

$$\Delta m = \rho(Sv\Delta t) \tag{3-16}$$

由动量定理得

$$F\Delta t = \Delta mv \tag{3-17}$$

所以 $F = \rho Sv^2$ 。由牛顿第三定律可知，加泄连接器受到氧化剂的平均冲击力为

$$F' = F = \rho Sv^2 \tag{3-18}$$

若泄漏面积为 $5\ cm^2$ ，则 $F' \approx 320\ N$ 。可见，当箭体活门出现泄漏时，每平方厘米的泄漏面积对加泄连接器的冲击作用力为 $64\ N$ ，该指标可以作为应急再对接时机械臂施力大小的设计判据。

3.5.2　箭体表面对接强度建模计算

固定上箭对接装置的螺栓以承受拉力为主，也受横向剪力和翻转力矩的作用。尺寸如图 3-31 所示，受力如图 3-32 所示。

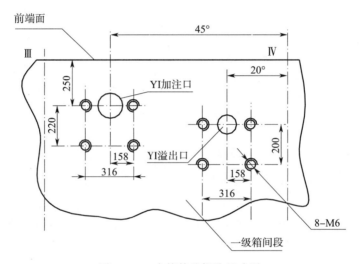

图 3-31　火箭外壁螺孔尺寸图

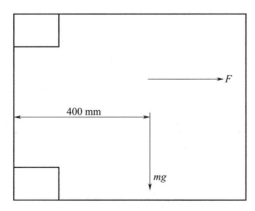

图 3-32　螺栓受力图

（1）理论建模

对接固定的螺栓数为 4，对称布置，极限情况下的螺栓受力分析如下。

1）螺栓组承受以下各力和倾覆力矩的作用，轴向力 $F_{\Sigma h} = F_c$ ，横向力 $F_{\Sigma v} = mg$ ，倾覆力矩为

$$M = F_{\Sigma v} \times 0.4 \tag{3-19}$$

2）在轴向力 $F_{\Sigma h}$ 的作用下，各螺栓所受的工作拉力为

$$F_a = F_{\Sigma h} / z \tag{3-20}$$

3）在倾覆力矩 M 的作用下，上面两螺栓受到加载作用，而下面两螺栓受到减载作用，故上面的螺栓受力较大，所受载荷为

$$F_{max} = ML_{max} / \sum_{i=1}^{z} L_i^2 \tag{3-21}$$

故上面的螺栓所受的轴向载荷为

$$F = F_a + F_{max} \tag{3-22}$$

4）在横向力 $F_{\Sigma v}$ 的作用下，底板连接结合面可能产生滑移，根据底板结合面不滑移的条件

$$f(zF_0 - \frac{C_m}{C_b + C_m} F_{\Sigma h}) \geqslant K_s F_{\Sigma v} \tag{3-23}$$

f 为结合面之间的摩擦系数，取 $f = 0.2$ ，$C_b / (C_b + C_m)$ 为螺栓的相对刚度，取为 0.2，则 $C_m / (C_b + C_m) = 1 - C_b / (C_b + C_m) = 0.8$，取防滑系数 $K_s = 1.2$，则各螺栓所需的预紧力为

$$F_0 \geqslant \frac{1}{z} (\frac{K_s F_{\Sigma v}}{f} + \frac{C_m}{C_b + C_m} F_{\Sigma h}) \tag{3-24}$$

5）上面每个螺栓所受的总拉力为

$$F_2 = F_0 + \frac{C_b}{C_b + C_m} F \tag{3-25}$$

（2）校核螺栓的拉应力

根据螺栓 M6 选取螺距 $P = 0.75$，则螺栓危险截面的直径（螺纹小径）$d_1 = 5.188 \text{ mm}$，求得拉应力为 $\sigma = \dfrac{4 \times 1.3 F_2}{\pi d_1^2} = \dfrac{4 \times 1.3 \times 1\,160.05}{3.14 \times 0.005\,188^2} = 72 \text{ MPa}$ 。

选取材料为 Q235，性能等级为 4.6 的螺栓，查表得屈服极限 $\sigma_s = 240 \text{ MPa}$，选取安全系数 $S = 1.5$，故螺栓的许用应力 $[\sigma] = \sigma_s / S = 160 \text{ MPa}$，完全符合要求。

（3）校核螺栓组连接结合面的工作能力

连接结合面（设结合面的面积 A 为 4 cm^2）下端的挤压应力不应超过允许值，以防止结合面压碎。则有

$$
\begin{aligned}
\sigma_{max} &= \frac{1}{A}(zF_0 - \frac{C_m}{C_b + C_m} F_{\Sigma h}) + \frac{M}{W} \\
&= \frac{1}{A}(zF_0 - \frac{C_m}{C_b + C_m} F_{\Sigma h}) - \frac{4F_{max}}{A} \\
&= 4.8 \text{MPa}
\end{aligned}
\tag{3-26}
$$

铝的许用挤压应力为 100 MPa，σ_{max} 远远小于 100 MPa，所以完全符合要求。连接结

合面上端应保持一定的残余预紧力，以防止结合面产生间隙，则有

$$
\begin{aligned}
\sigma_{\min} &= \frac{1}{A}\left(zF_0 - \frac{C_m}{C_b + C_m}F_{\Sigma h}\right) - \frac{M}{W} \\
&= \frac{1}{A}\left(zF_0 - \frac{C_m}{C_b + C_m}F_{\Sigma h}\right) - \frac{4F_{\max}}{A} \\
&= 1.2 \text{ MPa}
\end{aligned}
\tag{3-27}
$$

$\sigma_{\min} > 0$，所以不会产生间隙。

（4）校核由于横向力造成螺栓和孔壁挤压应力（$L_{\min}$ 为连接面厚度）

$$
\tau = \frac{F}{d_0 L_{\min}} = \frac{176}{0.006 \times 0.007} = 4.2 \text{ MPa}
\tag{3-28}
$$

铝的许用挤压应力为 100 MPa，完全符合要求。

以上对火箭加注口和箭体表面的建模分析计算，是火箭加注自动对接系统设计过程中的重要环节之一。通过一些限制条件的建模，分析机器人设计是否满足工程应用要求。当然，在具体的应用实际中，分析计算的内容可能不只限于以上几个方面，可根据实际应用场景和特殊条件，进行具体的分析计算。

参 考 文 献

［1］ 高明，胡茑庆，等 . 面向对象的推进剂加注系统建模与故障仿真［J］. 机床与液压，2009（9）：
　　　223 - 236.

［2］ 高明 . 推进剂加注系统建模与故障模式仿真分析［D］. 长沙：国防科学技术大学，2008.

［3］ 王珉 . LRE 试验台加注系统故障建模与仿真分析［J］. 系统仿真学报，2010（11）：2672 - 2675.

［4］ 高欢，张骏，等 . 基于 SimHydraulic 的加注系统建模与故障仿真［J］. 电子设计工程，2015（9）：
　　　73 - 76.

［5］ 范向红 . 机电一体化产品虚拟样机协同建模与仿真技术研究［J］. 无线互联科技，2015（21）：
　　　115 - 116.

［6］ 常同立，丛大成，等 . 空间对接半物理仿真系统虚拟样机及仿真研究［J］. 机床与液压，2008
　　　（4）：139 - 142.

［7］ 赖一楠，张广玉，等 . 基于虚拟样机的航天器对接转动模拟装置仿真研究［J］. 系统仿真学报，
　　　2005（3）：639 - 642.

［8］ 聂永芳，曹永华，等 . 基于 ADAMS 的抓取机器虚拟样机的运动仿真［J］. 煤矿机械，2015（5）：
　　　97 - 99.

［9］ 钱茹，蒋安鹏，等 . 基于 ADAMS 的机械压力虚拟样机运动学仿真研究［J］. 装备制造技术，2017
　　　（7）：15 - 17.

［10］ 顿向明，闻靖，等 . 火箭加注自动对接与脱离机器人有限元分析［J］. 机械与电子，2011（1）：
　　　61 - 64.

［11］ 缪松华，顿向明，等 . 一种基于多信息融合的室内移动机器人定位方法［J］. 机械与电子，2012
　　　（4）：64 - 66.

［12］ 李保平 . 自动对接连接器位姿补偿机构设计研究［D］. 南京：南京理工大学，2015.

［13］ 郑国昆，王小军，等 . 基于运载火箭加泄连接器自动对接系统的控制流程研究［J］. 导弹与航天运
　　　载技术，2015（1）：25 - 28.

［14］ 游嘉伟，顿向明，等 . 运载火箭加注机器人机构设计［J］. 机电一体化，2016（4）：41 - 44.

第4章 火箭加注自动对接机器人机械结构设计

机器人的机械结构设计直接决定了整个系统的灵巧性、适用性和可靠性。本章针对三种不同应用特点的加注对接机器人，分别介绍了相应的机械结构设计方法。箭栖加注对接机器人突出的是柔顺对接机构设计；箭架两栖加注对接机器人突出的是上箭系统和分离重构机构设计；SCARA 型加注机器人突出的是灵巧机械臂设计。

4.1 概述

机器人通常由机械、传感和控制三大部分组成。在具体的设计和应用中，又可细分为机械、驱动、传感、控制、人机交互和环境交互六个子系统。

1）机械子系统。机械子系统是机器人的肢体框架，也是其他子系统固定安装的基础，主要包括机器人基座、机械臂和末端操作器三部分。基座有移动平台式和固定支架式两种。移动平台式基座主要应用于行走机器人上，固定支架式基座主要应用于有限空间范围内操作或复杂环境内不适于移动的自动操控。机械臂通常由上臂、下臂和手腕构成，或者由多关节机械臂构成。末端操作器根据具体应用对象和工作方式进行针对性设计，常见的有夹持器、吸盘和机械手等。

2）驱动子系统。主要指机器人移动或关节运动的传动装置，可以采用液压传动、气压传动或电动传动，也可以采用多种传动方式的混合复用。具体的传动方式可以是直接驱动，也可以采用同步带、链条、轮系、谐波齿轮等机械传动方式进行间接传动。

3）传感子系统。传感子系统主要由内部传感器模块和外部传感器模块组成，用于获取机器人自身的状态信息和外部相关环境信息，如位置信息、角度信息、距离信息、受力信息、温度信息、电压电流信息、速度信息等，是机器人自动化、智能化的基础。

4）控制子系统。控制子系统是机器人灵活适应环境、自动完成相关功能的"大脑"及"神经网络"，主要根据作业程序指令和传感反馈信号支配机器人的各个部分协同配合，以完成所需的运动或功能。也有不采用传感反馈信号进行闭环控制的机器人，属于开环控制机器人。根据控制原理，控制系统可分为程序控制系统、适应性控制系统和人工智能控制系统。

5）人工交互子系统。人工交互子系统是远程操控人员与机器人进行联系并实施控制行为的装置，如远程计算机终端、指令控制台、信息显示板、报警器等。可采用友好的软件界面完成人机交互，也可简单地采用指令输入装置和信息显示装置实现。

6）环境交互子系统。环境交互子系统是机器人与外部环境中的设备、装置等互动配套、互换联系和协调配合的专用系统，如加工单元、焊接单元、装配单元等。

加注对接机器人在开展机械设计时既要考虑上述六个子系统的协调配合和一体设计，同时还要充分考虑常规推进剂的强腐蚀性、易燃易爆性、箭体加注口位置不固定性以及塔架上空间狭小、平台承载能力有限等约束条件。

4.2　需求分析

在第 1 章的 1.5 节中，我们已经介绍了自动加注对接涉及的相关技术。在实际应用中，火箭加注自动对接机器人系统必须解决五个工程难题：一是机器人自动上箭；二是火箭晃动时机器人与之随动；三是对接过程柔顺；四是活门内泄漏在线检测；五是安全可靠性。需要完成的功能主要有以下六项：

1）自动完成对火箭箭体活门的搜索定位；

2）携带加泄连接器与加注活门自动对中并柔顺对接；

3）加注过程中确保加泄连接器与箭体一起晃动；

4）加注前后自动完成连接管路的气密性检测与内泄漏情况检测；

5）加注完成后自动撤收加泄连接器并自主脱离火箭箭体；

6）对加注现场的实时视频监控。

考虑到常规液体运载火箭的发射塔架内空间狭小，且有各种附属设施，如图 4-1 所示，不便于机器人大范围移动，也不适于行走。因此，对于在塔架内多个层级加注使用的加注对接机器人，最好采用固定式基座加机械臂方式进行设计。另外，在使用性能方面，设计时还必须重点考虑以下指标：

1）机械臂多自由度灵活精确控制；

2）最大对接力满足对接需要；

3）有效对接距离覆盖火箭活门位置；

4）系统尺寸和重量不超过塔架限制；

5）环境温度适应性满足当地一年四季的使用需要；

6）具有防腐、防爆、防静电、防电磁干扰等功能；

7）能够承载加泄连接器及部分加注软管内推进剂的重量等。

由于我国常规火箭的各级加注口位于发射塔架空间中的不同层级，为实现两者的精准对接，必须高精度调整加泄连接器在空间中的位置和姿态。

推进剂加注前，火箭竖立在发射塔架发射台上。在加泄连接器对接时，外界力会影响火箭箭体稳定性，使得火箭在小范围内摆动；在加注的过程中，箭体内部贮箱因增加数百吨的推进剂也会出现下沉变形。因此，火箭箭体晃动或下沉使得加泄连接器与火箭加注口的对接不再是常规的静态对接，而是动态的对接，这增加了加注对接的操控难度。将动态对接转换为静态对接成为攻克加泄连接器与箭体活门对接的难点。

根据以上要求，整个对接和脱离动作需要具有空间多自由度的位置调整能力。开始对接前，加泄连接器前端面中轴线与箭体活门中轴线处于空间中相距较远的两条独立直线

(a) 无加泄连接器场景　　　　　　　　　(b) 有加泄连接器场景

图 4-1　发射塔架空间实物图

上，对接的过程就是两条直线无限接近并重合的过程，即轴线对中。机器人除了采用机械臂的平移运动来实现空间位置的改变外，还需要采用相应的旋转运动，使得加泄连接器前端面与火箭加注活门姿态一致。对于火箭本身来说，它的底部被固定于发射塔架上，即使受到外部环境的影响，也不允许绕它的中心轴旋转，因此火箭活门的姿态实质上是由两个轴的旋转决定的，故机器人也只需要两个旋转关节调整姿态，即加泄连接器与箭体活门对接是空间 5 自由度的对接。

4.3　设计原则

通过对机器人的功能和性能需求分析，机器人的结构设计主要采用以下原则：

（1）高可靠性原则

火箭加注自动对接机器人必须可靠地实现地面加泄连接器和火箭加注口的对接，否则就会因推进剂泄漏而产生重大事故。因此机器人除了满足多自由度的位置调整能力及姿态精度外，还要确保安全可靠地运行。机器人的主要元器件需采用高质量工业级产品或军品，确保机器人的可靠性得到良好的保证。

（2）高柔性原则

火箭加注对接机器人要实现不同种类加泄连接器与加注口的对接和脱离要求，这就决定了整个机构的设计要遵循高柔性原则。一方面对接过程要柔顺，不能大力冲撞；另一方面，采用特殊的卡锁装置，易于拆卸、可调大小，并且能够把不同型号的加泄连接器牢牢地固定在机器人的末端手抓处，以确保机器人能够适应不同对接条件和要求。

（3）良好的操控性

火箭加注的推进剂为有毒易燃易爆品，时刻威胁着现场操作人员的健康与生命。加注对接机器人应用于危险环境，要充分考虑对接现场的复杂环境和安全需求，采用远程遥控的方式，操作人员在后方通过人机交互界面对现场进行遥控操作，以确保人员的生命安全。

4.4　箭栖加注对接机器人结构设计

箭栖加注对接机器人属于半自动对接系统,加注前安装在火箭箭体表面并相对固定,可自动完成地面加泄连接器与火箭加注口的对接或脱离。加注完成后,机器人由人工或其他辅助设施完成撤收或依靠拖拽机构拖曳。箭栖加注对接机器人重点解决的是连接器撤收时大泄漏情况下的应急自动再对接难题。

4.4.1　系统架构

常规液体火箭加泄连接器的典型结构如图 4 - 2 所示。人工对接和加注的工作流程如图 4 - 3 所示。加泄连接器对接时,首先要拉开连接器上的滑动筒,然后瞄准火箭加注活门进行对接。对接完成后,松开滑动筒,将连接器锁定在加注活门上。对于我国的常规液体火箭,加泄连接器外观基本相同,有些自带泄漏检测光电传感器,有的没有。

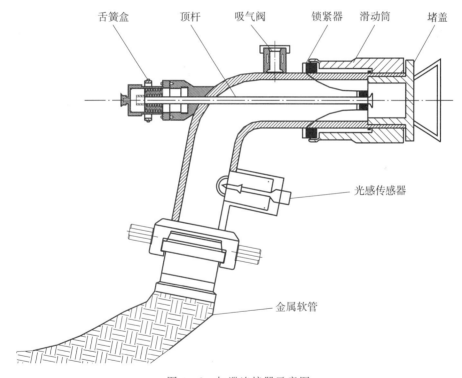

图 4 - 2　加泄连接器示意图

箭栖火箭加注自动对接机器人设计的目标是解决异常泄漏情况下的应急再对接,不强调技术的先进性,也不追求更高的自动化程度,但要求必须可靠。因此,箭栖加注机器人需要完成的功能相对简单,主要包括:

1）收放滑动筒功能;

2）与箭上加注活门对接功能。

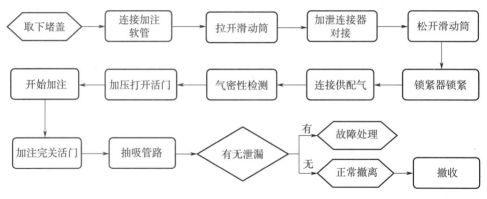

图 4 - 3　人工对接与加注的工作流程

为避免机器人强力对接导致火箭加注活门损伤，对接过程必须模拟人工对接过程，渐次适应，柔顺对接。

系统设计采用大范围人工监控和小范围的机器自主相结合的人机交互方式，先后完成自动对准、对接、加注、随动、撤收、泄漏检测、撤离等动作序列。为降低系统的复杂性，自动对准功能不通过视觉瞄准实现，而是通过机械调整保证初始安装精度，结合主被动自适应调整实现。初始安装通过快速定位模板实现基板与箭体加注活门之间的高精度定位。采用"面—销"定位和螺纹连接实现对接机构与基板之间的可靠"握手"连接。采用基于力反馈的主动控制保证自动对接过程中"进给"和"撤离"动作的可靠完成。利用对接机构内的类 RCC（Remote Center Compliance）装置补偿加泄连接器在对接机构上的安装误差，消除由于加泄连接器安装不一致而对系统产生的影响。

系统的工作过程如下：加注自动对接机器人接到指令后，向后拉动连接器上的滑动筒，携带加泄连接器与火箭加注活门自动对准，然后将连接器向前插入活门之中。对接完毕后，松开滑动筒，锁定加泄连接器。撤收加泄连接器分两步完成，一是接到撤收指令后，向后拉动连接器上的滑动筒，拔出连接器，向后移动，使加注口端面离开箭体加注活门表面 5 cm，并在该处保持自动对接状态。工作人员通过视频进行泄漏检查，若发现加注活门有持续泄漏，工作人员发出再对接指令，加注自动对接机器人接到对接指令后，将连接器向前推插于活门之上，再次锁紧。二是若泄漏检查完毕，未发现泄漏，工作人员发出撤离指令，机器人接到撤离指令后，向后撤离至初始位置，松开滑动筒。系统可通过"远控"、"近控"两种模式完成对操作过程的实时控制。"箭栖"加注自动对接机器人系统构成框架图如图 4 - 4 所示。

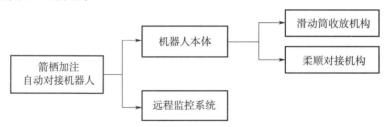

图 4 - 4　箭栖加注自动对接机器人系统构成框架图

4.4.2　滑动筒收放机构

目前，我国常规液体运载火箭推进剂加注仍采用传统的人工方式，由人工手持加泄连接器完成对接或撤收，如图 4 - 5 所示。

(a) 加泄连接器实物图　　　　　　　　　　(b) 人工对接过程

图 4 - 5　加泄连接器与箭体活门之间的人工对接操作

加泄连接器的抓持机构由固定手掌的手握环和用于拉动滑动筒的拉动环两部分组成，这两个环都是采用手工焊接，相对位置具有很大的随机性。另外，用于人工对接的加泄连接器外观缺乏尺寸精度，尤其缺乏定位对接机械手的基准面。通过设计具有容差能力的专用夹持器，可以消除由当前加泄连接器不规则外表面所带来的随机误差，使其成为适用于机器人操作的标准件。

加泄连接器前端的滑动筒（如图 4 - 6 所示）主要用于对接后将连接器和火箭加注活门相对锁定，避免受高压气流影响或液体高速流动冲击导致异常脱落。滑动筒推拉行程约为 17 mm，对接时首先要拉开滑动筒，便于两者顺利对接；对接后释放滑动筒，回到原位即完成锁定。因此，不论采用何种对接机器人，首先要设计一套加泄连接器滑动筒推拉机构，实现对滑动筒的自动化操作。

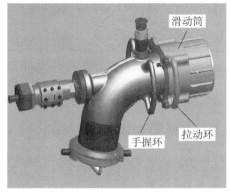

(a) 加泄连接器外观　　　　　　　　　　(b) 固定平台改装图

图 4 - 6　滑动筒外形图

　　加泄连接器滑动筒推拉机构设计如图 4－7 所示。加泄连接器为铸造件，表面没有夹持基准，可在加泄连接器外表面焊接一个固定平台，用于安装滑动筒推拉机构，同时可提供加泄连接器的安装基准，也可以利用连接器后端规则的圆柱状结构，建立对接基准。

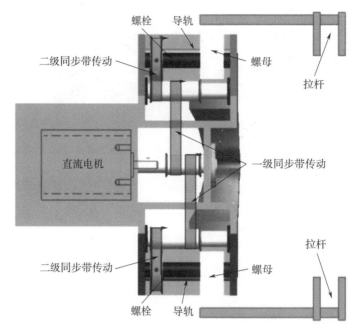

图 4－7　滑动筒推拉机构

　　滑动筒推拉机构的传动机构由直流电机、一级同步带轮、二级同步带轮、螺栓螺母和拉杆组成，整体设计如图 4－8 所示。

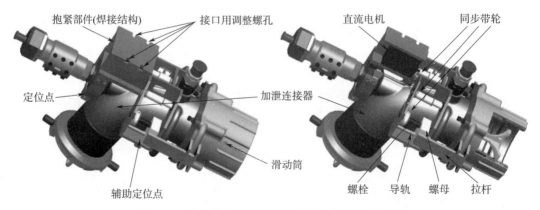

图 4－8　滑动筒推拉机构与连接器整体融合设计图

　　一级同步带轮分为左右两路，使用同步带保证左右拉杆推拉滑动筒时的同步。拉杆产生的推拉力作用在滑动筒的两侧，保证推拉时不产生偏心力矩阻碍推拉动作的顺利进行。导轨直径为 8 mm，由直流无刷电机驱动。电机功率为 30 W，转矩为 85 mN·m，转速为 3 410 rpm。高扭矩同步带轮分别为 18 齿、18 齿、36 齿，可动行程为 30 mm，安装有接近传感器进行位置检测。最高推拉速度：28 mm/s；最高推拉力：420 N，经手动推拉实测，拉动滑动筒所需的力小于 200 N，因此，推拉机构能产生足够的驱动力，并可从机构上保证推拉到位后对滑动筒的有效打开或锁死。

4.4.3　被动柔顺对接机构

被动柔顺机构主要用于锥形导向的自适应对接方向调整，其内部机构如图 4-9 所示。

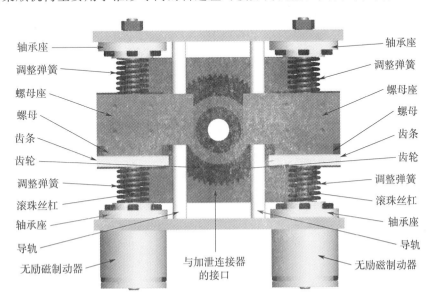

图 4-9　被动柔顺调整机构

该机构由两套丝杠螺母、导轨、无励磁制动器、齿轮齿条及调整弹簧等部件组成，采取左右对称的结构。该机构在两个自由度方向具有被动调整空间：导轨轴向（Y）±5 mm，纸面垂直方向（Z 角度）±1°。

柔顺对接装置的主体机构如图 4-10 所示。以加注活门轴线为基准，实现加泄连接器

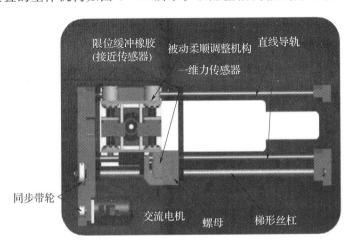

图 4-10　柔顺对接机构设计图

与加注活门基本对准，水平方向利用 RCC 柔顺结构消除由于加泄连接器安装等因素产生的随机误差。纵向利用弹簧和加工安装精度保证准确柔性对接。对接采用交流伺服电机→同步带轮→丝杠螺母的传动方式，直线导轨起到导向作用。力传感器安装在螺母座与被动柔顺调整机构之间，用来检测火箭活门传递给加泄连接器的抗力，判断是否对接到位。限位缓冲橡胶用来提供机械限位，在机械限位起作用之前，接近传感器首先检测到到位信号，以使中央控制器发出相应的控制指令。

4.4.4　固定安装方式

　　箭栖加注对接机器人在火箭箭体上的固定方式有两种：一是加注前由人工安装在火箭箭体上，通过火箭箭体加注口周围的四个螺钉孔实现与火箭的相对连接固定。加注完成后，撤收加泄连接器，若此时火箭上的加注活门出现泄漏，可在浓烟、有毒环境下快速自动完成应急再对接。若撤收时活门无泄漏，由人工将对接机器人从火箭箭体上取下，如图 4-11 所示。该种设计主要是完成柔顺对接技术的验证。在实际应用中，为避免工作人员临射前进入危险环境，安装方式可设计成美国的依靠火箭升力自动脱离的固定方式，如第 2 章中的图 2-3 所示。

（a）箭上加注活门实物图

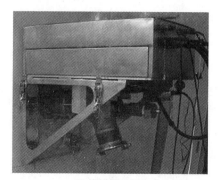
（b）箭栖螺丝固定实物图

图 4-11　箭栖火箭加注自动对接与撤收样机

　　另一种是采用磁吸附或负压吸附方式。磁吸附方式是在机器人的前端，设计四个磁吸盘，加电后产生所需的吸附力，如图 4-12 所示。因火箭外壳为铝合金材料，因此在火箭箭体加注口四周需安装用于配合的铁质吸板。机器人的上盖板表面配置四个吊环，与总支撑机构吊装连接。上盖板和底板中部均开有窗口，为加泄连接器的吸气阀提供便捷的工作空间。下方设计有加泄连接器接口，伸出底板之外，方便连接固定。

　　负压吸附方式如图 4-13 所示。负压吸附方式中，在对接机构本体上设置四个可伸缩式吸盘足，吸盘足设计为大吸力吸盘。同时在机构本体上安装机械臂，机械臂的末端设计为小吸力吸盘。大吸力吸盘用于实现对接机构与箭体的可靠连接；小吸力吸盘用于完成机械臂和对接机构本体的牵引。通过两个机械臂的牵引作用以及锥孔对接大容差自适应机械导引技术，使得机器人本体与箭体之间结合时实现柔顺吸附，断电分离时能保证可靠脱离。两个机械臂均采用大行程、小惯量、高精度轻载四自由度机械手臂。手臂末端安装气

(a) 侧视磁吸附设计概念图

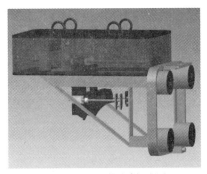

(b) 斜视磁吸附设计概念图

(c) 箭上固定点示意图

(d) 箭上磁吸附基板设计概念图

图 4-12　磁吸附固定机构设计

动吸盘，双臂相互协调作业，实现对火箭箭体或塔架的吸附及平顺切换。四个可伸缩足吸盘提供箭体与对接机构之间足够的吸附力，以克服在对接过程中由于对接推力所产生的反作用力。

图 4-13　真空负压吸附固定机构设计

1—加泄连接器；2—吸附足；3—机器人本体；4—箭体活门；5—足吸盘；6—四自由度牵引机械手臂；

7—手臂吸盘；8—箭体；9—缆绳；10—变负荷动平衡器；11—横向轨道；12—纵向轨道

　　根据发射塔架内部结构的实际情况，平台各层地面为铝合金薄板，且有很多牵引，空间狭小，因此加注自动对接机器人只能直接安装在加注口附近的塔架平台上，例如固定在平台侧壁钢架上，或采用顶部悬垂固定方式。

　　顶部悬垂固定方式有两种：第一种是从顶棚采用滑轨悬吊配重平衡＋磁吸附箭栖固定方式；第二种是采用侧壁支撑悬吊方式移动＋磁吸附箭栖固定方式，如图 4-14 所示。

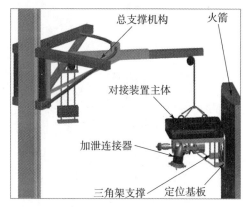

(a) 顶棚滑轨悬吊固定方式设计图　　　　　　(b) 侧壁支撑悬吊固定方式设计图

图 4-14　塔架上固定机构

　　这两种方式都需在悬吊装置上增加配重块，以平衡自动对接装置和加泄连接器的自重。利用磁吸附固定方式，将自动对接系统与火箭箭体相对固定，可有效解决机器人与火箭箭体的随动问题。

　　采用顶棚滑轨悬吊固定方式时，受顶棚结构的承重限制，机器人与加泄连接器、金属软管等连在一起的总体重量不能太大。采用平台侧壁钢架作为固定的支架时，整个加注系统通过支撑架固定在平台侧壁的钢架上，有利于保证系统工作时的位置稳定性，但是这种方式对于支撑架的强度要求较高。

4.5　箭架两栖加注自动对接机器人结构设计

　　为彻底解决箭栖加注对接机器人自动化程度不高的问题，研究人员针对我国发射塔架结构特点和火箭箭体分级加注的工作方式，提出了"箭架两栖"加注自动对接机器人设计构型，通过可重构机构，分别实现箭栖操作和架栖操作。

　　"箭架两栖"可重构对接技术融合了"箭栖"对接技术和"架栖"对接技术的优点，是两类技术的高度集成体。与俄罗斯所采用的刚性装配"架栖"对接技术适用对象完全不同，"箭架两栖"对接技术是解决多级火箭不同层级、不同高度分别自动对接加注的一种有效手段。通过融合上一节提出的"箭栖"柔顺对接关键技术，综合俄罗斯"架栖"对接技术的优点，基于机器人柔性装配的重构对接理念，形成了具有我国自主知识产权的箭架两栖可重构加注自动对接机器人系统。

4.5.1 系统架构

如图 4 - 15 所示，箭架两栖加注自动对接机器人系统由机器人本体和远程监控系统两大部分组成。

机器人本体可分为六个部分：

1）高精度位姿调整平台；

2）柔顺对接机构；

3）连接器卡锁机构（即连接器夹持机构）；

4）箭架转换机构；

5）分离重构子系统；

6）泄漏自动检测子系统。

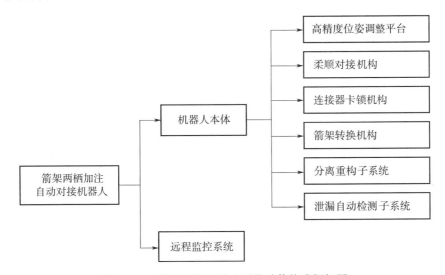

图 4 - 15　箭架两栖机器人系统总体构成框架图

机器人采用远程遥控加智能辅助控制的工作方式，替代人工完成加注现场的连接器对接、撤收和机器人脱离等危险作业。操作人员在后方通过远程监控系统的人机交互界面可对现场进行遥控分步操作或一键控制操作。控制系统通过上下位机的控制模式实现操作者的决策和机器智能的融合。

高精度位姿调整平台主要用来调节柔顺对接机构的空间位置和姿态，以便于对准上箭。上箭后，柔顺对接机构负责携带加泄连接器与火箭加注口瞄准对中，执行加泄连接器的对接和分离动作。连接器卡锁机构主要用于不同种类加泄连接器进行快速更换。箭架转换机构主要用于实现柔顺对接机构在机器人本体和火箭箭体两者之间的固定支撑转化。分离重构子系统具有分离和重组功能，负责机械臂位姿调整平台与柔顺对接机构的快速机械分离或重组，是箭架转换功能的执行机构。

柔顺对接机构上箭后，执行分离操作，柔顺对接机构与塔架上固定的位姿调整平台分离，两者之间仅有传输控制信号和提供电源的电缆软连接。本质上，分离重构子系统是为了充分融合俄罗斯的"架栖"和美国的"箭栖"的优点而设计的一套应用系统，可实现不同阶段柔顺对接机构在机器臂和火箭箭体两个支撑之间的平顺转换。泄漏自动检测子系统用于完成加注前气检状态下的气密性检测，以及加注结束后的连接管路内部活门是否可靠关闭的液体内泄漏检测。

4.5.2 高精度位姿调整平台

高精度位姿调整平台模块是机器人的最重要模块之一，用于上箭机构的高精度位置和姿态精细调整，精确控制机器臂末端的柔顺对接机构与火箭箭体上安装的箭架转换机构对接固定。

（1）基本功能要求

1）承载加泄连接器。

2）承载柔顺对接机构。

3）承载箭架转换机构。

4）承载泄漏自动检测子系统传感与信号采集部分的硬件。

5）实现机械臂高精度对准功能。

6）实现机械臂多自由度运动功能。

（2）基本性能指标要求

1）运动自由度数：$\geqslant 5$ 个。

2）上下、前后、左右平动运动精度：0.02 mm。

3）任意方向位移随动范围：$\not< 30$ mm。

4）俯仰、偏转调整精度：$10'$。

（3）方案设计

高精度位姿调整平台由五个自由度的高精度位姿调整机构组成，包括 X、Y、Z 方向的平移运动，以及 Y、Z 方向的旋转运动，如图 4-16 所示。五个自由度相当于五个关节，各个关节串行连接。各关节之间为解耦关系，第一关节至第五关节分别完成上下平动、左右平动、前后平动、俯仰转动、偏转转动的运动控制。

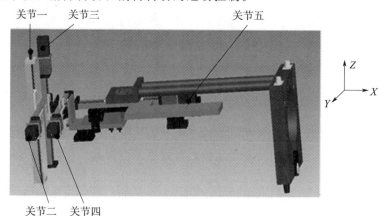

图 4-16 五自由度高精度位姿调整机构

其中，第三、四关节分别负责上下俯仰转动和左右偏转转动，结构设计和受力情况如图 4-17 所示。

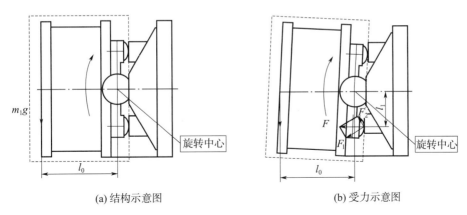

(a) 结构示意图　　　　　　　　　　　　(b) 受力示意图

图 4-17　关节结构与受力图

① 动力源的选取

高精度位姿调整平台要准确调节机器臂末端的位置和姿态，因此必须选择合适的驱动方案和驱动机构，不同动力源对结构设计的要求不同。可供选择的驱动方案有以下几种。

1）液压驱动。液压驱动具有输出功率大而损耗小、反应灵敏、换向平稳无冲击的特点，而且易实现直接驱动和无级调速，控制精度较高，但其可控范围小，易漏油，对环境有污染，不适用于塔架环境下的火箭加注自动对接。

2）气压驱动。气压驱动具有成本低、可靠性高、维修管理容易、无污染等优点，但也存在出力小、有噪声、易锈蚀、精度低、难以准确控制速度和位置等不足之处。气压驱动一般用于控制要求不高、出力要求不大的场合。火箭加注自动对接与脱离机器人的智能对准模块需要精确地调节机器人末端的位置和姿态，因此不适合选择气压驱动。

3）电动驱动。电动驱动即指电动机驱动，与前面的气压驱动和液压驱动相比，电动驱动的优点是：便于控制，能实现快速精确的位置和速度控制，信号处理方便，比较清洁。它的缺点是：力矩-重量比值较低。若要得到低速大力矩，需使用减速器，并因减速器存在齿隙而引起一些控制问题。常用的电机主要有步进电机、直流伺服电机和交流伺服电机三种。

a）步进电机。步进电机具有结构简单、可靠性高、使用维护方便、制造成本低等优点，它构成的系统也是最简单的，不需要反馈就能对位移或速度进行精确控制。但步进电机发热严重，效率低，不适合大惯量负载，一般用在开环伺服系统中。

b）直流伺服电机。直流伺服电机响应迅速、精度高、调速范围宽、承载能力大、控制特性优良，它被广泛地应用在闭环或半闭环的伺服系统中，适用于功率较大，要求调速范围较宽的机械设备上。

c）交流伺服电机。交流伺服电机是随着微机及电子技术的发展而发展起来的。交流伺服电机体积小、重量小、响应快、运行平稳、加速时间短、过载能力强、控制性能可靠，适合于高速、高精度、频繁启动与停止、快速定位等场合。交流伺服电机维护简单，能在恶劣环境下使用，广泛地应用在各种机电一体化设备中。

综合上述分析结果，电动驱动可以实现精确的位移和速度控制，而在电动驱动中，交流伺服电机相对于步进电机和直流伺服电机而言，具有较高的性价比，因此选用交流伺服电机作为对接驱动电机。同理，其他模块的动力源采用同系列的伺服电机。

②传动部件

机械传动系统是将驱动系统产生的运动和动力传递给执行机构的中间装置。常用的传动系统一般由减速装置、滚珠丝杠、蜗轮蜗杆等各种线性传动部件以及连杆机构、凸轮机构等非线性传动部件，导向支承部件，旋转支承部件，轴系及机架等组成。

自动对接机器人要求具有较高的定位精度，同时其机械传动装置和零件要具有高灵敏度、低摩擦阻力和高寿命的要求。滚动导轨和滚珠丝杠副能较好地满足这些要求，故采用滚动导轨加精密滚珠丝杠实现进给运动。

③结构设计

高精度位姿调整平台执行平移功能的第一关节（上下平移 Z）、第二关节（左右平移 Y）和第五关节（前后平移 X），采用伺服电机带动滚珠丝杠转动，螺母随之移动，机构简图如图 4-18 所示。执行俯仰、偏转调整功能的第三关节和第四关节采用伺服电机带动滚珠丝杠转动，螺母随之移动，固定于螺母上的三角形楔块直线运动，从而使滑块沿三角形楔块斜边运动，工作表面实现绕旋转中心的倾转，机构简图如图 4-19 所示。

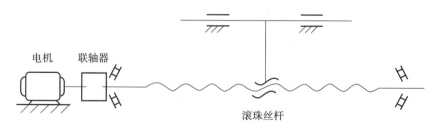

图 4-18　平移关节机构简图

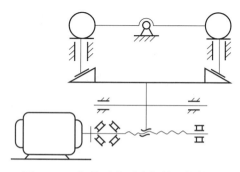

图 4-19　智能对准平台倾转机构简图

4.5.3 分离重构子系统

在加注的过程中，火箭受到外力作用会产生晃动，箭体因内部增加数百吨的推进剂也会产生结构变化，这就要求加注机器人能随着箭体晃动或结构变化而随动。分离重构子系统解决的是柔顺对接机构与机械臂机械分离的问题，目的是实现箭架两栖转换，避免由于箭体晃动或下沉对箭体活门造成强力牵扯损伤。分离后，柔顺对接系统采用"箭栖"方式工作，"箭栖"部分以箭体为固定基础，与塔架无任何机械硬接触，只保持电缆软连接，因此能够从源头上解决加注过程中晃动等因素对火箭活门可靠性产生的影响，从而实现真正意义上的"零滞后"随动，确保箭体活门不受损伤。

由于分离重构子系统负责实现柔顺对接机构与位姿调整平台之间机械分离和机械连接功能，因此这个模块的设计非常重要，不仅要求模块间机械分离彻底，同时电气、传感与控制信号仍要保持连接，而且要求重构时机械连接准确无误。

（1）基本功能要求

1）分离功能：在上箭完成后实现柔顺对接系统与高精度位姿调整平台之间的机械分离。

2）重组功能：在加注工作完成且加泄连接器撤收后，实现高精度位姿调整平台与柔顺对接系统之间的对准和重建机械连接。

（2）基本性能指标要求

1）重构力要求：＞100 N。

2）重构精度要求：＜2 mm。

（3）设计方案

分离重构子系统包括机械结构和传感控制两部分，如图 4 - 20 所示。

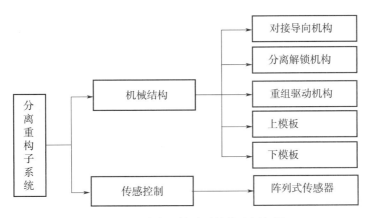

图 4 - 20　分离重构子系统构成框架图

分离重构子系统在位姿匹配的传感模块和非夹紧机构夹持连接模块的共同作用下，确保分离重构的"两栖"转换动作平顺实现。非夹紧形位限定与引导机构具有类似"送－接"功能，"送"即分离到指定位置，"接"即引导回到指定匹配位置完成重组。

　　机械结构又由对接导向机构、分离解锁机构、重组驱动机构和上下模板组成。对接导向机构，即非夹紧形位限定与引导机构，是一种基于"锥销－锥孔"配合原理和斜面导向相结合的对接被动导向机构。分离解锁机构采用电机拉动的分离解锁机构和基于弹簧复位的重组驱动机构。上下模板上安装有辅助对准的阵列式光电传感器，进行重构的主动导引。分离重构子系统的机构简图如图4－21所示。

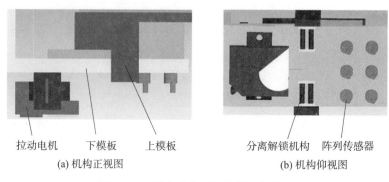

| (a) 机构正视图 | (b) 机构仰视图 |

图4－21　分离重构子系统的机构简图

　　分离重构子系统分别与柔顺对接机构和高精度位姿调整平台连接在一起。上模板与柔顺对接机构通过法兰连接方式连接，下模板与高精度位姿调整平台通过球铰连接。图4－22所示为下模板与高精度位姿调整平台之间的连接图。

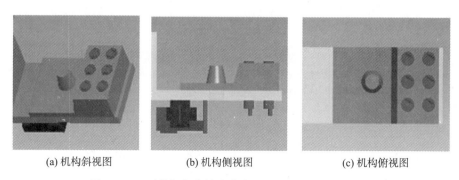

(a) 机构斜视图　　　　　　(b) 机构侧视图　　　　　　(c) 机构俯视图

图4－22　下模板与高精度位姿调整平台之间的连接图

　　重构前后对接机构与机器人微调平台之间的相对姿态基本为空间平动关系，通过1个长度信息与2个角度信息的联合求解，可精确计算出这3个距离偏差值，从而实现柔顺对接机构与高精度位姿调整平台之间的重构。这种基于精确位姿的匹配方法，可保证重构动作的一次成功。

　　非夹紧形位约束是基于重构夹紧系统刚度很大而提出的，常规的力夹持方法在大刚度的情况下存在夹不紧或夹过头的问题。因此，仅依靠夹持力完成对整个对接机构的可靠重构是非常困难的。通过对夹紧连接部分的结构设计，实现对形状的匹配约束。可不需要对夹紧动作进行力控制，在不降低重构效果的条件下，降低了系统的结构复杂度，同时提高了重构动作的可靠性。图4－23所示为结合与分离两种不同状态下分离重构子系统的对比照片。处于照片中心位置的矩形块即为实现"送－接"功能的连接模块。

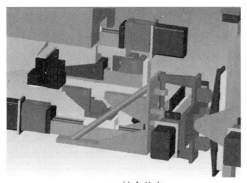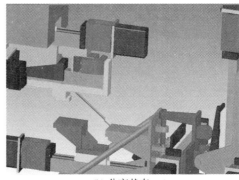

(a) 结合状态　　　　　　　　　　　　　(b) 分离状态

图 4 - 23　分离重构子系统的两种状态对比示意图

4.5.4　箭架转换对接机构

在柔顺对接机构上箭过程中，要避免机械臂大力冲撞对火箭箭体表面造成损伤。箭架转换机构主要用于解决柔顺对接机构如何上箭的问题，确保与箭体对接过程中，箭体无损伤且上箭后能可靠锁定。

（1）基本功能要求

1）准确上箭。

2）自动锁紧。

3）自动脱离。

（2）基本性能指标要求

1）平稳性要求：要求上箭过程不出现冲击力。

2）抗干扰要求：锁定后应能够克服高压气检时的气流冲击、推进剂大流量加注时的液体冲击，以及顶杆 5 MPa 推开活门内口的冲击等外部干扰力。

3）上箭预紧力：≥300 N。

4）上箭过程运动精度：0.02 mm。

（3）设计方案

在箭架两栖可重构机器人系统中，研究人员提出了一种无扰动的径向垂直上箭方法。通过箭体耳板实现对接机构的纵向可靠上箭，使上箭对接横向力矩转化为沿箭体外表面的纵向力矩，将上箭过程箭体晃动影响减至最低。箭架转换机构主要包含三部分：一是上箭搜索视觉系统；二是机械臂端挂架锁紧机构；三是箭体上预装的耳板机构。

①上箭搜索视觉系统

针对垂直上箭机构，研究人员突破传统的双目并行视觉测量方式，设计了一种正交解耦的活门搜索定位方式，基于正交解耦的上箭搜索视觉系统如图 4 - 24 所示。

采用两个光轴互相垂直的摄像机，直接实现正交解耦的二维平面测量。两个摄像机中，一个安装于柔顺对接机构上方，沿柔顺对接机构运动的前进方向水平观测；另一个安

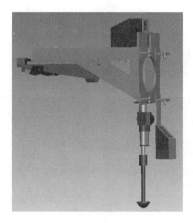

图 4-24　上箭搜索视觉系统

装于柔顺对接机构底部，由下向上垂直观测，其与定位销的位置在整个运动过程中保持固定。正交解耦视觉对中具体分析应用方法见第 6 章。

②机械臂端挂架锁紧机构

采用"一面两销"的结构设计，在前端挂架上配置了用于平衡纵向重力的支撑平面，支撑面上设计了两个纵向定位销。带有加泄连接器的箭架转换对接机构通过定位销与箭体耳板对接孔进行装配连接。定位销与耳板对接孔采用间隙配合，与普通的"销—孔"配合不同，定位销平面与耳板的支撑面之间也构成了"面—面"接触，这样，4 个"销—孔"配合构成了具有冗余特征的"一面两销"结构，如图 4-25（a）所示。

③箭体上预装的耳板机构

由于已经定型的常规液体火箭不允许更改设计，箭上没有预安装有基准的定位平台，也不能直接提供机器人上箭的固定支撑，因此，设计了一套箭体耳板，如图 4-25（b）所示，主要用于为加注机器人对接机构的准确可靠上箭提供基准，并提供对接承力平面和定位固定孔，以便于机器人的柔顺对接机构顺利上箭固定。耳板在加注后可以拆除，也可以保留。

(a) 挂架锁紧机构

(b) 箭上固定耳板机构

图 4-25　机器人样机与火箭对接机构

在火箭加注口周围安装上箭定位耳板，加注过程中，柔顺对接机构携带加泄连接器抓住上箭定位耳板，整体将依托于火箭本体上。加注完成以后，柔顺对接机构脱离上箭定位耳板，通过重构机构回到机器人本体机械臂上。

为简化柔顺对接机构上箭后与加注活门的对接调整难度，耳板安装要保证一定的精度，因此，在耳板上增加了安装调整机构，如图 4 - 26 所示。调整机构以加注活门为基准，调整相对固定的螺孔位置和外挂耳板的基准面。根据火箭箭体的研制情况，箭体外壳和加注活门分属于两个不同车间加工，一旦装配完成，很难再进行钻孔作业，因此，螺纹孔无法在装配完成后再加工，必须先在壳体车间加工出螺纹孔，而加注活门则采用手工焊接的方法通过法兰连接到内仓管路上。由于焊接和装配等各项误差的存在，加注口活门与箭体外表面螺纹孔之间的位置误差只能控制在 10 mm 以内。

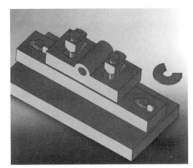
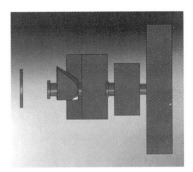

(a) 耳板调整机构结构图　　　　　　　　(b) 耳板调整机构剖视图

图 4 - 26　耳板位置调整机构

在箭体上安装孔位置已经固定的情况下，想要保证耳板中心相对于加注活门中心的位置精确，只能在耳板上用可移动位置的螺孔调整。在耳板装配的过程中通过设计专用的装配模具来保证耳板中心相对箭体加注活门的位置，最终达到耳板与加注活门之间的装配位置精度。

④装配及受力分析

箭架转换机构配合安装工艺设计如图 4 - 27 所示，实物装配如图 4 - 28 所示。由于是属于具有冗余的"一面两销"定位，"面—销"结合共同作用，能有效地将重力和由重力引起的力矩化解为内应力，起到预紧与外力夹紧的效果，从而不需要外部施加额外的力来实现夹紧。

箭架转换过程要求平稳，上箭过程不能出现冲击力。另外上箭固定后，最大负载约为 15 kg，依靠重力产生的力要能够克服推进剂加注冲击、气检冲击及顶推活门冲击等外部干扰力。

定位销进入耳板后受力如图 4 - 29 所示，在重力及弯矩作用下其产生变形，该变形使得耳板与定位销之间产生一个预紧力。

如图 4 - 30 所示，根据材料力学悬臂梁变形计算可知，定位销在末端力的作用下的变形 y_1 为

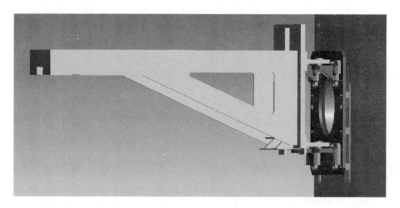

图 4 - 27　箭架转换机构的工艺设计图

(a) 对接右视图　　　　　　　　　　(b) 对接左视图

图 4 - 28　对接机构与箭体连接实物装配

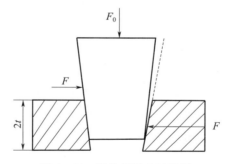

图 4 - 29　定位销受力示意图

$$y_1 = -\frac{Fl^3}{3EI} \tag{4-1}$$

式中，l 为定位销的长度，取 $l = 40$ mm。定位销在中间力作用下的末端变形量 y_2 为

$$y_2 = -\frac{Fc^2}{6EI}(3l - c) \tag{4-2}$$

式中，$c = 20$ mm，为受力 F 到定位销上端的长度。在上下两个力的共同作用下，定位销

末端变形量 y_3 为

$$y_3 = y_1 - y_2 = -\frac{Fl^3}{3EI} + \frac{Fc^2}{6EI}(3l - c) \tag{4-3}$$

式中，$E = 200$ GPa，取定位销直径 $D = 18$ mm，则

$$I = \frac{\pi D^4}{64} = \frac{\pi \times 0.018^4}{64} = 5.15 \times 10^{-9} \text{ m}^4 \tag{4-4}$$

将 $l = 40$ mm、$c = 20$ mm、$E = 200$ GPa、$I = 5.15 \times 10^{-9}$ m⁴ 代入式（4-3）中得到 $y_3 = 2.7 \times 10^{-8} F$。设末端变形为 1 mm，则

$$F = \frac{y_1 - y_2}{2.7 \times 10^{-8}} = 37\,037 \text{ N} \tag{4-5}$$

可见，由重力产生的剪切约束力足够大，完全可以克服加注冲击、气检冲击及顶推活门冲击等外部干扰力。

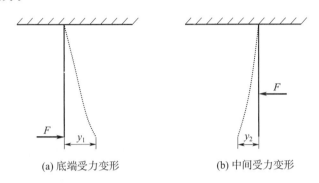

(a) 底端受力变形　　　　　(b) 中间受力变形

图 4-30　定位销弯矩受力图

⑤并联驱动脱离机构

由于行程及加泄连接器安装方面的要求，机器臂为大尺度悬臂结构。其末端不可避免地存在较大的挠度形变。这种形变对加泄连接器从箭体上的脱离产生非常不利的影响，主要是影响定位销从耳板孔中退出。针对这种特殊工况，研究人员设计了一种灵活的变结构脱离方式，在以串联为主体的对接方案中增加了并联驱动脱离机构。机器人在上箭和离箭过程中，采用了不同的结构构型，即在上箭过程中结构为悬臂梁串联构型；在对接机构与箭体脱离的过程中，采用顶杆与第一关节并联驱动的构型，将定位销从耳板孔中纵向平稳移出。并联驱动的构型既解决了对接机构的可靠脱离问题，同时又避免了单纯使用串联机构所带来的弊端，平时放置时还可为悬臂提供稳定支撑。

4.5.5　加泄连接器夹持机构

连接器夹持机构是将加泄连接器与柔顺对接机构固定在一起的机械装置。机器人上箭对接只是为加泄连接器与火箭加注活门的随动对接奠定基础，加泄连接器与活门对接才是最终目的。因此，确定加泄连接器的位置姿态是对接瞄准的关键。连接器夹持机构在锁紧加泄连接器的同时，还要确立位置基准，起到机械连接和确定尺寸定位基准的双重作用。从加泄连接器的外形可以看出，加泄连接器外部结构比较复杂，因此夹持的基准面选择是

设计的难点所在。

（1）功能指标要求

1）连接功能：完成加泄连接器与对接机构之间的机械连接。

2）夹持功能：实现对连接器的夹持与锁紧。

（2）基本性能指标要求

1）承载能力：不小于内含推进剂的加泄连接器与部分软管自重之和。

2）锁紧力：不小于 300 N。

3）与加泄连接器的配合：在锁紧状态下最大配合间隙小于 1 mm。

（3）设计方案

连接器夹持机构如图 4 - 31 所示。加泄连接器外壳为铸造加工，尺寸精度不高。其尾端法兰两侧端面为机加工方式获得，在加工时有精度要求，因此，选取这两个侧面作为连接面。同时，去除前后两个握环，左、右两侧安装小型直线驱动器，用于实现滑动筒的收与放。这样，经过改造的加泄连接器便成为了系统的一部分。

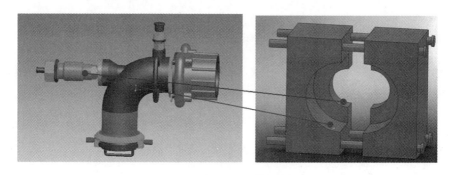

图 4 - 31　连接器夹持机构图

连接器夹持机构通过图 4 - 31 连线所示的配合方式实现对加泄连接器的容差夹持。锁紧力的调整则通过对螺栓、螺母副的预紧来保证。

连接器夹持机构和柔顺对接机构之间的连接采用法兰盘连接，与加泄连接器之间采用螺栓锁紧连接。连接器夹持机构的工艺设计如图 4 - 32 所示。

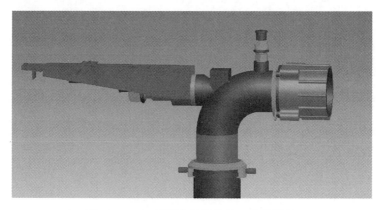

图 4 - 32　连接器夹持机构的工艺设计图

连接器夹持机构的一半与柔顺对接机构固连,作为柔顺对接机构的一部分,也是固定的基准。另一半为活动部分,待人工将加泄连接器放进夹持机构的固定边后,通过螺栓连接实现活动部分与固定部分的合拢,从而完成对加泄连接器的锁紧。因夹持机构与加泄连接器的结合面为机加工成型,而且气缸轴线与加泄连接器轴线具有较高的同轴度,因此,选择这样的结合面能够保证较高的定位精度,可避免加泄连接器壳体外表面铸造成型所产生的不一致性,从而实现对加泄连接器的容差夹持。

4.5.6　系统模块化机械集成

在分模块结构设计的基础上,对箭架两栖机器人的五个模块进行集成,实现高精度位姿调整平台、柔顺对接机构、连接器夹持机构、箭架转换机构和分离重构子系统的有机融合,如图 4-33 所示。

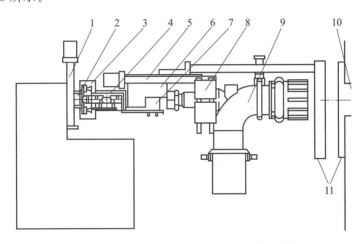

图 4-33　箭架两栖加注机器人机械结构集成

1～5—关节;6—上模板;7—下模板;8—夹持机构;9—加泄连接点;10—加注口;11—箭架转换机构

其中高精度位姿调整平台关节 1 和关节 2 分别为上下、左右的移动模块,关节 3 和关节 4 分别为上下俯仰和左右摇摆模块,关节 5 实现箭架转换机构向前对接移动功能。分离重构子系统对接瞄准由上模板 6 和下模板 7 组成。加泄连接器 9 用夹持机构 8 固定于上模板上。上下模板之间对接采用光电传感器阵列对接瞄准。10 为火箭上的加注口,11 为箭架转换机构。机械结构总成工艺设计如图 4-34 所示。

图 4-34 中由左到右依次为:高精度位姿调整平台安装在底座上,柔顺对接机构通过锁紧释放机构和引导传感系统与高精度位姿调整平台连接,其下端为连接器夹持机构,实现与加泄连接器的连接锁紧,柔顺对接机构的前端为机器视觉系统和箭架转换机构。上箭定位耳板以箭体活门轴线为基准安装,通过耳板调整机构保证耳板中心与箭体活门中心之间的位置精度。可重构加注自动对接机器人实物如图 4-35 所示。

针对对接作业精度要求高、加注过程中箭体随机晃动等特点,基于箭架两栖的设计思路,将加泄连接器动跟踪对接调整为静跟踪对接,实现零滞后随动,提高整个系统的可靠

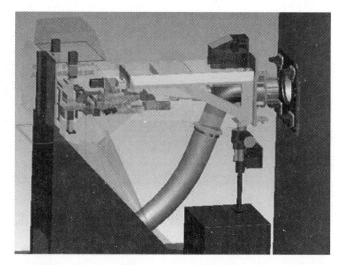

图 4 - 34　箭架两栖加注机器人机械结构总成工艺设计图

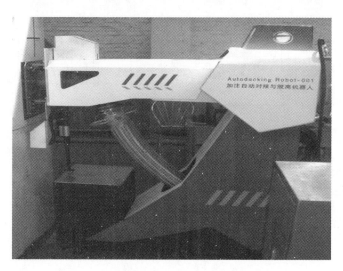

图 4 - 35　箭架两栖可重构加注机器人实物图

性。可重构机器人技术实现了处于"箭栖"环境中的柔顺对接系统与工作在"架栖"环境中的位姿调整平台之间的灵活结合与脱离，通过箭架转换机构完成柔顺对接机构的可靠上箭，设计连接器夹持机构完成柔顺对接机构对加泄连接器的有效夹持，并采用定位基板调整机构保证上箭后的加泄连接器与箭体活门之间的位置精度，另外在系统中还集成了基于声发射原理设计的泄漏自动检测子系统，最终实现系统的设计目标。

4.6　SCARA 机械臂式加注自动对接机器人结构设计

　　SCARA 机械臂式加注自动对接机器人是针对我国火箭箭体结构、加注工艺流程和航天发射场发射塔架环境特点，新开发的一套实用化加注自动对接机器人系统，进一步提高了机器人的灵巧性、适应性和可靠性。

4.6.1　系统架构

如图 4 - 36 所示，SCARA 机械臂式加注对接机器人系统由 SCARA 机器人本体和远程监控系统两大部分组成。

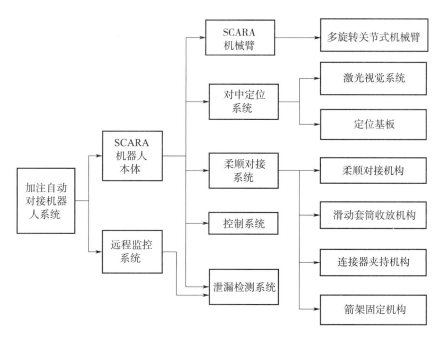

图 4 - 36　SCARA 机械臂式加注自动对接机器人系统构成框架图

其中，SCARA 机器人本体又分为 SCARA 机械臂、对中定位系统、柔顺对接系统、控制系统和泄漏检测系统。与箭架两栖可重构加注自动对接机器人不同的是，机器视觉由双目摄像头更改为激光扫描对准方式。另外，加泄连接器夹持机构和上箭固定机构变化较大，机械臂则完全不同，由串联悬臂结构更改为多旋转关节式机械臂。

4.6.2　SCARA 机械臂

对接机械臂包含 SCARA 机械臂和柔顺对接系统两部分。SCARA 机械臂负责携带柔顺对接系统上箭对接，柔顺对接系统负责夹持加泄连接器与火箭加注活门对接。

（1）基本功能要求

1）目标自动搜索定位功能。

2）高精度位姿调整功能。

3）变速移动上箭对接功能。

4）运动轨迹自动规划功能。

5）到位自动检测功能。

6）与箭体随动功能。

（2）基本性能指标要求

1）运动自由度数：≥4。

2）上下、前后、左右平动运动精度：0.2 mm。

3）任意方向位移随动范围：≮30 mm。

4）承载六种以上载荷：加泄连接器重量、部分加注金属软管重量、柔顺对接系统重量、箭架固定机构重量、连接器夹持机构重量、泄漏检测系统重量。

（3）SCARA 机械臂方案设计

SCARA 机械臂由四自由度位姿调整机构、视觉传感系统、伺服控制系统等组成。SCARA 机械臂自身的四自由度位姿调整机构与柔顺对接系统的前后平移自由度，整体构成五自由度调整机构，用于实现加泄连接器的高精度位姿调整。柔顺对接结构设计在 4.4 节中有专门介绍，这里主要介绍 SCARA 机械臂的设计方法。

SCARA 机械臂旋转关节采用了新型电机悬浮结构，如图 4-37 所示。轴关节直接用轴承连接，电机采用悬浮连接，只承受驱动力。关节采用 NSK 圆锥滚子轴承，电机采用悬浮结构，无须考虑径向力和轴向力负载。在整个对接过程中对接力主要表现在重力方向，SCARA 结构只需克服拖拽加注软管的拉力。

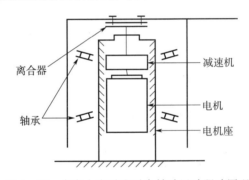

图 4-37　多自由度对准平台转动运动驱动原理

SCARA 机械臂的四自由度位姿调整机构由四个关节串联而成，各关节之间为解耦关系，第一关节至第三关节通过旋转完成左右偏转和前后平动，第四关节完成上下平动。SCARA 机械臂的最前端安装了柔顺对接系统（第五关节）完成前后平动。SCARA 机械臂上的激光传感系统用于完成对活门目标的搜索与定位，伺服控制系统用于驱动箭架机构与箭体上耳板的对接。整体结构如图 4-38 所示。

SCARA 机械臂第一、二、三关节处结构相同，选用电机与减速器相同，这里以第一关节为例给出电机选型计算方法。

①转动惯量匹配计算

伺服电机的运动性能依赖于负载和电机的匹配，为保证提供足够的角速度以使系统反应灵敏和满足系统的稳定性要求，负载惯量 J_{el} 应限制在电动机转子惯量 J_m 的 30 倍之内，即

$$J_{el} < 30 J_m \tag{4-6}$$

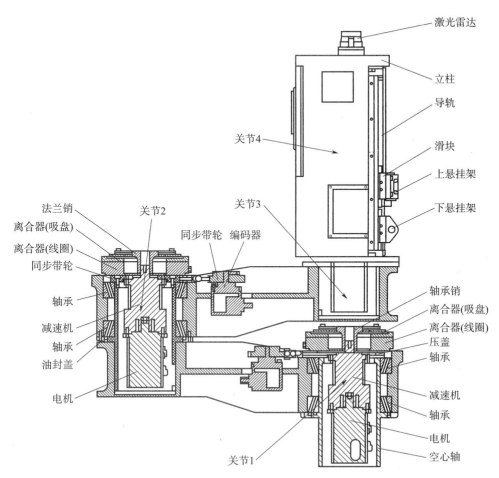

图 4 - 38　四自由度 SCARA 机械臂结构布局

则可估算滚珠丝杆的转动惯量 J_1 为

$$J_1 = \frac{\pi D^4 \rho L}{32} \tag{4-7}$$

式中，D 为滚珠丝杠副的公称直径，$D = 0.01$ m；L 为丝杠长度，$L = 0.26$ m；ρ 为材料密度，$\rho = 7.8 \times 10^3$ kg/m³。

直线运动部分转动惯量 J_2 为

$$J_2 = m \left(\frac{p_h}{2\pi i} \right)^2 \tag{4-8}$$

式中，m 为直线运动的机构质量；p_h 为丝杠的导程；i 为总传动比。

根据动能守恒定理，将各个传动转动惯量以及工作台质量折算到电机轴上，得到等效负载转动惯量 J_{el} 为

$$J_{el} = J_1 + J_2 \tag{4-9}$$

计算出等效负载转动惯量 J_{el} 后，可根据式（4-6）选取电机惯量与之匹配的型号电机。

②负载能力计算

为确保可靠性，机械臂关节实际等效的最大负载转矩 T_1 不得超过伺服电机额定转矩 T_N 的 80%，则

$$T_1 \leqslant T_N \times 80\% \tag{4-10}$$

臂展到最大时，臂展作业旋转切线方向受力最大，最小扭矩 $T_{\min}$ 应大于等于金属软管负载 T_g 与轴承阻力 T_z 之和。

$$\begin{cases} T_g = m_g g \mu_g S \\ T_z = m_z g \mu_z S_z \end{cases} \tag{4-11}$$

式中，m_g 为金属软管质量；m_z 为 SCARA 机械臂、箭架机构及加泄连接器总质量；S 为机械臂最大力距；S_z 为轴承力矩；g 为重力加速度；μ_g 为金属软管与地面摩擦系数；μ_z 为轴承滚动摩擦系数。

则最小扭矩 $T_{\min}$ 为

$$T_{\min} \geqslant T_g + T_Z \tag{4-12}$$

由于旋转关节采用了减速器，经减速之后最大扭矩 T_1 为

$$T_1 = \frac{T_{\min}}{i\eta} \leqslant 0.8 T_N \tag{4-13}$$

式中，i 为总传动比；η 为传动系统总效率。

由式（4-13）可计算出电机输出扭矩 T_N，进而可选择合适型号的电机。

4.6.3　箭架固定机构

在 SCARA 机械臂式加注自动对接机器人系统中，研发了一种新型上箭固定机构——连杆钩销锁紧固定机构，既便于柔顺对接系统上箭的可靠锁紧固定，同时也很容易解锁脱离。

（1）基本功能要求

1）上箭固定功能。

2）自动锁紧功能。

3）自动解锁功能。

4）防止前后方向脱落功能。

5）防止纵向脱落功能。

（2）基本性能指标要求

1）上箭定位误差：$\not< 1\text{mm}$。

2）承载六种以上载荷：加泄连接器重量、部分加注金属软管重量、柔顺对接系统重量、箭架固定机构重量、连接器夹持机构重量、泄漏检测系统重量。

（3）方案设计

上箭固定机构包含箭上箭下相互配合的两部分。箭下的机械臂端由连杆机械爪销与定位孔构成，箭上对接目标板的配合机构由定位钩销与球形定位销组成，如图 4-39 所示。

定位销设计为球头端面，球头端面的优势在于不会出现机械卡死，有一定角度的活动

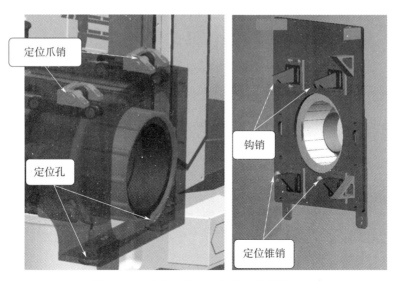

图 4 - 39　定位爪销和目标板机械结构图

量，可与传感器定位误差进行互补，达到最佳效果。耳板上定位钩销内侧面设计成弧面，为机械爪销进入预定位置提供了滑道，避免在勾取过程中出现卡死。由于箭体表面无满足雷达精确识别的典型特征，因此，在箭上额外加装的目标板成为引导加注机器人与箭体进行对接的定位信标载体，箭架固定机构总成设计如图 4 - 40 所示。

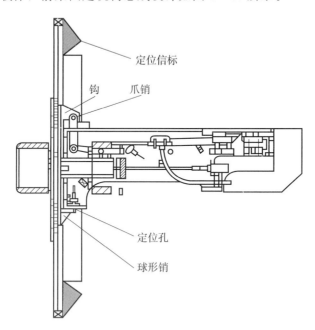

图 4 - 40　箭架固定机构装配总成图

　　由目标板实现与机器人的配合，建立精确信标，为自动对接提供目标与反馈，并最终完成机器人端箭架机构相对于加注活门的水平和垂直定位。目标板结构如图 4 - 41 所示，其可靠性决定了机器人能否顺利定位并完成与箭体的对接。

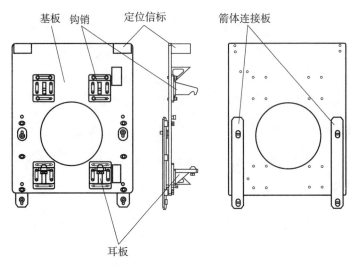

图 4-41　目标板结构图

　　箭下部分固定机构和柔顺对接系统之间采用螺丝连接。机器人上箭连接时，固定机构下端采用纵向双球面销定位，防止前后方向移动滑落。上端采用连杆机构让可翻转的定位爪销挂在箭体的钩销上，再利用连杆机构来锁紧固定，保证对接刚度，同时防止向上弹出脱离。目标板主要由基板、箭体连接板、定位信标、耳板和耳钩组成，能够以加注活门轴线为基准，提供耳板与加注活门之间的位置精度。箭上耳板部分与箭体之间采用带有预紧作用的销—孔连接，箭体与耳板的接口为 4 个 M8 螺纹接口，如图 4-42 所示，耳板与箭体之间接触面采用耐腐胶垫作防护，以保护箭体表面不受金属划伤，确保接触面受力均匀。经核算，这 4 个螺纹接口可承载质量最大可达 100 kg。实际目标板承载质量主要包括箭架系统、加泄连接器、金属软管，管内推进剂总质量约为 70 kg，满足使用要求。

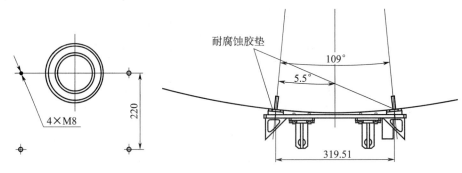

图 4-42　箭体接口示意图

　　箭体加注口为焊接工艺，其活门朝向与箭体径向存在一定的角度误差。为使机器人在对接时能适应加注活门安装角度偏差，避免在对接时对活门产生硬碰撞导致密封圈不能好好密封，目标板需具备全向调节功能。对目标板的调节机构做了优化设计，如图 4-43 所示，分别具备上下左右 2 自由度调节，俯仰偏摆 2 自由度调节由胶垫厚度来实现。

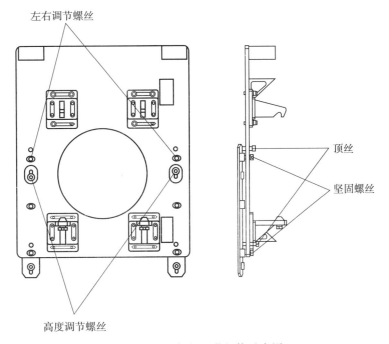

左右调节螺丝

顶丝

坚固螺丝

高度调节螺丝

图 4 - 43　目标板调节机构示意图

目标板安装操作流程如图 4 - 44（a）～（e）所示。

先将目标板的紧固螺丝、顶丝、左右上下调节螺丝全部松开，使箭体连接板呈自由状态，把目标板与辅助塞规（标定法兰接口）连接，然后通过标定法兰把手将标定法兰插入火箭活门，给目标板副板贴上保护胶垫，让目标板与箭体贴合，分别拧紧各调节螺丝，使机器人承载的加泄连接器与加注活门轴线尽可能保持一致，避免加注活门受内力影响。紧固完成后，将标定法兰拆下，即完成目标板的安装。目标板安装好之后，需严格检查是否可靠固定。目标板上安装有引导机器人自动对接的重要信标，只有准确安装才能保证自动对接过程中加泄连接器的可靠瞄准。箭架机构系统总成如图 4 - 45 所示。

机械爪动力源由气缸推动连杆，在不工作状态下机械爪为收缩状态。当箭架系统挂装时，定位孔完全落入销中，机械爪被推出，此时连杆达到机械死点，并且通过机械固定位置限位，能够满足高强度的承受力。机械爪驱动系统结构如图 4 - 46 所示。

箭架机构上箭流程如图 4 - 47 所示，挂装与撤离步骤如下：

1）加泄连接器端定位孔通过 SCARA 机械臂推送至球头销处。

2）通过上下自由度驱动，使箭架机构下落，下耳板落入定位球头销。

3）机械爪被气缸推出并翻转进入定位钩，进入锁死位置。

4）当加注完毕时，机械爪收缩至箭架机构内部。

5）箭架机构向上拔起脱离定位销。

(a) 目标板与辅助塞规接口

(b) 标定法兰引入活门口

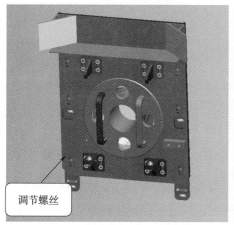

(c) 松开各调节螺丝调整副板位置

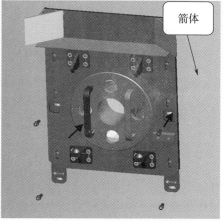

(d) 调整副板胶垫厚度并拧上固定螺丝

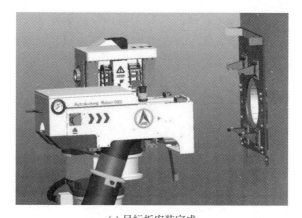

(e) 目标板安装完成

图 4-44　目标板安装示意图

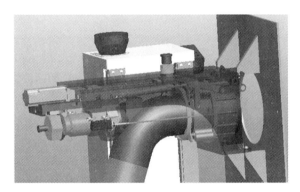

图 4 - 45　箭架机构系统总成图

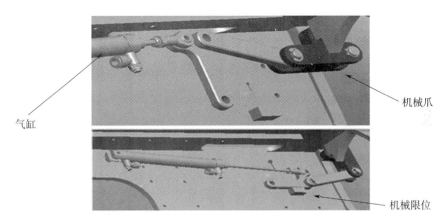

图 4 - 46　机械爪驱动系统结构图

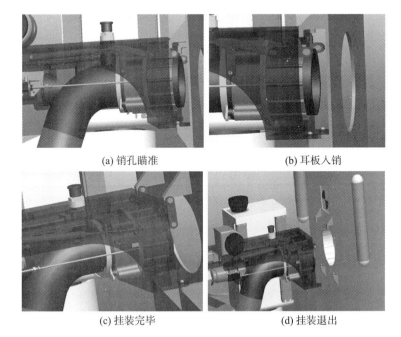

(a) 销孔瞄准　　　　　　　　　　(b) 耳板入销

(c) 挂装完毕　　　　　　　　　　(d) 挂装退出

图 4 - 47　箭架机构上箭流程图

4.6.4　加泄连接器卡锁收放机构

加泄连接器紧固装置主要用于柔顺对接机构和加泄连接器之间的连接。卡锁机构夹持加泄连接器外表面，通过螺栓连接实现与固定半边的合拢，从而完成对加泄连接器的紧固。因卡锁机构与加泄连接器的结合面为机加工成型，而且气缸轴线与加泄连接器轴线具有较高的同轴度，选择这样的结合面能够保证较高的定位精度，最终可避免加泄连接器壳体外表面由于铸造成型所产生的不一致性，实现对加泄连接器的容差夹持，其结构布局如图 4-48 所示。

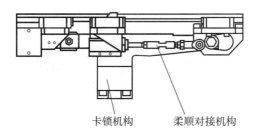

卡锁机构　　　柔顺对接机构

图 4-48　连接器卡锁机构

连接器卡锁机构主要由连接器紧固机构和快拆机构组成。连接器卡锁机构如图 4-49 所示，其主要作用为夹持加泄连接器外表面，起到机械连接和尺寸定位基准的双重作用。锁紧力的调整则通过对螺栓、螺母副的预紧来保证。

图 4-49　连接器卡锁机构图 1

连接器快拆机构的一半与柔顺对接机构固连，作为柔顺对接机构的一部分，另一半则集成在连接器紧固机构上，如图 4-50 所示。

连接器快拆机构通过 C 型槽对连接器紧固结构进行快速接口定位。考虑到箭架系统前端空间紧凑，避免大行程对接，以及确保有更好的接触面积来保证卡扣强度，所以采用两段式齿形接口，对接时通过错开的齿形接口，让紧固机构顺利进入柔性机构的齿形接口，然后将紧固机构向后推拉到位，使用螺丝固定，即可完成连接器的快速安装，拆卸时反向操作即可。

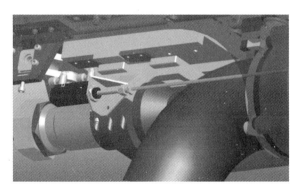

图 4 - 50　连接器卡锁机构图 2

滑动套筒收放机构主要在加泄连接器进行对接前,将加泄连接器的套筒向后拉开解锁,以便连接器顺利与活门对接。拉动模块主体部件为气缸或驱动电机,采用气缸有如下优势:

1) 适合易燃易爆场合,与电机相比不会产生电火花,安全指数高。

2) 气缸柔性好,气压有很好的压缩性,能够有效地保护滑动筒套,避免在拉动的过程中机械卡死或将筒套拉坏。

3) 气缸轻巧,结构简单,适合在空间狭窄的作业环境下工作。

采用双缸驱动设计,在选用气压情况下,驱动力约为 200 N,符合驱动力要求。滑动套筒收放机构主要由安装于连接器紧固装置的两侧,通过连杆连接套在加泄连接器套筒上的拉环,进行滑动套筒的收放,其安装如图 4 - 51 所示。

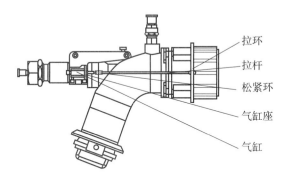

拉环
拉杆
松紧环
气缸座
气缸

图 4 - 51　滑动套筒收放机构安装示意图

4.6.5　定位基板和快装辅助塞规

成功对接的条件之一为:对接后加泄连接器的轴线与火箭的加注口轴线在允许的误差范围内重合,即两者的同轴度满足要求:$◎ \leqslant \delta$。为保证对接前加泄连接器的轴线与火箭加注口轴线的同轴度满足此要求,需要以下两个条件。

1) 降低加泄连接器轴线与对接装置的名义轴线之间的安装误差。

2) 保证定位基板的名义轴线与火箭加注口轴线的同轴度,即降低对接装置固定到箭体上的安装误差。

定位基板是为了便于将柔顺对接系统安装到箭体上的辅助过渡平板，其目的在于提供对接装置定位基准。预先将辅助塞规安装在基板上，如图 4-52 所示，然后在保证塞规与火箭加注口光滑配合的情况下，将基板固定到箭体连接板的四个螺栓上，完成基板的安装。

(a) 辅助安装前　　　　　　　　　　　　　　　(b) 辅助安装后

图 4-52　使用塞规辅助安装定位基板示意图

基板与塞规之间的定位圆柱面采用名义尺寸相同的间隙配合，同样加工塞规的内圆柱面与加注口外圆柱面的名义尺寸相同，采取间隙配合。上述塞规的两个定位面由车床一次装夹加工完成，用以保证其同轴度。

借助辅助塞规安装基板，直接将加注口的轴线与基板的名义轴线重合。使得四个螺钉孔作为紧固元件而不是定位元件存在，避免螺钉孔与加注口之间的误差影响。目标板安装之后，取走塞规，使用目标板上提供的定位面和两个定位球形销，安装对接上箭机构。该定位面和两个定位销都和基板的大圆孔存在有限的位置公差，通过铣床加工完成。

这种安装方案优点在于不受箭上螺钉孔位置误差的影响，将加注口的轴线与基板上的"一面两孔"相关联，从而提供高精度的工装。

4.6.6　系统模块化机械集成

整个机器人按功能模块可分为五大部分：1) 多关节级联 SCARA 机械臂；2) 对中定位系统；3) 柔顺对接系统；4) 控制系统；5) 泄漏自动检测系统。机械系统集成的逻辑接口关系如图 4-53 所示。

机械集成是五大子系统集成于一体，其中 SCARA 机械臂通过双丝杠与箭架机构连接。柔顺对接系统通过单丝杠双导轨与箭架机构连接。连接器卡锁控制机构通过法兰盘连接在柔顺对接系统的底板上，实现与加泄连接器的连接锁紧。滑动筒收放机构安于加泄连接器卡锁两侧，用于控制加泄连接器的滑动套筒收放动作。柔顺对接系统的前端为箭架连接机构，完成箭架机构与箭上定位销、钩之间的连接。箭上定位销、钩以箭体活门轴线为基准安装，通过定位基板调整机构保证与箭体活门之间的位置精度。泄漏自动检测子系统通过在加泄连接器外壁上接近加注活门位置布设声发射传感器，完成泄漏的实时检测。

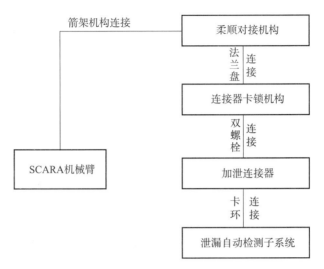

图 4-53　机械系统集成的逻辑接口关系

SCARA 机械臂拆解后模块主要分为三个模块：旋转机械臂、立柱和底座，如图 4-54 所示。采用模块化拆解，单件搬运、上架组装的方案可降低单件重量，也便于人力运输。

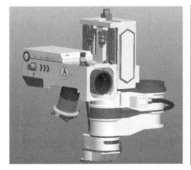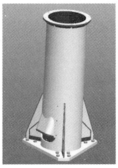

(a) 旋转机械臂　　　　　　　(b) 立柱　　　　　　　(c) 底座

图 4-54　机械臂拆解模块

整个 SCARA 机械臂式加注机器人系统模块组合及内部分布示意图如图 4-55 所示，外形设计如图 4-56 所示。

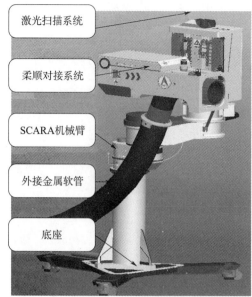

(a) 各分系统模块

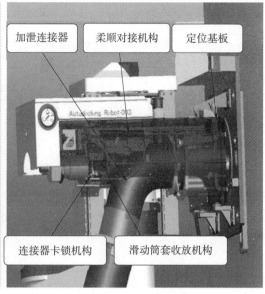

(b) 分系统内部装配

图 4 - 55　加注机器人系统模块组合及内部分布示意图

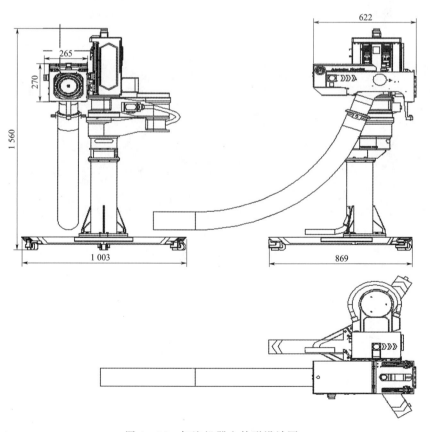

图 4 - 56　加注机器人外形设计图

参 考 文 献

［1］ 谌廷政. 火箭推进剂加注系统自动对接方法研究［J］. 东风航天，2006（3）：15－19.

［2］ 王立兴. 俄罗斯火箭脐带自动对接技术评析［J］. 航天发射技术，2003（1）：45－50.

［3］ 顿向明，山磊，等. 探究火箭推进剂加注机器人［J］. 机器人产业，2015（5）：86－93.

［4］ 黄小妮，顿向明，等. 运载火箭推进剂加注自动对接与脱离机器人本体设计［J］. 机器人，2010
（2）：145－149.

［5］ 游嘉伟，顿向明，等. 运载火箭推进剂加注机器人机构设计［J］. 机电一体化，2016（4）：41－44.

［6］ 赵帅锋，顿向明，等. 运载火箭推进剂加注自动对接与脱离机器人自动上箭模块控制系统的设计
与实验［J］. 机器人，2012（3）：307－314.

［7］ 何成林，钟鸣. 基于红外定位的微小型自重构移动机器人［J］. 机械与电子，2016（9）：69－73.

［8］ 朱晓龙，顿向明，等. 一种多关节轻量化离散驱动机械臂的设计与研究［J］. 机械与液压，2014
（21）：1－5.

［9］ 刘琦，顿向明，等. 高危燃料自动加注系统的设计与实现［J］. 机械与电子，2007（7）：49－51.

［10］ 谌廷政，马向斌，等. 火箭加注机器人随动对接设计技术研究［C］. 中国宇航学会，2018：
118－123.

第 5 章　火箭加注自动对接机器人柔顺控制

自动对接机器人系统涉及动力学、机构、控制等多个学科技术，要适应复杂的工作环境，同时还要满足高可靠工程应用需求，柔顺控制是其中的关键技术之一，主要用于解决机器人携带加泄连接器与火箭加注活门柔顺对接的难题，确保不影响火箭系统的可靠性。该部分主要涉及三个工程问题：1）上箭对接柔顺问题；2）到位检测柔顺问题；3）晃动跟随柔顺问题。本章主要介绍三种柔顺控制技术：1）基于力反馈的主动柔顺控制技术；2）基于机械结构的被动柔顺控制技术；3）混合柔顺控制技术。

5.1　概述

加注机器人无论是对接过程还是脱离过程，机器人应对力的变化反应灵敏。在加泄连接器与火箭加注活门的对接阶段，通过提供足够的对接力使得加泄连接器克服对接过程中的阻力。在脱离阶段，需要施加足够的拉力使得加泄连接器与箭体活门顺利分离。人工进行加泄连接器与火箭加注口对接时，人可以实时感受对接力的大小和偏差，及时调整对接方向，避免大力冲撞。采用机器人实现加泄连接器与火箭加注口对接的过程中，同样需要适应对接方向的变化和自适应控制力的大小，避免强力冲撞对接后影响箭体活门的可靠性。这种模拟人工对接的灵活调整过程，我们称之为柔顺对接。

柔顺对接的控制方式主要有三种：

1）基于力反馈的主动柔顺控制技术。设计力反馈控制系统，根据不同类型自适应机构的力反馈结果，实时调整用力大小和方向，既避免对接与撤收过程中出现强力冲撞或牵扯，又可保证所需力的大小，实现安全对接与撤收。

2）基于机械结构的被动柔顺控制技术。通过自适应机械结构的被动柔顺，实现对接过程中进给方向的自适应调整，充分利用已有的倒角和锥形导向，提高容差适应能力。

3）混合柔顺控制技术。综合采用"力反馈主动柔顺"与"机械被动柔顺"控制，可在加泄连接器与箭体活门之间有一定对中误差的情况下，实现类似柔顺手腕功能的自动找正，保证了加泄连接器在对接过程中不对箭体活门产生损坏。

5.2　火箭自动加注对接柔顺问题分析

通过对自动对接加注工艺流程分析，从机器人携带加泄连接器与火箭加注活门开始对接到加注结束后的撤离，需要解决三个阶段的柔顺问题：一是机器人上箭对接柔顺问题；二是对接完成后的到位检测柔顺问题；三是箭体晃动时的晃动跟随柔顺问题。

5.2.1　上箭对接柔顺

加注活门柔顺对接主要是指加注机器人携带加泄连接器与火箭柔顺对接时，若对接机构与火箭不相互固定，直接采用推硬进方式使加泄连接器与火箭活门对接，易使空置的火箭箭体发生晃动，造成上箭对接困难。加泄连接器和火箭加注活门都是合金制品，快速、强力对接不仅容易造成表面损伤，还有可能严重影响火箭加注活门或贮箱的可靠性。但是，过于缓慢的移动又会大大降低对接工作效率，无法满足活门泄漏情况下的应急再对接需求，因此，需要设计相应的主被动柔顺控制系统和机构，确保机器人与火箭箭体接触时不发生冲撞。

5.2.2　到位检测柔顺

到位检测柔顺是指上箭对接完成后，采用柔顺推拉方式检测加泄连接器是否对接到位，以及滑动筒是否锁紧。机器人夹持加泄连接器与火箭加注活门对接到位后，释放滑动筒锁定。因火箭加泄连接器内部有 O 型圈，有一定的阻力回弹，易出现"假锁"现象，如果不可靠检测，高压大流量加注时会出现连接器脱落事故。人工对接时，对接完成后需反复用力沿对接方向推拉连接器，看连接器与火箭活门是否已可靠对接。改用机器人对接时，也必须进行此种验证。但检测过程如何模拟人工的柔顺用力方式，是技术研发的一个重点问题。

5.2.3　晃动跟随柔顺

对接系统与火箭柔顺随动是指火箭往哪个方向晃动，机器人柔顺跟随着一起晃动。由于我国火箭箭体细长，加上加注前贮箱空置，所以受外力影响极易发生晃动。二级以上，火箭受外力晃动量较大（＞2 cm）。若机器人本体全部在塔架上固定不动，加注前或加注过程中火箭箭体受外力影响而晃动或受推进剂重力影响重心下移时，极易造成火箭加注活门受强力反复牵拉而损坏，或导致可靠性降低。如何使加注机器人与火箭同频同向同幅晃动，也即机器人处于柔顺跟随状态，是加注机器人设计要解决的难题之一。

5.3　主动柔顺上箭对接控制技术

主动柔顺控制是指根据检测得到的目标位置，计算出对接偏差，实时调整对接力的作用方向。调整过程中，对接力的数值也是不断变化的，且对接力大小随着连接器所受阻力的变化而动态调整。主动柔顺控制可以采用基于位姿检测的控制方法、基于力反馈的控制方法或两者相结合的方法。采用主动柔顺反馈控制系统，根据自适应对接机构的力反馈结果和位姿检测结果，实时调整用力的大小和方向，既可以避免对接与撤收过程中出现强力冲撞或牵扯，又可以保证所需力的大小，实现安全对接与撤收。根据力位混合检测和模拟人工对接后的检查动作，可以确认对接的可靠性。

主动柔顺控制的典型应用实例是基于力反馈闭环控制的弱撞击对接系统（Low Impact Docking System，LIDS）。欧美早在 20 世纪 90 年代即对 LIDS 技术进行了研发。美国约翰逊航天中心 2012 年就完成了 LIDS 的工程样机鉴定试验。LIDS 技术采用力反馈控制方案，由传感器测出对接碰撞力，实时计算需要的阻尼和缓冲力，并转换为对作动器的运动控制，使主动对接机构的对接环适应被动对接机构的位置和姿态，并阻尼和缓冲对接碰撞过程，实现捕获和空间对接过程的弱撞击。通过对控制参数的优化，降低碰撞力对航天器的作用。LIDS 的工作原理如图 5 - 1 所示。

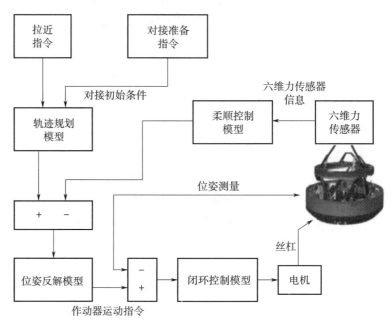

图 5 - 1　弱撞击对接系统工作原理图

这种空间对接机构能实现对撞击力的柔顺适应，且缓冲性能好、调整灵活、任务适应性强，可在轨完成与大范围变特性飞行器的多次对接。它将原机械式差动、缓冲改由控制算法和电机作动器完成，简化了机械系统，增加了对传感器的依赖，控制模型算法变得复杂。其优点是：

1）能有效控制对接过程中的相对速度和碰撞力，适用于抗冲击能力较弱的航天器，如大型低刚度的卫星等，可减小对航天器的影响。

2）采用周边式构型，具有完全异体同构，可实现两两相互对接。

3）有良好的适应能力，同一套空间对接机构可适应质量从 2 t 至数百吨的航天器对接任务。

5.3.1　基于位姿检测的主动柔顺控制

实际对接应用过程中，可以采用基于位姿检测的主动柔顺控制技术，即在自动加注对接系统初始寻的对接过程中，以加泄连接器前端面与火箭表面的垂直距离作为检测控制量。当两者距离大于某一数值（安全距离）时，可以快速移动。当两者距离小于某一数值（安全距离）时，对接移动速度降为低速。当两者发生接触时，根据实时检测得到的角度差，来调整施力方向。

位姿检测的参数分为相对距离检测和偏差角度检测，检测方法可采用激光雷达测距扫描、基于视觉的图像匹配检测或基于红外的瞄准阵列检测等方法。利用视觉系统，可以根据扫描或拍摄的图像方便地调整机器人末端执行器的姿态，使得快速接头和对接口的轴线相互平行，从而消除对接插装中的卡阻。同样，由拍摄的图像消除两轴线间的位置误差，使得两轴线空间对齐。虽然视觉系统存在误差，会使图像上对齐的两轴线在空间上并不对齐，但该误差是有限的，可以通过选取较小的步长在有限的几次调整后完成对接，提高对接准确度。

基于位姿检测的柔顺控制的另一个典型应用是：路径记忆与重现。当上一次成功对接后，基于初始检测连接器与加注活门相对位置没有超出一定的误差范围，可以选择路径记忆与重现方式完成再对接。具体实现方法是：每次对接过程，机器人都对自身行进的路线和相对位置关系进行检测记录。成功对接后，可提示是否保存本次成功对接的移动路径结果。一旦保存记录，下次对接时，即可按本次保存的结果快速完成对接，该功能在机器人执行应急再对接时非常有用。当机器人拔下连接器后，远程操控人员通过视频监控发现火箭加注活门出现异常泄漏，加注口被浓烟笼罩时，或者在加注后发射异常终止，需要紧急再对接泄出推进剂时，可采用此功能快速完成应急再对接。

5.3.2　基于力反馈的主动柔顺控制

由于传统的加泄连接器与加注活门之间设计的匹配公差较小，再加上瞄准定位存在误差，使得加泄连接器插头插入火箭箭体上的活门时，与箭上对接接口之间产生很大的相互作用力，阻碍插入对接，而强力硬性对接又容易造成箭体接口损坏。在位姿检测调整的基础上，根据加泄连接器对接前进过程中受到的阻力大小，让机器人具有自动补偿和校正定位误差的能力，即实现基于力反馈的柔顺对接，该方法是保证顺利对接的有效手段。

力反馈传感器安装在被动柔顺调整机构上，用来检测火箭活门传递给加泄连接器的阻力，判断施力方向偏差大小以及是否对接到位。对接偏差大时，阻力偏大，且与对接力成正比。对接偏差小时，阻力有限，且增大到一定数值后不再继续扩大。当两者顺利插入对接时，适当加大对接力的大小，克服小角度对接偏差以及 O 型密封圈带来的对接阻力，使加泄连接器保持前进。对接到位后，可以通过力反馈感受到阻力持续增大，且前进距离不再改变。结合插入活门的距离判断，可以知道对接是否到位。到位后，释放滑动筒，将加泄连接器与火箭箭体上的加注活门相互锁紧。

整个对接过程为准静态平衡过程，可以忽略相对加速运动而产生的惯性力作用。整个过程可分为三个阶段，即通过倒角阶段、一点接触阶段和两点接触阶段。对接力在通过倒角阶段和一点接触阶段很小，而在两点接触阶段达到最大值而且变化很剧烈。在实际的工作过程中，过大的对接力会出现卡死现象，使对接无法完成，甚至会造成箭体对接口的破坏。根据机器人学中成熟的轴孔装配理论可知，在存在初始角度偏差时，减小对接机器人手腕的侧向刚度、角偏转刚度，可降低这三个阶段的对接力，从而保护箭体接口的安全。力反馈控制系统根据力反馈结果，实时调整作用力的大小和方向，通过反向偏移施力，使加泄连接器能够方便地进入锥形倒角或调正姿态，从而避免强力对接或撤收时引起的冲撞或牵扯，实现安全对接与撤收。该技术可在加泄连接器与箭体活门之间有一定对中误差的情况下实现类似远心柔顺手腕功能的自动找正，有效保证了加泄连接器在对接与撤收过程中不对箭体活门造成损坏。

5.3.3　主动柔顺控制关键技术

主动柔顺对接控制涉及的关键技术如下：

（1）对接过程控制算法设计

自适应控制建模是主动柔顺控制的核心技术。自适应控制过程分为多个任务阶段，包括：初始位置检测、路径规划、对接力与对接速度设计、柔顺对接捕获、缓冲校正柔顺动力学控制、撤收路径规划等。控制算法既要适应不同对接工况的任务差异，还需考虑周边环境对系统参数的影响。

（2）高精度力传感器与位置传感器设计

力传感器与位置传感器的测量信息是主动柔顺控制的基本依据，其测量精度直接影响对接机构的柔顺效果。受工作环境温度以及对接过程振动影响，传感器测量结果可能会出现较严重的上下漂移或跳跃现象，影响位置的测量精度。此外，多维力传感器与位置传感器的参数解耦、测量标定也是系统开发涉及的重要研究内容。

（3）直线驱动机构设计

直线驱动机构是自适应式对接机构柔顺控制过程的执行机构，其运动精度及响应性能直接影响力反馈柔顺控制的效果。直线驱动机构必须满足大负载、小偏差运动的需求，其控制策略、实时性和鲁棒性对对接机构的总体性能也有很大影响。同时，直线驱动机构本身又要安装在具有一定俯仰、偏航调整能力的机构上，以实现机械臂准确捕获箭上的对接固定装置。相互之间如何有效协调和可靠固定，需要重点考虑。

（4）并联机构的运动解耦控制

对接机器人的机械臂是至少有 5 个自由度的串并联机构，其运动学逆解相对简单，但正解较难，是机构运动学分析的难点之一。在半主动控制式对接机构设计中，空间对接机构在各个自由度方向上力-位移等效性能的需求各不相同。为满足 5 个自由度方向的缓冲耗能需求，需进行串并联机构的运动学和动力学求解，解决 5 根丝杠运动与载荷的协调。在加注对接机器人系统中，5 个自由度方向分别通过旋转电机、直线电机加离合控制混合传动实现。要实现末端的精确可控，需要精细化组合建模。

5.4　被动柔顺上箭对接控制技术

被动柔顺是指不需要实时计算和智能判断，依赖自适应的柔顺机械结构来实现对接过程中进给方向的自适应调整。这类应用比较典型的有飞机空中加油、飞船与空间站对接等。

地面加注对接与空间站对接一样，属于碰撞式对接。为减小碰撞受力，增大缓冲，通常采用机械被动柔顺控制机构。在我国现有成熟型号液体运载火箭和地面加注对接系统中，因火箭产品已定型，很难进行箭体设计更改，因此，在现有火箭加注口附近没有与地面加注机器人配合的导向锥或其他自动对接辅助机构，只能通过在箭体表面安装附属配合机构，或简单更改火箭加注活门入口倒角的方式实现。充分利用地面加泄连接器和火箭加注活门已有的倒角形成锥形导向，可提高容差能力，也可采用专用设计的自适应调整被动柔顺控制机构，类似远心柔顺手腕机构等。

考虑到地面对接系统的前端载荷有几十千克重，在新研发的火箭型号中，可以通过箭地一体化设计，采用锥杆导向型柔顺对接设计，这样不仅结构简单，易于实现，而且对接可靠，防护性好。

5.4.1　空间对接典型被动柔顺机构

空间对接中，对接机构主要有中心式和周边式两种构型。具体应用的被动机械柔顺控制方式有锥杆式、异体同构周边式、混合式等，如表 5-1 所示。中心式对接机构由主动航天器上的可伸缩的传动机构和被动航天器上的接纳锥组成，又称锥杆式。所有美国和苏联/俄罗斯早期的太空项目中对接机构都依此设计。锥杆式对接机构的缺点是：对接成功后"锥"部和"杆"部位于过渡通道上，不便于航天员和货物的通过。另外，在应用中需要主动、被动两种机构成对使用，不具有异体同构性，通用性差。因此，为提高适应性，提出了周边式对接机构的概念。1975 年，在阿波罗和联盟号的对接计划中，采用了由美国和苏联专家共同研制成功的异体同构周边式对接机构 APAS-75。随后，俄罗斯在此基础上研制了用于国际空间站的 APAS-89 对接机构，目前已经应用于国际空间站的装配和航天飞机的对接。1997 年，日本发射的 ETS-VII 自动交会对接试验卫星，采用了软碰撞—碰锁式对接机构，专门进行在轨交会对接新技术飞行演示试验验证，并于 1998 年成功完成了对接试验。目前，美国和欧洲的自动交会对接试验和相应的对接机构都在研制过程中。

表 5-1　空间对接机构性能指标对比

对接机构	基本参数	初始对接条件	应用情况
锥杆式对接机构	主/被动质量:230 kg/170 kg 最大直径:1.55 m 通道直径:0.8 m	轴向速度:0.10~0.35 m/s 横向偏差(径向):小于 0.34 m 横向速度(径向):小于 0.10 m/s 偏航、俯仰角度偏差:小于 7° 滚转角偏差:小于 15° 偏航、滚转、俯仰角速度:1°/s	应用较早,有伸缩杆和接纳锥,结构简单、重量轻,广泛应用于礼炮系列、和平号空间站、国际空间站俄罗斯部分

续表

对接机构	基本参数	初始对接条件	应用情况
APAS-89 对接机构	主/被动质量:320 kg/200 kg 最大直径:1.6 m 通道直径:0.8 m	轴向速度:0.05~0.35 m/s 横向偏差(径向):小于0.18 m 横向速度(径向):小于0.12 m/s 偏航、俯仰角偏差:小于5° 滚转角偏差:小于5° 偏航、滚转、俯仰角速度:0.8°/s	异体同构设计,主被动构型相同,所有部件均放置在周边,而中心位置留出作为过渡通道。应用于航天飞机、和平号空间站、国际空间站
混合式 对接机构	主/被动质量:260 kg/180 kg 最大直径:1.6 m 通道直径:1.1 m	轴向速度:0.10~0.35 m/s 横向偏差(径向):小于0.34 m 横向速度(径向):小于0.1 m/s 偏航、俯仰角偏差:小于7° 滚转角偏差:小于15° 偏航、滚转、俯仰角速度:1°/s	为满足舱段连接需求,将周边式结构框与锥杆式捕获导向机构结合,应用于国际空间站俄罗斯舱段对接
通用停靠 机构	质量:300 kg 最大直径:2.2 m 通道宽:1.27 m(方型)	由机械臂捕获	广泛应用于国际空间站上舱段、桁架间连接
ETS-VII 对接机构	主/被动质量(含敏感器): 65 kg/15 kg 最大直径:1.0 m	轴向捕获距离 0~0.05 m 轴向速度:0.05~0.02 m/s 横向偏差(径向):小于0.05 m 横向速度(径向):小于0.002 m/s 偏航、滚转、俯仰角偏差:小于3° 偏航、滚转、俯仰角速度:0.1°/s	成功应用于日本 ETS-VII 试验卫星对接试验,验证小型空间对接机构进行交会对接的可行性
轨道快车 对接机构	主/被动质量:23 kg/12 kg 最大直径:0.3 m	轴向捕获距离:±0.065 m 轴向速度:0.03 m/s 横向偏差(径向):小于0.07 m 横向速度(径向):小于0.02 m/s 偏航、滚转、俯仰角偏差:小于5° 偏航、滚转、俯仰角速度:0.1°/s	采用三瓣式抓取原理,整体连接刚度较低,应用于美国轨道快车计划

(1) 基于锥杆导向的被动柔顺机构

锥杆式对接机构是应用较早的一种空间对接机构,广泛应用于苏联礼炮系列、和平号空间站、国际空间站的俄罗斯部分。如联盟锥杆式空间对接机构,它由一个可伸缩的主动对接杆和一个内凹的接收锥组成,其特点是有主动、被动之分。对接目标上安装被动对接机构——对接锥,追踪设备上安装主动对接机构——对接杆。与异体同构周边式对接机构相比,锥杆式对接机构结构简单,重量较小,对接初始条件要求相对宽松。其缺点是对接后锥和杆会阻挡两个对接物体间的中心通道,要使通道畅通,必须将锥杆机构旋转开去。此外,该种对接机构的承载能力也不如异体同构周边式的大。

天顶号连接器的地面自动对接装置,布设在一级箭体尾端附近,两组对接装置沿箭体的半径方向180°布置,对接装置能够在灰尘、雨雪以及风速不大于 25 m/s 的条件下全天候正常工作。连接器与对接装置平时位于发射坑道内,与箭体加注活门间基本为相对静止状态,因此,检测系统可大大简化。其自动对接过程依靠机械手自动进行,机械本体及导管等安装在滑架上,以气动方式驱动执行机构,锥杆跟踪机构检测定位,触觉系统与自动控制系统共同负责完成对接，其中，触觉系统主要通过传感器检测对接状态，为自动控制系统提供判断依据。

（2）异体同构周边式被动柔顺对接机构

为了弥补锥杆式对接机构的不足，发展了异体同构周边（APAS）式对接机构。它的特点是异体同构，应用比较灵活。相对锥-杆式对接机构而言，其优点是承载能力大，适用于大质量航天器之间的对接，对接后通道畅通。缺点是重量大，对接初始条件要求严格，结构也比较复杂。

这种对接机构也分为两种构型。一种是导向片外翻式，1975 年联盟号飞船与阿波罗号飞船对接就采用这种结构，俄罗斯将其称为 APAS-75 式。这种结构由于许多设备必须安装在对接舱体的外侧，暴露在真空环境中，在轨可维护性较差，对接后的通道尺寸也不够大，因此，目前国际上已不再采用 APAS-75 结构。另一种是导向片内翻式，它克服了 APAS-75 式的缺点，已用于国际空间站上，俄罗斯将其称为 APAS-89 式。1997 年 4 月，我国确定将异体同构周边式（内翻式）方案作为载人航天工程实施方案。该方案既实现技术跨越，又能与国际兼容。1998 年，我国完成空间对接机构原理样机研制，2000 年完成空间对接机构原理样机改装和试验。2001 年，开展了工程样机研制设计、动力学仿真和试验等关键技术研究，以及捕获锁、对接锁、摩擦制动器、电磁阻尼器、电路浮动断接器等 8 个部件和润滑、密封等技术的攻关。

（3）混合式对接机构

所谓混合式对接机构即为锥杆式与 APAS 式相结合，对接框的结构类似于 APAS 型，捕获与缓冲系统采用锥杆式原理，其结构比锥杆式简单。相对 APAS 式而言，它具有承载能力大、结构简单、重量小等优点。这是一种新型的对接机构，俄罗斯已将其应用在国际空间站的几个俄罗斯的舱段和货运飞船上。

5.4.2　远心被动柔顺控制结构

为克服对接的安装误差等因素，在加泄连接器的固定装置中设计被动柔顺机构，采用自由旋转适应的被动柔顺调整机构设计，在结构上具有远心柔顺手腕 RCC 的被动柔顺功能，对接装置主体的机构如图 5-2 所示。

图 5-2　被动柔顺调整机构

　　采用交流伺服电机、同步带轮、丝杠螺母配合的传动方式，直线导轨起到导向作用。力传感器安装在被动柔顺调整机构上，用来检测火箭活门传递给加泄连接器的抗力，判断是否对接到位，安装示意图如图5-3所示。

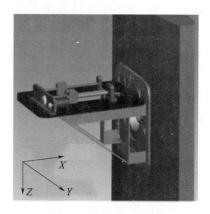

图5-3　安装示意图

　　考虑安装过程能够满足的精度以及运动特征，被动柔顺机构设计有四个自由度，由齿轮-齿条、丝杠-螺母、断电制动器（如图5-4所示）等组成。四个自由度为：Y、Z方向的直线调整以及角度调整。X方向为主进给方向，不需设计被动柔顺，只需控制力的大小并做直线运动，无角度调整。根据系统安装等其他因素，Y、Z直线方向的调整设计为±5 mm。Y、Z角度方向的调整范围为±3°。

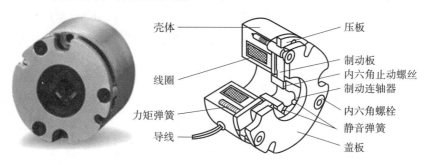

图5-4　断电制动器

　　加泄连接器固定到安装接口上，对接力的Y向分力使得接口有向Y方向平动或者Z方向转动的倾向。齿轮固定在接口上，接口的运动转化为齿轮齿条的啮合，其结果导致两齿条的Y方向被动移动。齿条（在螺母座下方）固定在螺母座上，齿条的运动带动螺母的同步移动。由于丝杠螺母的非自锁特性，螺母的轴向位移转化为丝杠的旋转运动。无励磁制动器与丝杠同轴安装，其工作原理为：带电的时候释放丝杠，允许其自由转动，即允许机构做被动柔顺调整；断电后依靠内部摩擦片将丝杠轴抱死，从而达到锁紧被动柔顺机构的效果。调整弹簧用于提供恢复力。Y方向和Z角度方向的被动柔顺机构安装接口如图5-5所示。

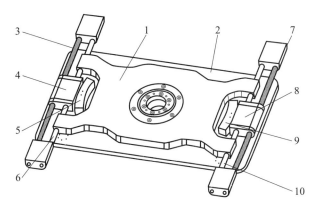

图 5-5　二维被动柔顺机构示意图

1—自适应调整板；2—对外接口板；3，7—丝杠；4，8—螺母；5，9—不完整外齿轮；6，10—滑轨

图 5-5 中，1 为自适应调整板；2 为被动柔顺机构的对外接口板，可作为加泄连接器夹持机构的一部分。板 1 与 2 之间安装有轴承，二者可相对转动，同时 1 可沿滑轨 6 和 10 直线移动。5 和 9 为不完整外齿轮，固定在 2 上，与螺母 4 和 8 相啮合（螺母侧面加工齿条）。3 和 7 为丝杠。接口板 2 沿丝杠方向发生平动时（Y 方向），两不完整齿轮同时带动齿条（螺母）沿丝杠侧移，两丝杠同时发生旋转。接口板与 1 发生相对转动时（Z 方向），两齿轮齿条的啮合运动最终使得两丝杠转向相反。此机构在不使用任何动力装置的情况下，为两自由度的被动柔顺装置。使用两个如图 5-4 所示的断电制动器同轴安装在两个丝杠端部，控制两个丝杠的旋转，在断电的时候可以将被动柔顺机构锁住为刚性结构。

三自由度远心被动柔顺装置可以自动修正对接进给过程中的偏差，确保柔性对接。图 5-6 至图 5-8 说明了普通插轴入孔的过程及受力分析。图 5-6 所示为普通插轴入孔过程模型。

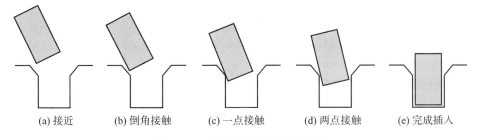

(a) 接近　　　(b) 倒角接触　　　(c) 一点接触　　　(d) 两点接触　　　(e) 完成插入

图 5-6　普通插轴入孔过程模型

图 5-7 中，O 点为挠性中心位置。F 为插入力；x 为水平方向偏差；α 为扭转方向偏差角度；θ 为孔的入口倒角；d 为插入轴的直径；D 为插入孔的直径。另外，设 μ 为摩擦系数，C 为间隔比率，且 $C=(D-d)/D$。图 5-8 给出了插入力与插入深度的关系图，可以看出，接触的点面不同，所需的插入力大小也不相同。

图 5-9 展示了基于 RCC 原理设计的方向选择型被动柔顺偏差自动补偿原理。

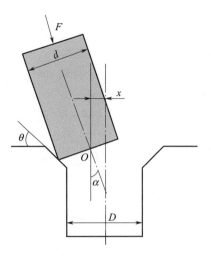

图 5 - 7　普通插轴入孔过程受力分析

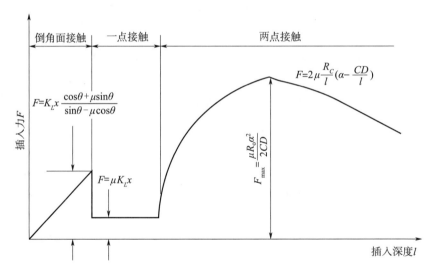

图 5 - 8　插入力与插入深度的关系图

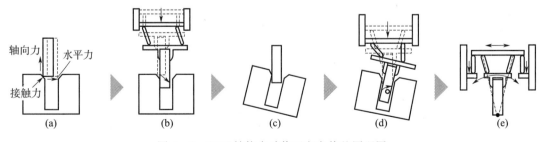

图 5 - 9　RCC 结构自动修正方向偏差原理图

5.4.3　导向裕度控制被动柔顺机构

在加泄连接器与火箭加注活门接触前，需要两者端口中轴线瞄准重合，以便实现初步精准对接。两者接触后，加泄连接器的前端口外沿会落入到活门的倒角范围内，此时，柔顺对接与撤收机构继续推动加泄连接器与活门对接就到了刚性接触插入对接阶段。如果还是严格限位，因机器人运动而产生的晃动和瞄准误差等多种因素会导致刚性卡死现象出现。导向裕度控制机构就是为解决这个工程问题而设计的另一种被动柔顺调整机构，应用在多关节级联的 SCARA 机械臂式加注机器人系统中，可以有效地解决插入纠偏问题，灵活调整加泄连接器的前进方向。

设计的导向裕度控制机构如图 5-10 所示。在接触段设计了滑槽喇叭口，提供了一定范围内的调整裕度，便于机器人可以模拟人工对接的蛇形前进方式，在滑槽内自动调整方向，从而完成连接器与活门的可靠对接。滚轮滑槽被气缸牵拉在滑槽喇叭口运动，有效解决了活门和导轨双约束的问题，实现了柔顺对接和撤收。

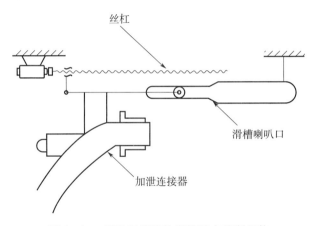

图 5-10　喇叭口型滚轮滑槽导向控制机构

柔顺对接与撤收机构主要由电机驱动丝杠完成直线对接运动，通过一个十字铰销机构推动加泄连接器向前动作。前端约束采用滚轮滑槽结构，与丝杠模组安装于同一导轨，通过气缸与柔顺机构连接在一起，紧固装置的前端也被约束在滑槽内。在导向的同时可以负载加泄连接器，当加泄连接器进入活门时，滚轮滑槽被气缸牵拉，滚轮走出滑槽喇叭口，加泄连接器获得 ±2 mm 的俯仰余量，但此时加泄连接器前端已被活门约束，后端可上下灵活适应。当对接完毕后，气缸将滚轮拉回滑槽，重新约束加泄连接器。在加注推进剂的过程中，加泄连接器和管内推进剂的重量都由箭架机构承载，避免箭体活门受力。柔顺对接与撤收机构由电机提供动力，由一个十字铰链机构推动加泄连接器往前动作，十字铰链可以进行 ±10 mm 范围内的调节，调节俯仰值约 ±2.5°，调节机构如图 5-11 所示。

导向裕度柔顺对接与撤收机构的结构布局如图 5-12 所示，主要由导轨、滑槽、滚珠轴承、松紧套、滑块、十字铰销、调节阀、气缸等组成。柔顺对接与撤收机构与加泄连接器集成设计如图 5-13 所示。

(a) 水平调节机构图

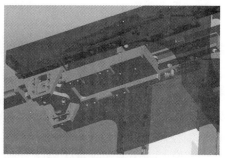
(b) 对接进给机构结构图

图 5-11　十字铰销水平调节机构图

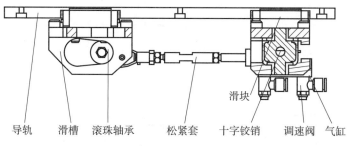

导轨　　滑槽　　滚珠轴承　　松紧套　　十字铰销　　调速阀　气缸

滑块

图 5-12　柔顺对接与撤收机构的结构布局

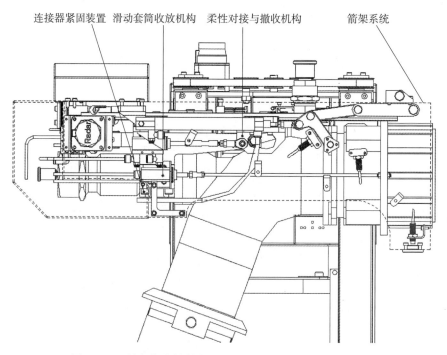

连接器紧固装置　滑动套筒收放机构　柔性对接与撤收机构　　　　　箭架系统

图 5-13　导向裕度控制的柔性对接与撤收机构集成设计图

　　柔顺系统十字铰销通过法兰与进给机构连接，柔顺机构前端滑槽则与箭架机构固定，其示意图如图 5 - 14 所示。

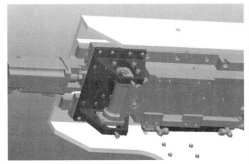 

(a) 柔顺机构与进给机构接口图　　　　　　(b) 柔顺机构滑槽与箭架机构接口图

图 5 - 14　机械接口示意图

5.5　混合柔顺对接控制技术

5.5.1　混合式柔顺控制上箭对接技术

　　混合式柔顺控制是上述"机械被动柔顺控制"与"力反馈主动柔顺控制"的集成，可在加泄连接器与箭体活门之间有一定对中误差的情况下实现类似远心柔顺手腕功能的自动找正，并结合力传感器的反馈信号，控制力度的大小，确保加泄连接器在对接过程中不对箭体活门造成损坏。整体结构设计如图 5 - 15 所示，机械变刚度执行单元实物如图 5 - 16 所示。

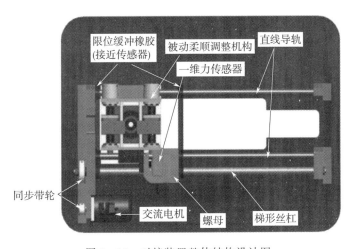

图 5 - 15　对接装置整体结构设计图

　　被动柔顺调整机构利用滑动轴承安装在两条直线导轨上，并可沿直线导轨自由移动。力传感器连接螺母（座）与被动柔顺调整机构，在被动柔顺机构跟随螺母的进给平动过程中，实时测量受力情况。

图 5-16　机械变刚度执行单元实物图

为了避免加注过程中的推进剂泄漏，加泄连接器与箭体活门之间目前均采用 O 型圈密封。由于 O 型圈为弹性元件，具有大阻尼、时滞非线性特性，对接时会导致系统的动态响应品质差。因此，必须克服 O 型圈阻尼特性。

图 5-17 所示为柔顺对接过程中，对接机构中的位移传感器和力传感器所记录的结果，可以看出加泄连接器在有/无 O 型圈两种状态下对接过程中位移及受力曲线对比，其中，图 5-17（a）为加泄连接器的位移曲线，图 5-17（b）为对接力曲线，图 5-17（a）、图 5-17（b）两图的左半段（$t = 0 \sim 3.5$）为对接及撤收时加泄连接器内未安装 O 型圈状态；图 5-17（a）、图 5-17（b）两图的右半段（$t = 3.5 \sim 5.5$）为加泄连接器内装有 O 型圈时的状态。从该图可见"柔顺"对接、"渐进"检测算法及大裕度驱动技术综合使用，能够有效解决因 O 型圈对机器人对接所引发的难题。

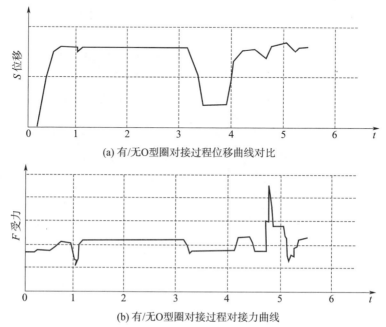

(a) 有/无O型圈对接过程位移曲线对比

(b) 有/无O型圈对接过程对接力曲线

图 5-17　有/无 O 型圈自动对接过程中的位移及受力曲线对比

　　对接流程如图 5 - 18 所示。当系统处于远程控制状态时，上位机将操作人员的相关指令发送给下位机（当系统切换至现场控制状态时，来自控制面板按钮的信号直接发送给下位机），下位机驱动柔顺对接与撤收伺服电机运动，并根据力传感器反馈信息进行速度控制，融合编码器的反馈信号判断对接状态，对接到位后驱动滑动筒电机进行相应运动。对接过程中下位机综合各传感器信号执行渐进对接算法模块和对接到位判断算法模块，不断进行对接到位判断，直到完全对接到位，滑动筒电机复位，完成加泄连接器与箭体活门的对接，实现柔顺对接与撤收系统上箭。

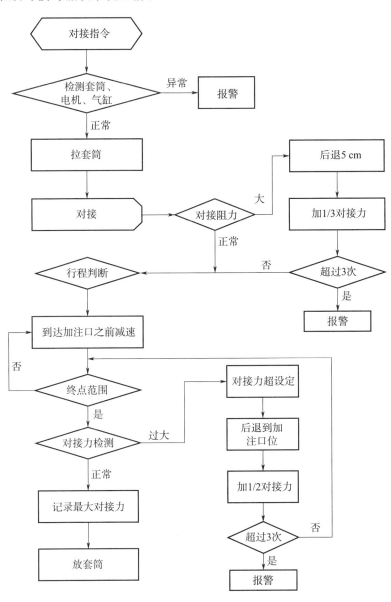

图 5 - 18　柔顺对接流程示意图

5.5.2　拟人化的混合柔顺到位检测技术

人工对接完成并释放滑动筒后，需要反复推拉加泄连接器，确认是否锁紧。柔顺对接完成后，模拟人工对接确认过程，通过合理设计推拉的顺序和力的大小，判断是否对接到位。另外，检测滑动筒移动距离，判断滑动筒是否锁紧，通过这种拟人化的到位检测，实现加泄连接器与火箭活门的可靠对接。另外，还增加了对接到位判断的"渐进"检验方法，对接过程中采用边进给边检测的方式和基于力位的混合控制方法，结合加泄连接器的操作特性，进行对接是否到位的"渐进"柔顺检测，该方法可确保对接到位。滑动筒对接到位检测工作流程如图 5 - 19 所示。

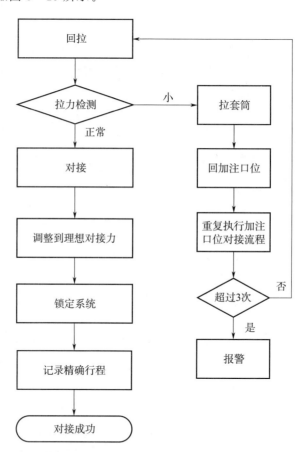

图 5 - 19　滑动筒对接到位检测工作流程

常规液体火箭加泄连接器上的滑动筒外观为异形结构，目前是完全基于人工操作而设计，左右两手必须要同时对握环施加力作用才能够将滑动筒拉开。因此，针对这种狭小空间异形结构的平衡施力问题，单独设计了专用的直线驱动模块，在滑动筒左右两侧安装体积小巧直线驱动器，内部集成了电机、减速器、执行器、行程控制器等单元，用于实现滑动筒的收、放。经过改造的加泄连接器成为机器人系统的一部分，在主体结构不做改动的情况下实现集成。

　　由于加泄连接器内部滑动筒处安装有回复弹簧，一般情况下滑动筒处于压紧锁死状态。在将加泄连接器与加注活门对接的过程中，必须要将滑动筒拉开，才能使加泄连接器与箭体活门配合成功。对接到位后，释放滑动筒使其在弹簧力的作用下回复到锁死状态，可保证加泄连接器与箭体活门之间的自锁。滑动筒收放机构所产生的拉力必须要能克服弹簧的回复力。经测量处于完全拉开状态下弹簧的回复力约 50 N，滑动筒行程小于 20 mm。

　　滑动筒收放机构用于实现对加泄连接器的滑动筒的收、放操作。左、右两侧的拉动模块安装如图 5 - 20 所示。设计的拉动模块驱动力为 100 N，行程 22 mm，可满足功能要求。

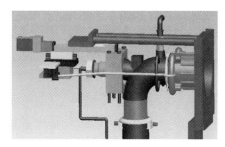
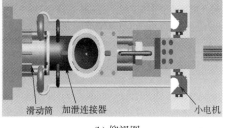

滑动筒　加泄连接器　　　　小电机

(a) 侧视图　　　　　　　　　　　(b) 仰视图

图 5 - 20　滑动筒收放机构安装图

5.5.3　分离重构的柔顺跟随技术

　　柔顺跟随是为避免因箭体晃动引起加泄连接器对箭体活门牵扯造成损伤而提出的一种技术。柔顺跟随最彻底的解决方法是化动态跟踪为静态跟随，即零滞后随动。"箭架"两栖可重构设计就是零滞后随动的一种典型设计方法，主要针对对接作业精度要求高、加注过程中箭体随机晃动等特点，基于箭架两栖转换的设计思路，运用可重构机器人技术实现柔顺对接机构与智能对准平台之间的自动结合或脱离，化动态实时运动跟踪为静态被动跟随，提高整个系统的可靠性。

　　加泄连接器与火箭加注活门对接的柔顺对接机构主要工作在"箭栖"环境中，与火箭箭体表面固定装置对接的智能对准平台主要工作在"架栖"环境中。智能对准平台完成柔顺对接与撤收系统的可靠上箭后，通过箭架转换机构实现柔顺对接与撤收系统和智能对准平台的机械分离。此时，柔顺对接与撤收系统处于完全依附在火箭箭体表面的"箭栖"工作状态，彻底以箭体为固定基础，与塔架任何机械关联，只剩下控制系统的电缆软连接。无论火箭向任何方向，以多大幅度晃动，柔顺对接与撤收系统都可以"零滞后"地柔顺跟随，从而在源头上解决自动加注对接过程中晃动对火箭加注活门的影响，确保火箭加注活门不受损害。

　　可重构系统提供柔顺对接平台与智能对准平台之间机械分离和连接功能，通过箭架转换模块可实现两栖转换，既可使得机械连接彻底分离，又同时能够保持电气、传感与控制信号连接。在位姿匹配的传感模块和非夹紧机构夹持连接模块的共同作用下，确保"两栖"动作的平顺实现。箭架转换模块是加注机器人"零滞后"跟随不可缺少的一部分，主要包括上模板和下模板。加泄连接器固定在上模板上，上模板与下模板通过法兰连接方式连接。对接前，上模板与下模板通过斜面和锥销连接在一起，即加泄连接器依托于机器人机架上。

对接完成后，上下模板在上下和左右移动模块的协助下分开，实现了加泄连接器从依托于架到依托于箭的转换。当加注完成后需要脱离时，上下模板重新回到初始连接的状态。为了成功地实现上下模板回到初始连接的状态，机器人的下模板安装了光电传感器。这种单个漫反射光电传感器的检测范围为 50 mm×50 mm，为了全面、准确地实现上下模块合模，在下模板上安装 2 排 6 个光电传感器，即可全面覆盖检测上模板，图 5 - 21 为光电传感器的位置分布图。

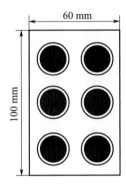

图 5 - 21　光电传感器的位置分布图

5.5.4　断电悬浮的柔顺跟随技术

虽然分离重构式柔顺跟踪技术可以实现零滞后跟随，但若前端载荷较重，前伸距离较长，容易导致悬臂过长，刚性不足，长期使用会出现悬臂下垂现象。为此，研究人员提出了基于断电悬浮的柔顺跟随技术，加注机器人的机械臂采用 SCARA 机械臂＋上箭系统复合构型，充分利用 SCARA 机械臂良好的顺从性和刚度。复合式机械臂的各关节均采用"离合器＋扭矩限制器"结构，可实现具有高精度的无间隙纯刚性传动，也可切换为低刚度柔顺状态，实现类似"悬浮"功能。在 SCARA 机械臂的各关节处安装扭矩离合器，对其进行扭矩限制，在实现功能的基础上保证被动安全，做到对箭体的有效保护，实现了刚柔实时切换。在柔性随动时，断电状态的 SCARA 机械臂完全处于被动柔性状态，从而实现了加注过程中机械臂对加泄连接器的被动柔顺跟随。机械臂柔顺设计主要用于避免加泄连接器在对接状态下出现过约束，造成箭体耳板或箭上加注活门损坏，实现在不解除机械连接的情况下对箭体的无附加力随动。

如图 5 - 22 所示，SCARA 机械臂结构中，各轴关节处均装有轴承，如圆锥滚子轴承、推力球轴承等，保证系统刚性强度。驱动源则采用了新型电机悬浮结构，只承受驱动力，避免了对减速机的刚性要求。由于采用悬浮结构，无须考虑径向力和轴向力负载。在整个对接过程中对接力主要表现在重力方向，SCARA 结构只需克服拖拽加注软管的力，塔架上的加注软管拖拽等效约重 20 kg，其中包含了加注软管与地面摩擦力，地板钢与软管静摩擦系数取 0.2。

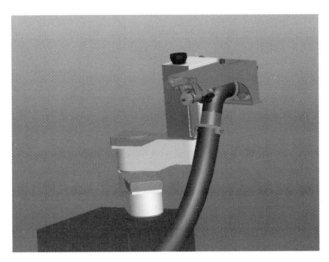

图 5 - 22　五自由度高精度位姿调整机构

变刚性系统构成框架如图 5 - 23 所示，其机械结构由伺服电机减速机构、离散驱动机构和防过度旋转限位机构组成，辅助末端角度传感器用于位置导引。

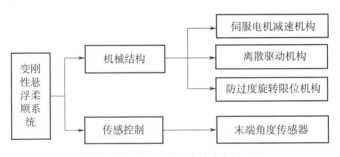

图 5 - 23　变刚性系统构成框架图

变刚性柔顺机构示意图如图 5 - 24 所示。离散驱动系统主要由离合器完成驱动力的衔接，在离合器上电状态时，电机驱动力可通过减速器直接驱动机械臂，实现机械臂的刚性动作。在切断离合器电源时，电机不再将动力输出给机械臂，实现机械臂的柔性状态，此时机械臂的姿态将由机械臂末端角度传感系统实时记录，以提供机械臂转换为刚性时所需要的高精度姿态位置。

采用变刚性机构的 SCARA 机械臂除精确定位外，还具有以下两大功能：

1）柔性随动功能。机械臂在上箭完成后，实现加泄连接器对接系统与 SCARA 机械臂之间的机械柔性。在加泄连接器与火箭加注活门对接过程中，机械臂处于柔性状态，机械臂动作只需克服轴承阻力，连接器对接系统更容易滑入导向机构。在推进剂液体流动过程中，机械臂前端的加泄连接器处于柔性伸缩状态，可以随箭体晃动而晃动。

(a) 机构正视图

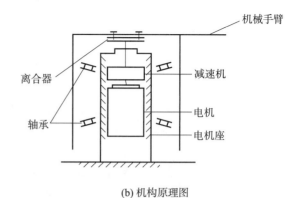

(b) 机构原理图

图 5-24　变刚性柔顺机构示意图

2）刚性对接撤收功能。机械臂与火箭箭体表面固定装置对接或撤收前，实现 SCARA 机械臂与柔顺对接系统之间的机械刚性连接，保证将上箭系统精准推送到指定位置。

机械臂姿态检测机构主要通过编码器实时检测机械臂角度姿态，通过皮带传动将角度放大至编码器。其将由同步带及张紧机构保证系统响应速率和可靠传动，其结构布局如图 5-25 所示。

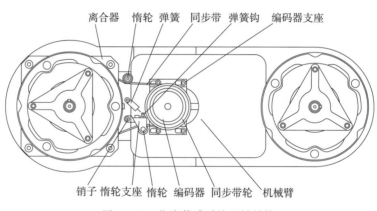

图 5-25　位姿传感系统机械结构

参 考 文 献

［1］ 张崇峰，刘志．空间对接机构技术综述［J］.上海航天，2016（5）：1-11.

［2］ 游嘉伟，顿向明，等．运载火箭推进剂加注机器人机构设计［J］.机电一体化，2016（4）：41-44.

［3］ 赵帅锋、顿向明，等．运载火箭推进剂加注自动对接与脱离机器人自动上箭模块控制系统的设计与实验［J］.机器人，2012（3）：307-314.

［4］ 何成林，钟鸣．基于红外定位的微小型自重构移动机器人［J］.机械与电子，2016（9）：69-73.

［5］ 胡瑞钦，张立建，等．基于柔顺控制的航天器大部件机器人装配技术［J］.机械工程学报，2018（1）：85-93.

［6］ 朱晓龙，顿向明，等．一种多关节轻量化离散驱动机械臂的设计与研究［J］.机械与液压，2014（21）：1-5.

［7］ 刘琦，顿向明，等．高危燃料自动加注系统的设计与实现［J］.机械与电子，2007（7）：49-51.

［8］ 黄小妮，顿向明，等．运载火箭推进剂加注自动对接与脱离机器人本体设计［J］.机器人，2010（2）：145-149.

［9］ 谌廷政，马向斌，等．火箭加注机器人随动对接设计技术研究［C］.中国宇航学会，2018：118-123.

［10］ 刘嘉宇，李通通，等．多臂空间机器人操作大型目标的全身接触柔顺控制研究［J］.兵工学报，2019（2）：395-403.

第6章 火箭加注自动对接机器人对中定位

对中定位分系统用于加注对接机器人系统自主上箭时的目标搜索、识别和定位指示。本章主要介绍了两种对中定位技术，一是基于正交解耦的机器视觉对中定位技术；二是基于聚类搜索的激光扫描对准技术。基于正交解耦的机器视觉对中定位将一个三维空间的复杂定位问题简化成了两个相对简单的二维定位问题，且两个二维定位中各有一个方向定位精度要求较低，定位精度要求较高的两个方向实现了独立无关的定位计算，大大降低了高精度定位的复杂度。基于聚类搜索的激光扫描对准技术有效克服了背景光线变化和烟雾干扰的影响，利用典型标志的外形设计提高扫描分辨率，通过聚类关联的整体搜索，提高了整体的定位精度。

6.1 概述

机器人外部对接的基本思路是利用机器人视觉实现机器人与对接对象的相对定位、测量和精确计算，然后根据位置偏差调整机器人的相对位置和角度，在相对较远处实现对齐，然后通过简单机械运动直接对接。这就要求使用的定位系统能够实现以下功能：

1）测距。系统必须自动测量机器人与对接目标的距离，作为机器人下一步行动规划的依据，同时相对距离也是计算角度的重要参数。

2）角度计算。系统必须能够测量并计算出对接部件的角度偏差才能在对接过程中通过移动对齐。

3）位置角度调整。机器人系统要根据上述计算的偏差参数规划出合适的运动路径，并进行相应调整。

4）即时测量。在不同的使用环境下，机器人对中定位会受到不同的干扰，导致机械系统的运动与目标定位估计值产生偏差，因此对中定位系统必须随时测量和动态调整机械运动路径，以克服不同干扰情况下的对接误差。

常用的机器人对接定位技术有超声、红外和视觉识别等导向方式。基于超声导向的机器人对接定位是根据超声波在检测区域内运动时遇到界面反射所呈现的特征来判断物体位置状况的无损检测方法。超声探测的特点在于可测距离范围较大，但是精度较低。通过方法改良，超声定位可用于精度要求较高的机器人自重构对接。

红外测距是一种已经成熟的对接定位技术。红外线传感器具有光束发散小的优点，相对于超声波传感器，其测量精度有了很大的提高。自重构机器人也大量使用红外线进行对接定位。红外测距对接技术的特点在于使用的设备相对便宜，精度虽然低于基于视觉的对接技术，但是也在可接受范围之内。缺点在于：1）设备的灵敏度必须达到要求，同时不能有过多的干扰。2）距离较小，红外探测的范围基本不能超过 70 cm。超声导向和红外导向都可以归类为传感器导向。总体而言，使用传感器进行对接定位基本能满足精度需求，成本比较低廉，设计相对简单，技术也已经很成熟。缺点在于耗时较长，系统功能单一，环境适应性受到一定的限制。

基于视觉识别导向的机器人对接定位，是以对周边环境或目标图像获取、分析和理解为核心，提取相应特征点进行识别和确认。视觉导向的优点在于测量范围大，获取信息量多，价格低廉，可识别目标特征。因此视觉导向技术在机器人领域中具有更广泛的应用价值。基于视觉获取图像信息量大的优点，机器人不仅可以通过提取目标特征进行导向，而且还可以采用构建地图进行绝对定位的方法进行移动控制。机器人利用其自身的传感器创建一个属于自己的局部地图，然后，将这个局部地图与保存在内存的全局地图进行比较，如果匹配，机器人就可以计算出自己在环境中的真实位置和方向。基于视觉导向的机器人可以快速定位对接，也可以随时变换使用环境，技术还有很大发展空间。但该技术也存在受自然光干扰比较大，鲁棒性较差等不足。

加注机器人携带加泄连接器与火箭加注活门进行对接，首先要定位测量，安装的对中定位系统就是用于检测、识别和定位，服务于柔顺对接与撤收系统的自主上箭对接控制系统。对中定位系统为自动对接提供准确的目标位置反馈，最终完成箭架机构与箭体定位基板之间的水平与垂直定位。可用于加注机器人上箭对接瞄准定位的方法有：

1）双目视觉对中瞄准定位。通过安装在机械臂上的前端摄像机拍摄箭体上加注口的内圆图像，通过摄像机与箭体的对准距离和夹角，可计算出理论上的内圆成像图形（椭圆形状及长短轴方向），将理论图像与实际图像相关匹配和差值匹配，确定目前对准偏离的大小和方向，利用差值控制对准机构调整直到相关度达到设定阈值范围内。

2）光电感应器对中瞄准定位。利用较细激光束或红外线以设定角照射在箭体连接表面，在对准距离上，按对准条件在相应的反射方向上安装四象限光敏电池或光电二极管阵列。根据接收到的反射信号所处的象限及强度，判断对准偏离的方向。为保证对准可靠，可在连接器左右或上下安装两套这样的对准装置。

3）激光雷达扫描对中瞄准定位。利用激光雷达的精确测距能力，实现三维空间的精确感知，获取对接目标上典型标志的测量曲线，换算出相对偏差，控制柔顺对接装置移动到准确的对接点，实现两者的对中定位。

4）触觉对中瞄准定位。在对准距离上，伸出按一定角度排列的多支触角，触角后端安装限位开关，前端安装电容位移传感器或电涡流传感器。在触角前伸的过程中，当有一支触角接触到箭体时即产生限位信号，停止前伸动作。此时利用另外两个触角的位移传感器测出距离箭体的位移信号，根据三个触点与箭体的距离差可判断出对准偏离的方向，从而做出相应的调整。

以上四种对准方式中都需要先进行粗对准，即加泄连接器前端面与箭体上的加注活门口端面初步对准后，才开始精细对准。

双目视觉对中瞄准定位的对准结构简单，无接触，但计算稍复杂。另外，摄像机必须固定安装在自动对接装置上，以避免每次安装后标定，但出现泄漏时加注口产生大量黄烟，会影响再对接时的目标成像。

光电感应器对中瞄准定位的对准精度高，但易受安装空间限制。发射和接收一体的设计，会导致对接装置头部结构复杂，且箭体反射面要非常光滑才能使用该方法。

激光雷达扫描对中瞄准定位的对准精度高，无接触，近距离不受黄烟影响，调整容易，但对箭体连接口表面的典型标志安装有要求。

触觉对中瞄准定位的对准精度高，调整容易，但接触式对准结构复杂，且需要其他对接瞄准方式进行粗对准辅助。

根据对比结果，研究人员开发了两种新的对中瞄准技术，分别实现了机器人与火箭箭体表面安装基板，以及加注活门的对准控制。这两种技术分别为：一是基于正交解耦的机器视觉对中定位技术；二是基于聚类搜索的激光扫描对准技术。

6.2　基于正交解耦的机器视觉对中定位系统设计

6.2.1　安装结构设计

视觉系统安装示意图如图 6-1 所示。

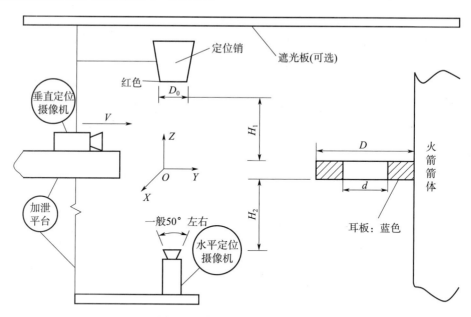

图 6-1　视觉系统安装示意图

由于加注过程中塔架为合拢状态，受外界光线的影响较小，基本属于一种结构化环境，所以可采用机器视觉方法，通过摄像头完成目标的搜索，自动调整加泄连接器与箭体活门之间的相对位置。在实施方法上，具体的技术路线为：改变传统的双目并行视觉测量方式，采用两个光轴互相垂直的摄像机，直接实现正交解耦的二维平面测量。两个摄像机中，一个安装于柔顺对接平台上方，沿柔顺对接平台运动的前进方向水平观测（以下简称水平摄像机），另一个安装于柔顺对接平台底部，由下向上垂直观测，其与定位销的位置在整个运动过程中保持固定（以下简称垂直摄像机）。

使用两个摄像机分别完成两个平面的定位测量。在两个平面的定位过程中，分别使用 PID 算法和线性卡尔曼滤波算法完成两个平面的运动规划。另外，在垂直方向的直线运动过程中，还增加了基于力伺服的控制算法，用来调整垂直方向的直线运动过程。

自动对接的主要任务是根据定位销与耳板的相对位置，控制柔顺对接平台进行前后、左右、上下三个自由度的运动，最终完成定位销与耳板定位孔的平顺对接，从而完成上箭对中瞄准和对接定位。箭上耳板的定位中心和机械臂上定位销的几何中心分别通过两个摄像机采集的实时视频进行测量计算。其中，垂直定位摄像机通过将耳板控制在计算机图像坐标系的中心位置实现对定位销的垂直位置进行调整，使定位销可以顺利进入上下耳板之间的区域，与耳板进行对接。水平定位摄像机检测耳板与定位销的相对位置，最终实现定位销与耳板的精确定位。

该系统为一个典型的视觉伺服系统，影响控制性能的摄像机参数主要包括：分辨率和帧率。分辨率影响了最终能达到的定位精度。由于定位系统采用双向单目测量，每个方向摄像机无法对目标远近进行准确判断，但可以将控制目标设定为将定位销与耳板的中心在图像坐标系下重合，通过视觉伺服实现控制效果。实际应用中，可通过预先测量的尺寸和距离标定，增加先验信息以提高距离测量的灵敏度。

另外，由于塔架内安装有 50 Hz 光源，可能会对摄像机产生干扰，需采用特殊的技术手段克服其影响，具体见 6.3 节。

6.2.2　定位算法设计

视觉定位包括在垂直平面（XOZ 平面）定位和在水平平面（XOY 平面）定位两个部分，坐标系定义如图 6-1 所示。定位时首先在 XOZ 平面内进行位置调整，然后在 XOY 平面内进行位置调整。具体实现时，首先控制柔顺对接平台运动到一个预先设定的位置，该位置的确定取决于柔顺对接平台与火箭箭体的相对位置，必须保证 XOZ 平面定位的摄像机能够检测到绘制于箭体表面的黑色十字。然后视觉定位算法将沿 OZ、OX 两个方向调整柔顺对接平台的位置。XOZ 平面定位完成以后，柔顺对接平台将在视觉定位算法模块的控制下沿 OX 轴正方向前进，直到前进到预先设定的位置，这个预先设定的位置选取需要保证停留在该位置时，负责 XOY 平面定位的摄像机可以同时检测到定位销和耳板的中心。这时，视觉定位算法模块将切换到 XOY 平面的定位，这个切换可以是手动的，也可以是自动的，调试过程中，基于安全的考虑，需要设置成手动切换。系统结构图如图 6-2 所示，算法流程图如图 6-3 所示。

XOZ 平面的定位通过检测绘制于箭体的十字标记计算交叉点在图像中的位置来得到当前加泄平台相对于箭体的垂直和水平位置。由于单摄像机无法获取深度（即加泄平台与箭体的距离）信息，所以在进行垂直调节时，加泄平台与箭体的距离必须保证不变。此外，在定位之前必须将加泄平台预定位于一个初始位置，这个初始位置由加泄平台的安装

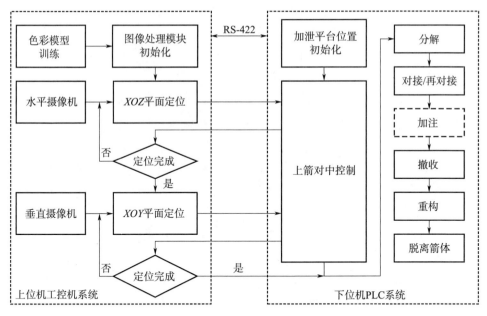

图 6-2　系统结构图

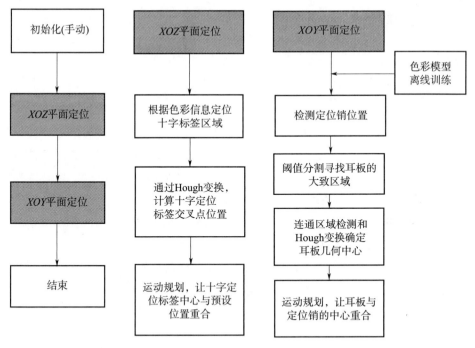

图 6-3　算法流程图

位置（即与火箭箭体的相对位置）决定，以保证定位十字标签在水平摄像机的视野内。使用基于 Hough 变换的算法得到十字定位标签的中心点的图像坐标，然后与加泄平台目标位置时的图像进行比较，其差值作为 XOZ 平面运动规划的输入信息。加泄平台的目标位置可以通过示教方法得到，直线参数估计的算法采用的是机器视觉领域的随机 Hough 变换经典算法。

图 6-4 所示为垂直定位过程中算法的工作情况。其中蓝色标记为检测到的十字标记交叉点位置，黄色十字为目标位置。

图 6-4　XOZ 平面定位算法演示（见彩插）

XOY 平面水平定位算法原理为：将摄像机安装于其中一个定位销的正下方，定位销的位置信息通过检测定位销截面的圆心得到，方位信息通过检测加泄平台底部的边缘直线方向来确定。实际上，在对接过程中由于绕 Z 轴旋转的自由度被固定，加泄平台的方位角信息对于规划是无用的，即可以认为在对接过程中只需要对准一个定位销。

（1）机器视觉的定位模型

摄像机成像原理中通常需要涉及四个坐标系之间的关系，他们是：世界坐标系、摄像机坐标系、成像平面坐标系和计算机图像坐标系。

因此，在进行图像处理时，需要考虑四个坐标系的关系，或者称为坐标系转换关系，即：世界坐标系与摄像机坐标系之间的关系、摄像机坐标系与理想的成像平面（不考虑镜头畸变）坐标系之间的关系、理想的成像平面坐标系与实际的成像平面（考虑镜头畸变）坐标系之间的关系、实际成像平面坐标系与计算机图像坐标系之间的关系。

可以通过对摄像机进行标定，建立从世界坐标系到计算机图像坐标系之间的转换关系。通常，在环境中选择一个用来描述摄像机位置或工作环境中某一物体位置的基准坐标系，也即世界坐标系，记为 (X_w, Y_w, Z_w)。通常将 X_w 和 Y_w 轴取为地平面坐标，Z_w 轴垂直于地平面。

摄像机坐标系通常记为 (X_c, Y_c, Z_c)，这个坐标系以摄像机光心为原点，Z_c 轴通常指定为摄像机的光轴，X_c 轴和 Y_c 轴平行于成像平面。

世界坐标系与摄像机坐标系之间的关系可以用一个旋转矩阵 $\boldsymbol{R}$（正交矩阵）和一个平移向量 t 来描述。

$$\begin{bmatrix} X_c \\ Y_c \\ Z_c \end{bmatrix} = \boldsymbol{R} \begin{bmatrix} X_w \\ Y_w \\ Z_w \end{bmatrix} + \boldsymbol{t} \tag{6-1}$$

考虑到坐标系以及转换定义等因素，通常将上式写成齐次坐标的形式

$$\begin{bmatrix} X_c \\ Y_c \\ Z_c \\ 1 \end{bmatrix} = \begin{bmatrix} \boldsymbol{R} & \boldsymbol{t} \\ \boldsymbol{0}^{\mathrm{T}} & 1 \end{bmatrix} \begin{bmatrix} X_w \\ Y_w \\ Z_w \\ 1 \end{bmatrix} = \boldsymbol{M}_1 \begin{bmatrix} X_w \\ Y_w \\ Z_w \\ 1 \end{bmatrix} \tag{6-2}$$

所以有

$$\begin{bmatrix} X_w \\ Y_w \\ Z_w \\ 1 \end{bmatrix} = \boldsymbol{M}_1^{-1} \begin{bmatrix} X_c \\ Y_c \\ Z_c \\ 1 \end{bmatrix} \tag{6-3}$$

摄像机坐标系与理想的无畸变的成像平面坐标系间的关系可用针孔模型表示，即任何点 P 在成像平面上的理想投影位置 p，为光心 O 与 P 点的连线在成像平面上的交点。这种关系也称为中心射影或透视投影。由比例关系有如下关系式

$$x = \frac{f X_c}{Z_c}, y = \frac{f Y_c}{Z_c} \tag{6-4}$$

其中，(x, y) 为 p 点在成像平面上的理想坐标。(X_c, Y_c, Z_c) 为空间点 P 在摄像机坐标系下的坐标。上述透视投影关系通常写成用齐次坐标表示的矩阵形式

$$Z_c \begin{bmatrix} x \\ y \\ 1 \end{bmatrix} = \begin{bmatrix} f & 0 & 0 & 0 \\ 0 & f & 0 & 0 \\ 0 & 0 & 1 & 0 \end{bmatrix} \begin{bmatrix} X_c \\ Y_c \\ Z_c \\ 1 \end{bmatrix} \tag{6-5}$$

通常，将空间点 P 在成像平面上的投影记为 (x_d, y_d)，在不考虑镜头畸变时，显然可以得到

$$x = x_d, y = y_d \tag{6-6}$$

摄像机采集的图像输入计算机后，必须以数字图像的形式进行保存。每幅数字图像在计算机内存储为 $(M \times N)$ 的数组，定义计算机图像坐标系 (u, v)，每一个像素的坐标 (u, v) 分别是该像素在数组中的行数和列数。(u, v) 是以像素为单位的图像坐标系的坐标。

这样，实际的（带畸变）的成像平面坐标与计算机图像坐标间有如下关系

$$\begin{cases} x_d = S(u - u_0) \\ y_d = S(v - v_0) \end{cases} \tag{6-7}$$

写成齐次坐标表示的矩阵形式

$$
\begin{bmatrix} x_d \\ y_d \\ 1 \end{bmatrix} = S \begin{bmatrix} 1 & 0 & -u_0 \\ 0 & 1 & -v_0 \\ 0 & 0 & 1 \end{bmatrix} \begin{bmatrix} u \\ v \\ 1 \end{bmatrix} \tag{6-8}
$$

其中，$(u_0，v_0)$ 为主点在图像坐标系中的位置。所谓主点是摄像机光轴与成像平面的交点在图像平面上对应的点。S 是放缩比例因子（尺度因子），它的物理意义为像素的大小（物理尺寸）。

综合上述推导，可以得到线性模型为

$$
Z_c S \begin{bmatrix} 1 & 0 & -u_0 \\ 0 & 1 & -v_0 \\ 0 & 0 & 1 \end{bmatrix} \begin{bmatrix} u \\ v \\ 1 \end{bmatrix} = \begin{bmatrix} f & 0 & 0 & 0 \\ 0 & f & 0 & 0 \\ 0 & 0 & 1 & 0 \end{bmatrix} \begin{bmatrix} X_c \\ Y_c \\ Z_c \\ 1 \end{bmatrix} = \begin{bmatrix} f & 0 & 0 & 0 \\ 0 & f & 0 & 0 \\ 0 & 0 & 1 & 0 \end{bmatrix} \begin{bmatrix} \boldsymbol{R} & \boldsymbol{t} \\ \boldsymbol{0}^{\mathrm{T}} & 1 \end{bmatrix} \begin{bmatrix} X_w \\ Y_w \\ Z_w \\ 1 \end{bmatrix} \tag{6-9}
$$

$$
Z_c \begin{bmatrix} u \\ v \\ 1 \end{bmatrix} = \frac{1}{S} \begin{bmatrix} 1 & 0 & u_0 \\ 0 & 1 & v_0 \\ 0 & 0 & 1 \end{bmatrix} \begin{bmatrix} f & 0 & 0 & 0 \\ 0 & f & 0 & 0 \\ 0 & 0 & 1 & 0 \end{bmatrix} \begin{bmatrix} \boldsymbol{R} & \boldsymbol{t} \\ \boldsymbol{0}^{\mathrm{T}} & 1 \end{bmatrix} \begin{bmatrix} X_w \\ Y_w \\ Z_w \\ 1 \end{bmatrix} = \boldsymbol{M} \begin{bmatrix} X_w \\ Y_w \\ Z_w \\ 1 \end{bmatrix} \tag{6-10}
$$

其中，$\boldsymbol{M}$ 是一个 3×4 的矩阵，称为投影矩阵。可将上式写成如下形式

$$
Z_c \begin{bmatrix} u \\ v \\ 1 \end{bmatrix} = \begin{bmatrix} m_{11} & m_{12} & m_{13} & m_{14} \\ m_{21} & m_{22} & m_{23} & m_{24} \\ m_{31} & m_{32} & m_{33} & m_{34} \end{bmatrix} \begin{bmatrix} X_w \\ Y_w \\ Z_w \\ 1 \end{bmatrix} \tag{6-11}
$$

由于从世界坐标系到计算机图像坐标系是一个三维到两维的映射，因此，$\boldsymbol{M}$ 是一个不可逆的矩阵，上式所示的关系中，由确定的 $(X_w，Y_w，Z_w)$ 可以唯一地确定 $(u，v)$ 和 Z_c，但反过来却不成立。确定的 $(u，v)$ 对应着无穷多组 $(X_w，Y_w，Z_w)$。但是，如果假设 $(X_w，Y_w，Z_w)$ 在一个固定的曲面上，该曲面的方程表示是对 $(X_w，Y_w，Z_w)$ 的一个额外的约束，在这种情况下，$(X_w，Y_w，Z_w)$ 就可以唯一确定。

（2）实际使用摄像机模型

通常情况下，如果能计算出耳板和定位销的世界坐标，在进行控制时，将可以得到具有明确物理意义的控制输入（耳板与定位销的中心位置偏差）。但实际上，由于定位销与耳板并不在同一个平面上运动，且它们之间各自所在平面的相对位置是时变的，所以并不能通过严格的摄像机标定来得到耳板和定位销的精确物理坐标。但是借助于上述摄像机标定方法仍然可以得到一个近似的耳板和定位销的世界坐标。

实际上，控制的目标是将耳板的中心与定位销的中心在水平面上保持重合，这个任务可以在计算机图像坐标系下完成，因为即使不知道定位销与耳板的世界坐标，当它们在计算机图像坐标系下重合时，在世界坐标系下也是重合的。但这里存在一个问题，即控制效果不能用具有物理意义的指标来描述。对于精度要求比较高的场合，如果不做标定，则需

要大量的实验进行测试。

虽然由于定位销和耳板的运动特点，不能对摄像机进行严格的标定，但是由于定位销与摄像机的相对位置在整个运动过程中保持不变，所以可以事先对摄像机在定位销所处的平面进行标定，以得到定位销的世界坐标，或者更准确地说是在摄像机坐标系下的坐标。耳板在摄像机坐标系中的坐标只能近似估计，原因在于耳板到摄像机的距离是不确定的，所以无法事先对摄像机进行标定。但是，定位销运动之前，会有一个垂直位置的对准过程，在这个过程中，摄像机被调整到一个固定的高度，这个高度取决于箭体上标记的位置，而这个位置由一个安装在机械臂顶部的摄像机来检测。虽然这个标记的世界坐标无法计算，但每次对准时定位销的高度值是基本一致的（让该标记位于计算机图像坐标系的中央），所以，也可以近似认为此时摄像机与耳板的相对位置每次都是一样的，从而可以在耳板所在平面上对摄像机进行标定得到耳板的世界坐标（准确地说是摄像机坐标系下的坐标）。实际上，可以利用计算机图像坐标作为控制输入，而根据标定结果计算的世界坐标只是用于估算控制精度，作为评价控制效果的指标。成像原理如图 6-5 所示。

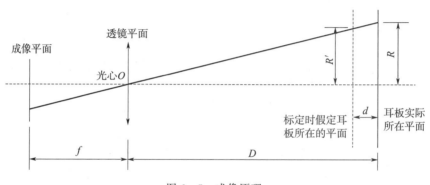

图 6-5　成像原理

定位销与摄像机的相对位置固定，所以可以预先对摄像机进行标定，以获取定位销的世界坐标。对于耳板，在定位销的高度调整结束以后，耳板相对于摄像头的位置（光心到耳板平面的垂直距离）基本固定，可以根据摄像机和耳板安装的位置来获取耳板平面在摄像机坐标系下的坐标。考虑到定位销高度调整造成的误差，可以估算由于耳板实际所在平面与标定平面不重合引起的偏差，这个误差为

$$\Delta R = R - R' = \frac{d}{D} R \qquad (6-12)$$

d 的取值取决于垂直定位的精度，这个定位完全是在计算机图像坐标系下完成的，它的精度最终取决于图像的分辨率和垂直定位摄像机的安装精度。其中，安装精度是主要的影响因素。d 的值必须小于箭体上下耳板与定位销之间的余量，即 $d < 30$ mm。

取 $D = 600$ mm，这时 $\Delta R < R/30$。当采用单摄像机方案时 $R \approx 300$ mm，所以，$\max\Delta R < 10$mm。实际情况中，定位销的直径 $D_0 = 18$ mm，耳板的内径 $d = 25$ mm，有 7 mm 的余量。由于标定产生的误差与控制允许的余量仍然是同一数量级，所以，虽然标定后的结果不能作为控制输入，但是可以作为评价控制效果的参考。

6.2.3　定位相机标定

（1）理想线性模型下的标定

在对中定位系统中，虽然从摄像机世界坐标系到计算机图像坐标系的映射是一个不可逆的过程，但是如果假定需要进行映射的只是三维世界坐标系中的一个平面，则这个过程就是可逆的，即为一个线性映射。考虑图像坐标系平面与塔架平台地平面之间的变换关系，可在地平面上建立世界坐标系，变换为

$$
\begin{bmatrix} X_w \\ Y_w \\ 1 \end{bmatrix} = Z_c \begin{bmatrix} m_{11} & m_{12} & m_{14} \\ m_{21} & m_{22} & m_{24} \\ m_{31} & m_{32} & m_{34} \end{bmatrix}^{-1} \begin{bmatrix} u \\ v \\ 1 \end{bmatrix} = \frac{1}{\beta} \begin{bmatrix} n_1 & n_2 & n_3 \\ n_4 & n_5 & n_6 \\ n_7 & n_8 & 1 \end{bmatrix} \begin{bmatrix} u \\ v \\ 1 \end{bmatrix} \tag{6-13}
$$

式中，$n_i(i=1, 2, \cdots, 8)$ 是 8 个待标定的参数。将上述矩阵形式写成方程组形式

$$
\begin{cases} \beta X_w = n_1 \cdot u + n_2 \cdot v + n_3 \\ \beta Y_w = n_4 \cdot u + n_5 \cdot v + n_6 \\ \beta = n_7 \cdot u + n_8 \cdot v + 1 \end{cases} \tag{6-14}
$$

消去 β 有

$$
\begin{cases} u \cdot n_1 + v \cdot n_2 + n_3 - u \cdot X_w \cdot n_7 - v \cdot X_w \cdot n_8 = X_w \\ u \cdot n_4 + v \cdot n_5 + n_6 - u \cdot Y_w \cdot n_7 - v \cdot Y_w \cdot n_8 = Y_w \end{cases} \tag{6-15}
$$

如果知道了地平面上的 N 个标定点的坐标 $(X_{wi}, Y_{wi})(i=1, 2, \cdots, N)$ 和对应的图像坐标 $(u_i, v_i)(i=1, 2, \cdots, N)$，就可构成关于 $n_i(i=1, 2, \cdots, 8)$ 的 $2 \times N$ 个线性方程，如下

$$
\begin{bmatrix} u_1 & v_1 & 1 & 0 & 0 & 0 & -u_1 \cdot X_{w1} & -v_1 \cdot X_{w1} \\ 0 & 0 & 0 & u_1 & v_1 & 1 & -u_1 \cdot Y_{w1} & -v_1 \cdot Y_{w1} \\ \cdots & \cdots & \cdots & \cdots & \cdots & \cdots & \cdots & \cdots \\ u_N & v_N & 1 & 0 & 0 & 0 & -u_N \cdot X_{wN} & -v_N \cdot X_{wN} \\ 0 & 0 & 0 & u_N & v_N & 1 & -u_N \cdot Y_{wN} & -v_N \cdot Y_{wN} \end{bmatrix} \begin{bmatrix} n_1 \\ n_2 \\ n_3 \\ n_4 \\ n_5 \\ n_6 \\ n_7 \\ n_8 \end{bmatrix} = \begin{bmatrix} X_{w1} \\ Y_{w1} \\ \cdots \\ X_{wN} \\ Y_{wN} \end{bmatrix} \tag{6-16}
$$

上式简记成 $W \cdot n = B$，理论上只需要 4 对标定点（8 个线性方程）就可完全确定参数 $n_i(i=1, 2, \cdots, 8)$。为了提高标定的准确度，可选取远多于 4 对标定点，再以最小二乘法求解方程组

$$
n = (W^T W)^{-1} W^T B \tag{6-17}
$$

这时，计算机图像坐标系上点的世界坐标可以计算如下

$$
\begin{cases} X_w = \dfrac{n_1 \cdot u + n_2 \cdot v + n_3}{n_7 \cdot u + n_8 \cdot v + 1} \\ Y_w = \dfrac{n_4 \cdot u + n_5 \cdot v + n_6}{n_7 \cdot u + n_8 \cdot v + 1} \end{cases} \tag{6-18}
$$

（2）镜头畸变校正

对于精度要求较高的场合或摄像机镜头畸变较大时，在进行坐标系转换时不能将理想的成像平面坐标等同于实际的成像平面坐标，需要考虑镜头的畸变。摄像机畸变包括径向畸变（radial），离心畸变（decentering）和薄棱镜畸变（thin prism）。研究和实验表明，在多数应用场合下，仅考虑径向畸变就可满足要求。在实际标定时，通常采用如下标定模型

$$\begin{cases} u - u_0 = (u_d - u_0) + (u_d - u_0)(k_1 \cdot r^2 + k_2 \cdot r^4 + \cdots) \\ v - v_0 = (v_d - v_0) + (v_d - v_0)(k_1 \cdot r^2 + k_2 \cdot r^4 + \cdots) \end{cases} \quad (6-19)$$

或者写成

$$\begin{cases} u = u_d + (u_d - u_0)(k_1 \cdot r^2 + k_2 \cdot r^4 + \cdots) \triangleq f_u(u_d, u_0, k_1, k_2, \cdots) \\ v = v_d + (v_d - v_0)(k_1 \cdot r^2 + k_2 \cdot r^4 + \cdots) \triangleq f_v(v_d, v_0, k_1, k_2, \cdots) \end{cases} \quad (6-20)$$

式中，$r = \sqrt{(u_d - u_0)^2 + (v_d - v_0)^2}$，$(u, v)$ 是理想的图像坐标，(u_d, v_d) 是带畸变的图像坐标（也是实际所能观测到图像坐标），(u_0, v_0) 是摄像机主点对应的图像坐标。在实际标定中，通常只考虑 k_1 和 k_2，而忽略 k_2 之后的畸变项。

这样，式（6-18）相应变为

$$\begin{cases} \overline{X}_{wi}(k) = \dfrac{n_1(k) \cdot f_{ui}(k) + n_2(k) \cdot f_{vi}(k) + n_3(k)}{n_7 k \cdot f_{ui}(k) + n_8(k) \cdot f_{vi}(k) + 1} \\ \overline{Y}_{wi}(k) = \dfrac{n_4(k) \cdot f_{ui}(k) + n_5(k) \cdot f_{vi}(k) + n_6(k)}{n_7(k) \cdot f_{ui}(k) + n_8(k) \cdot f_{vi}(k) + 1} \end{cases} \quad (6-21)$$

式中 $i = 1, 2, \cdots, N$，$k = (k_1, k_2)$，且 $n(k) = [n_1(k), \cdots, n_8(k)]$ 的计算方法与不考虑镜头畸变的算法相同。

$k = (k_1, k_2)$ 可以采用最优化方法得到，构造如下指标函数

$$J(k) = \sum_{i=1}^{N} \left[(\overline{X}_{wi}(k) - X_{wi})^2 + (\overline{Y}_{wi}(k) - Y_{wi})^2 \right] \quad (6-22)$$

这是一个正定的关于畸变参数 k 的函数，k_0 是使 $J(k)$ 取全局最小值（理论上为零）的最优点。采用一定的最优化算法搜索到这个最优点 k_0，就得到了真实的畸变参数。因为只需要对较少的畸变参数构成的优化变量进行最优化求解（大多数实际应用中只用到 k_1、k_2，甚至只用到 k_1），这就大大降低了优化搜索的维度和复杂度，也更易于保证求解的收敛性。具体的最优化算法，这里不再详述。解出 k_1 和 k_2 以后，可以计算经过畸变校正的世界坐标。

6.2.4　定位控制规划

XOY 平面的运动规划是通过控制 OX 和 OY 两个方向电机的输出，使耳板与定位销的几何中心重合。在本系统中，定位销与摄像机的相对位置始终保持一致，所以在初始化检测以后，并不需要时刻检测定位销的位置，只需要以较低的频率进行校正即可。在定位销接近耳板时，定位销相对于耳板的位移可以通过编码器的反馈得到，这样在第一次检测到耳板以后，可以通过估计耳板相对于定位销的运动来估计下一时刻耳板可能出现的位置，

从而提高检测的可靠性。同时，通过估计耳板可能出现的位置也可以缩小图像处理的区域，提高算法的效率。

由于定位销的运动主要是平移，而且平移量可以直接通过编码器测量，所以，XOY 平面的定位可以使用线性卡尔曼滤波算法，对耳板的位置进行跟踪。

编码器测量的平移量只能映射到世界坐标系下，因此如果要对耳板的相对运动进行跟踪，必须对摄像机进行标定，然后将耳板中心位置映射到世界坐标系（摄像机坐标系）。假定在 t 时刻，耳板中心在摄像机坐标系下的坐标为 $\boldsymbol{x}_t = (x_t,\ y_t)^\mathrm{T}$，从 t 时刻到 $t+1$ 时刻耳板中心坐标的平移量可以通过编码器估算，为 $\boldsymbol{u}_t = (\Delta x_t,\ \Delta y_t)^\mathrm{T}$，则 $t+1$ 时刻的耳板中心坐标可以估计为

$$\boldsymbol{x}_{i+1} = \boldsymbol{A}\boldsymbol{x}_i + \boldsymbol{B}\boldsymbol{u}_i + \boldsymbol{w}_i \qquad (6-23)$$

$$\boldsymbol{z}_{i+1} = \boldsymbol{H}\boldsymbol{x}_{i+1} + \boldsymbol{H}\boldsymbol{v}_{i+1} \qquad (6-24)$$

式中，向量 $\boldsymbol{w}$、$\boldsymbol{v}$ 为高斯白噪声。

在 $t+1$ 时刻，根据编码器值，对耳板中心坐标进行预测

$$\hat{\boldsymbol{x}}_{i+1}^- = \boldsymbol{A}\hat{\boldsymbol{x}}_i + \boldsymbol{B}\boldsymbol{u}_i \qquad (6-25)$$

$$\boldsymbol{P}_{i+1}^- = \boldsymbol{A}\boldsymbol{P}_i\boldsymbol{A}^\mathrm{T} + \boldsymbol{Q} \qquad (6-26)$$

这样，在 $t+1$ 时刻，可以在 x_{t+1} 的邻域，使用视觉方法检测耳板中心，并对其进行修正，即

$$\boldsymbol{K}_{i+1} = \boldsymbol{P}_{i+1}^-\boldsymbol{H}^\mathrm{T}(\boldsymbol{H}\boldsymbol{P}_{i+1}^-\boldsymbol{H}^\mathrm{T} + \boldsymbol{R})^{-1} \qquad (6-27)$$

$$\hat{\boldsymbol{x}}_{i+1} = \hat{\boldsymbol{x}}_{i+1}^- + \boldsymbol{K}_{i+1}(\boldsymbol{z}_i - \boldsymbol{H}\hat{\boldsymbol{x}}_{i+1}^-) \qquad (6-28)$$

$$\boldsymbol{P}_{i+1} = (\boldsymbol{I} - \boldsymbol{K}_{i+1}\boldsymbol{H})\boldsymbol{P}_{i+1}^- \qquad (6-29)$$

运动规划模块根据图像处理模块得到的偏差值计算每个电机轴需要旋转的角度，采用了位置 PID 控制。如在进行竖直方向的调节时，使用如下的控制输出，由于十字标记可以提供水平方向的位置信息，所以有两个控制输出

$$u_{vlr} = P_{lr}(vx - vx_{\text{target}}) \qquad (6-30)$$

$$u_{vtb} = P_{tb}(vy - vy_{\text{target}}) \qquad (6-31)$$

其中，u_{vlr} 和 u_{vtb} 分别为水平和竖直控制输出（电机转角），$(vx,\ vy)$ 为当前检测到的十字标记角点位置，$(vx_{\text{target}},\ vy_{\text{target}})$ 为十字标记角点的目标位置。P_{lr} 与 P_{tb} 分别为对应的 PID 参数。水平方向进行定位销与耳板对准时规划算法与此类似。

6.3　加注环境下机器视觉对中定位抗干扰技术

6.3.1　加注环境下的视觉对中干扰因素及其影响

火箭加注对接现场通常处于密闭的塔架环境中，加注对接时间在一天 24 h 内皆有可能。白天光照较强时，无需灯光照射，阳光也受到遮挡，此时机器人视觉系统受干扰影响较小。当夜晚室内需要灯光照明或完全暴露在室外对接时，机器人双目视觉系统易受到以下因素干扰：

1）交流照明环境下的 50 Hz 光照变化影响。机器人定位检测过程中，视觉系统实时采集的图像会忽明忽暗。采样频率与照明灯光的交流频率成倍数关系或接近时，影响较明显。

2）室外对接时极易受太阳强光干扰影响，不同时段会出现反光干扰或强光直接照射饱和等问题。

3）机器人运动过程中，机械臂晃动对视频采集图像产生一定的干扰影响，出现前后帧图像不一致、目标不稳定等问题。

6.3.2 基于高位深数字图像处理的抗干扰技术

采用彩色图像区分法，通过增加图像颜色数值位数来提高背景噪声抵制能力。系统启动以后，图像处理模块首先检测定位销的位置，定位销与耳板的检测算法类似，以耳板的检测为例，基本算法流程如图 6-6 所示。第一步为色彩分割，耳板底部被漆成黑色，其余部分为浅色系，这样，可以通过简单的强对比色彩分割对原始图像进行预处理，总共需要检测出两个定位销。色彩分割完成以后，进行中值滤波，以消除噪声干扰。然后进行边缘检测，最后根据边缘检测的结果进行参数估计。参数估计采用常用的 Hough 变换方法，参数估计可以在图像坐标系下进行，也可以投影到世界坐标系下进行。投影到世界坐标系下的好处是，耳板的尺寸是有物理意义的，可以根据耳板的实际尺寸设定合理的参数空间，提高算法效率。但由于定位销与耳板的运动特点（相对运动不保持在同一平面），无法使用单目摄像机精确计算世界坐标系下的相对运动。几何中心的估计除了利用 Hough 变换外，也可以在计算机图像坐标系下通过直接计算具有一定大小的连通区域的几何中心得到，但这种方法不能保证精度。

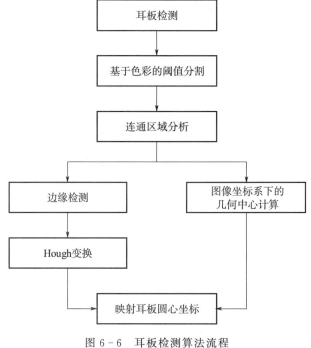

图 6-6 耳板检测算法流程

（1）图像计算步骤

1）色彩分割。定位销截面被漆成红色，如图 6 - 7 所示。定位孔被漆成蓝色，如图 6 - 8 所示。根据这个信息首先对原始图像进行色彩分割，得到一幅二值图像。最简单的分割方法是基于 HSV 色彩空间的像素分类，即首先将原始的 RGB 图像转化到 HSV 色彩空间中，然后根据手工选取的定位销截面区域的 H 和 S 分量的值，将图像中所有像素进行分类（即是否为红色）。为了提高算法的鲁棒性，这里我们进一步对像素进行了多特征和多尺度下的分析，并使用基于支持向量机的方法进行分类。当前算法中使用如图 6 - 9 所示的 9 个 Laws' mask 算子分别对 H 和 S 两个色彩通道进行处理，得到 18 幅特征图像。降低原图像的分辨率到原来的 1/9，对降低分辨率后的图像上再使用上述相同的算法进行处理，同样得到 18 幅图像。这样结合滤波前后 H 和 S 两个通道的特征，每个像素就对应一个 36 维的向量。

图 6 - 7　红色定位对接销（见彩插）

图 6 - 8　蓝色定位孔（见彩插）

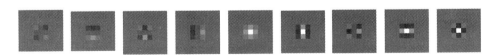
图 6 - 9　像素分类算子

然后用基于机器学习的方法对这个向量进行分类，判断该像素是否属于定位销截面区域。与基于色彩分割的方法相比，该方法除了利用色彩信息外，还考虑了像素的纹理特征。实验表明，在同样的实验条件下，该方法可以将像素分类正确率由 70% 左右提高到 95% 左右。

2）连通区域检测。对经过像素分类生成的二值图像进行连通区域检测，然后对检测出的连通区域进行大小、形状、长宽比判断，将几何形状符合要求的区域确定为候选目标区域。在候选目标区域中使用 Hough 变换估计圆参数，得到定位销截面的圆心位置。

3）当摄像机靠近耳板时，耳板进入摄像机的视野，这时，计算定位销与耳板的几何中心偏差。蓝色十字和黄色十字分别表示耳板中心和定位销中心。将这两个中心坐标的差值作为运动规划模块的输入，控制定位销的几何中心与耳板中心重合。

（2）算法精度和效率

图像处理模块在 XOY 平面的定位精度将直接影响加泄平台的定位效果，所以需要对 XOY 平面的定位精度进行理论和实验分析。由于在 XOY 平面定位过程中，摄像机始终运行在同一个平面上，即摄像机的 Z 坐标不发生变化，所以，可以根据摄像机的成像原理对 XOY 平面的定位精度进行理论上的估计，如式（6-32）所示。

$$\Delta X = L \times \frac{\Delta_{pixel}}{f\alpha} \tag{6-32}$$

式中，$f\alpha=980\sim1\,000$，是摄像机内参数相关的变量，与具体的相机配置有关，其中 f 是相机焦距，α 的物理意义是与成像 CCD 物理尺寸相关的量，对同一个相机它是一个常数。$L=1\,000\ \text{mm}$，是相机光心到待检测平面的距离。Δ_{pixel} 是图像坐标系下由图像处理算法造成的误差（单位：像素），ΔX 是将该像素误差投影到世界坐标系下的实际误差（单位：mm）。根据实验结果，在 320×240 这样的图像分辨率下，图像处理算法造成的误差在 5个像素以内，即 $\Delta_{pixel}\leqslant5$，从而 $\Delta X \leqslant 5\ \text{mm}$。图 6-10 展示了一次完整定位过程中 XOY 平面的定位结果，可以看到，实际的定位精度可以控制在 2 mm 以内。

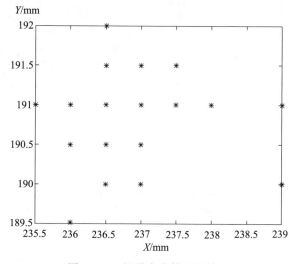

图 6-10　视觉定位算法的精度

图 6-11 显示了视觉定位算法的效率，在 CPU 主频 1.6 GHz，内存 1 GB 的双核计算机上，可以达到约 30 fps 的处理速度。

6.3.3　基于高位深数字图像处理与对中控制同步技术

火箭自动对接控制系统采用上、下位机结构，其系统框图如图 6-12 所示。

控制系统通过 IPC 分析摄像头的视频信号，规划运动轨迹发送至 PLC，由 PLC 分发到各伺服电机驱动器后，驱动系统工作。同时 PLC 分析传感器的反馈信息，实时对运动轨迹进行跟踪矫正。

系统控制流程图如图 6-13 所示。整个系统的控制任务由上下位机分工完成。其中上

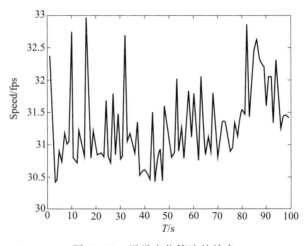

图 6-11　视觉定位算法的效率

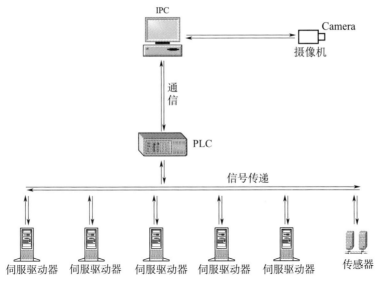

图 6-12　火箭自动对接控制系统框图

位机为工控机，负责图像采集以及基于计算机视觉的定位销和耳板的相对位置检测。下位机为 PLC，负责具体动作的执行。

　　由于控制目标通过图像坐标描述，必须对定位销与耳板的世界坐标做出估算，以确保控制效果满足基本精度要求。例如，定位销底部的直径为 D，耳板的内径为 d，则总共有 $\Delta d = D - d$ 的余量，所以在对定位销进行运动控制时，必须计算出世界坐标系下的 Δd 投影到图像坐标系下所等价的像素度量。这个关系是选取摄像机分辨率的依据。由于在这个应用中，摄像机光轴垂直于耳板平面，所以世界坐标系下的长度与成像平面坐标系下长度的关系如下

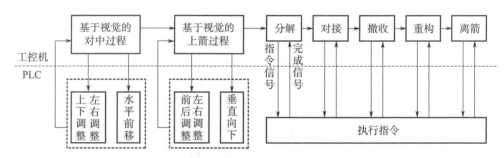

图 6 - 13　系统控制流程图

$$\Delta d_i = \frac{f}{H_2} \Delta d_w \tag{6-33}$$

式中，f 为摄像机焦距，H_2 为摄像机光心到耳板的距离。Δd_i 和 Δd_w 分别为成像平面坐标系及世界坐标系下的长度。成像平面坐标系下的坐标仍然不是控制输入，这个坐标系的坐标仍然需要进行相应的尺度变换和平移才能得到最终计算机图像坐标系下的坐标。

安装时，水平定位可以采用单摄像机方案和双摄像机方案。采用双摄像机方案时，在每个定位销下面安装一个摄像机，这时每个定位销均会位于图像中心，但每个控制周期需要采集和处理两幅图像。采用双摄像机方案时，安装位置有如下要求

$$H_2 > \frac{D}{2\tan(\theta/2)} \tag{6-34}$$

采用单摄像机方案时，摄像机安装于两个定位销之间，此时上式变为

$$H_2 > \frac{L+D}{2\tan(\theta/2)} \tag{6-35}$$

式中，L 为两耳板（定位销）中心的距离。

通常 $\theta \approx 50°$，$L \approx 500$ mm，$D \approx 50$ mm，可以得到 $H_2 \approx 590$ mm。

定位销与摄像机的位置固定，在定位销插进耳板中之前，定位销在图像中的位置保持不变。当耳板进入摄像机视野后，控制目标变为将耳板的中心与定位销的中心相重合，控制输入为定位销和耳板的中心在图像坐标系下的差值 Δu 和 Δv。控制的效果将取决于以下因素：

1）电机的反应速度。

2）摄像机的分辨率和采集速度。

3）耳板的振动频率（火箭体的固有频率）。

假定摄像机每隔 ΔT 采集一帧，则耳板在这段时间内移动的距离大约为 $\Delta s = H\omega\Delta T$，其中 H 为耳板的高度，ω 为火箭振动平均角速度。这个移动可以近似认为是耳板的平移。它在图像坐标系下造成的位移大约为：$\Delta S = f\Delta s/H_2 = H\omega\Delta T f/H_2$。

当摄像机视野出现耳板时，结合其他传感器信息，得到定位销距离耳板的大致位置，此时需要降低定位销的前进速度。

6.4　基于聚类搜索的激光扫描对准技术

　　机器人加注对接自适应调整技术，主要是解决非结构环境下准确瞄准对中控制、不同亮度背景下机器视觉自适应调整这两个关键问题，以实现高可靠的对接标志自动识别和准确、灵活的对接控制。

　　四氧化二氮等推进剂泄漏时会产生大量黄烟，这会严重影响基于视觉图像的瞄准再对接问题，研究人员提出并研制了基于聚类搜索的激光扫描对准系统。近距离情况下，借助于激光的强穿透性、抗干扰性和高感应性，可有效降低烟雾或周边光照对视觉定位的影响。

　　激光扫描对准系统主要由激光雷达传感器测量模块、定位处理模块、监控模块和接口模块组成，实现纵向和横向位置及姿态对中。通过激光雷达测量定位基板信息，对扫描信息的聚类分组和线段识别，得到箭上信标的特征信息，经过数据反算处理，得出加泄连接器与火箭加注活门之间的相对位置、姿态偏差，并输出给控制系统，实现机器人携带的加泄连接器与火箭加注口对准，具体原理如图 6-14 所示。

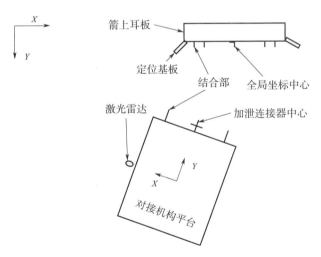

图 6-14　激光扫描对准原理图

6.4.1　基于聚类搜索的激光扫描对准系统结构设计

　　激光扫描对准系统用于自动对接与脱离机器人系统自主定位，为自动对接提供目标与反馈，最终完成箭架机构与箭体定位基板的水平与垂直定位。机械系统主要由激光视觉系统和定位基板组成。激光视觉系统的安装结构如图 6-15 所示。

　　激光视觉系统主要通过横向和纵向扫描激光雷达对目标进行二维面的扫描和测距，实现对箭架位姿的精确反馈，并在人机界面上进行位姿、图像、状态等信息的显示。图中水平检测的雷达安装在 SCARA 前端负载的顶部，可对水平面进行扫描和跟踪。纵向扫描雷达安装在箭架机构右侧面，获取纵向扫描测量信息。

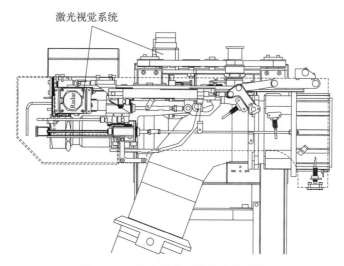

图 6 - 15　激光视觉系统的安装结构

　　定位基板主要由定位耳板、承重板和定位信标组成，能够以加注活门轴线为基准，提供耳板上定位信标与加注活门之间的位置精度，结构设计如图 6 - 16 所示。

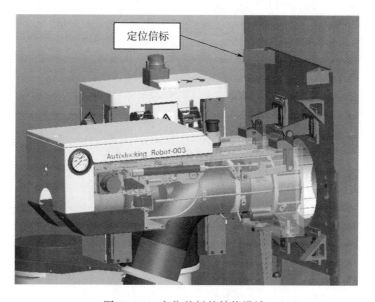

图 6 - 16　定位基板的结构设计

　　定位基板的功能指标要求如下：

　　1）活门定位功能：可获取连接器前端面轴线与火箭活门中轴线之间的位置与姿态偏移量。

　　2）测距功能：可精确测量上箭系统前端面与箭体之间的距离。

　　3）可靠性需求：适应背景光线变化，可克服烟雾影响。

　　定位基板的性能指标要求如下：

1）定位精度：＜1 mm。

2）视频帧率：＞25 fps。

激光雷达定位系统用于加注系统自动对准，为自动对接提供目标与反馈，最终完成箭架机构与固定耳板的水平和垂直定位。系统主要由激光雷达传感模块、中央处理模块和接口模块组成，如图 6-17 所示。

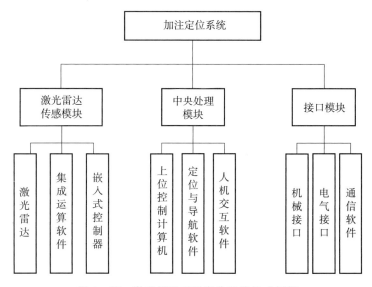

图 6-17　激光雷达对准定位系统构成框架

激光扫描加注自主定位系统的各模块协调工作，实现箭架机构检测、定位估算、联网通信、监控与人机交互、现场环境适应等功能，各模块的主要功能如下：

1）激光雷达传感模块。基于嵌入式控制器通过集成运算软件对来自激光雷达的原始数据进行实时处理，将激光雷达采集的大量原始数据转换为箭架机构的位姿信息。

2）中央处理模块。在上位控制计算机 IPC 上运行导航软件，将来自于左、右两个智能传感模块通道的信息进行融合处理，实现对箭架位姿的精确估算，并通过人机交互软件将位姿、图像、状态等各类信息集成显示在监控界面上。

3）接口模块。通过机械接口、电气接口和通信软件完成加注机构定位系统与其他系统的机、电通道的连接。

系统工作原理如图 6-18 所示。具体工作流程如下：

1）箭架机构的上端激光雷达与对接耳板，通过创建全局地图的方式，基于激光雷达的嵌入式智能传感模块，利用激光雷达与参照系统的相对位置，计算箭架机构在坐标系中所处的位置以及姿态。

2）基于激光雷达的智能传感模块独立获得的箭架机构位置、姿态信息通过以太网通信传输给控制计算机，启动控制计算机内的自主导航定位软件，采用卡尔曼滤波算法，对获得位置、姿态信息进行高精度运算与处理，实现精确定位估算。

3）处理后的结果通过总线通信实时传输给下位控制系统，PLC 控制驱动电机、气阀等驱动元件，进行位置姿态调整，使 SCARA 机械臂实现相应转动与位移，通过不断的位姿检测、反馈与修正，使箭架机构逐渐与箭体耳板精确对准。

4）来自智能传感模块的位姿信息通过以太网通信传输给上位计算机 IPC，经过人机交互软件的融合，位姿数据信息在显示器上显示，对箭架机构的位姿信息进行监视。

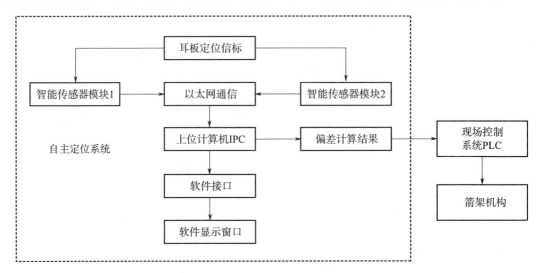

图 6-18　自主定位系统工作原理图

定位系统主要由基于激光雷达的嵌入式智能传感模块、中央处理模块、辅助作业模块和接口模块组成。各模块之间的逻辑关系如图 6-19 所示。

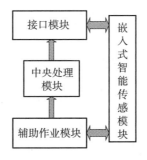

图 6-19　对接系统各模块之间的逻辑关系图

6.4.2　激光雷达扫描图像处理算法设计

根据对信标的检测、特征提取和匹配，对箭架机构在全局坐标系中的位置和方向角进行实时估计，目的是使箭架机构相对于火箭活门的横向位置偏差和方向角偏差估计的误差值较小，便于箭架机构控制器进行自动导航。如图 6-20 所示，在获得线段特征的基础上，根据扩展卡尔曼滤波器，将每次递推过程分为运动预测和位姿修正两步，对箭架机构机械臂的位姿进行估计，并将估计值传送到下位控制器。

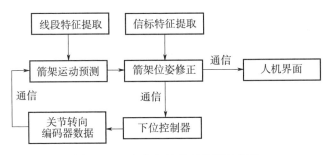

图 6 - 20　定位与导航系统原理框架

加注定位软件系统程序基于 VC++ 的 MFC 框架,采用单文档界面,主程序由主框架类、文档类和视图类组成。主框架用于响应用户操作,并定时获取传感器数据,调用文档类中定位算法的计算函数。文档类用于存储当前传感器数据。视图类用于显示定位结果。为了实时获取激光雷达数据,防止主线程因忙碌导致数据接收堵塞,破坏数据接收时序,为激光雷达开启了专用数据接收线程,并具有最高优先级。定位算法是定位系统的核心,它在进行 EKF 计算过程中,需要调用数据处理类和矩阵操作类的函数。

（1）数据聚类分组

激光雷达扫描获得的图像主要通过聚类分组和线段识别两种手段结合来进行处理。激光雷达每一帧数据测量点包含的信息除信标外还包括环境内其他物体。在雷达的扫描距离图像内,同一物体上的测量点距离值变化比较小且角度相邻,根据这一特点可以将每帧的数据分割为若干组独立的点集数据,这就是聚类分组的过程。

在激光雷达中心坐标系内,每个测量点的坐标可以表示为 $(D_i\cos\theta_i, D_i\sin\theta_i)$。若相邻两测量点间距 Hd_i 小于某一阈值 TH_i,相邻两点间的角度差为固定值（扫描分辨率 α）,同一物体上两点间距随着测量距离成正比,与激光雷达的扫描分辨率成反比,因此,间距阈值 TH_i 可取值为

$$TH_i = C_0 + \sqrt{2(1-\cos\alpha)} D_i \qquad (6-36)$$

式中,C_0 为调整参数。

聚类阈值选择关系到数据分组结果的正确性。若过大则可能造成位置相近的不同物体被聚类为同一数据分组,若过小则可能造成同一物体由于不够平整或距离过远而被分割为几个不同的数据组。

（2）线段识别

在数据聚类得到的分组基础上,对测量数据进行近似处理分离出环境信息中的各线段特征,线段识别过程主要包括递归断点搜寻和基于正交回归的线段拟合两步。

①递归断点搜寻

数据聚类仅以相邻点的距离阈值为标准进行分组,主要实现不同物体测量点的分离,因此通过判别各数据组内断点对数据组进行进一步细分,以分离出具有直线特征的测量数据点集,过程如图 6-21 所示。

断点判别的原则是经每个数据组的起始点和终止点形成一条线段,若该数据组内某一

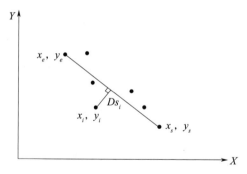

图 6-21　数据聚类算法示意图

点到该线段的距离超出线段拟合阈值 TH_2 即为断点，分别在该点与起始、终止点之间迭代计算该过程。具体处理方法如下：

1）对已经过聚类的第 k 个数据组，可以确定经过起始 (x_s, y_s) 和终止点 (x_e, y_e) 的直线 L_0，那么该数据组内第 i 个测量点 (x_i, y_i) 到 L_0 的距离 DS_i 根据几何关系有

$$DS_i = \frac{|A(x_i - x_s) + B(y_i - y_s)|}{\sqrt{A^2 + B^2}} \qquad (6-37)$$

式中，$A = x_e - x_s$，$B = y_e - y_s$。

2）设定线段拟合阈值 TH_2，若 $DS_i \leqslant TH_2$ 则当前点不是断点，算法转到步骤 1）进行第 $i+1$ 点计算。若 $DS_i \geqslant TH_2$ 则该点即为新找到的断点。

3）分别在新断点与起始点 (x_s, y_s) 和终止点 (x_e, y_e) 之间迭代寻找新断点并记录断点信息，最终形成 N 个细化的数据分组 $\text{Seg}_n (n = 1, 2, \cdots, N)$。

②正交回归线段拟合

线段拟合在完成断点搜寻的基础上实现。基于正交回归的直线拟合是经常采用的一种拟合方法，相对最小二乘拟合等方式具有更好的算法稳定性和拟合精度。正交回归拟合的基本思想是使函数 $St = \sum\limits_{i=1}^{n_T} DL_i^2$ 的取值最小，式中 n_T 为数据组 Seg_n 内的测量点个数，DL_i 为测量点 (x_i, y_i) 到目标线段 L_i 的几何距离。目标线段的斜率可以设为 $\tan q$，且经过数据组 Seg_n 的中心点 (X, Y)

$$X = \sum\limits_{i=1}^{n_T} \frac{x_i}{n_T}, Y = \sum\limits_{i=1}^{n_T} \frac{y_i}{n_T} \qquad (6-38)$$

由此可以得到直线 L_i 的方程，那么 (x_i, y_i) 到 L_i 的距离则有

$$DL_i = |(x_i - X)\sin q + (Y - y_i)\cos q| \qquad (6-39)$$

基于正交回归拟合的目标线段斜率 $\tan q$ 应当使 $\dfrac{\mathrm{d}St}{\mathrm{d}q} = 0$，即

$$\sum\limits_{i=1}^{n_T}[(x_i - X)^2 - (y_i - Y)^2]\tan q - \sum\limits_{i=1}^{n_T}(x_i - X)(Y - y_i)\tan^2 q - \sum\limits_{i=1}^{n_T}(x_i - X)(Y - y_i) = 0$$

$$(6-40)$$

求解可得

$$\tan q = \frac{-V \pm \sqrt{V^2 + 4}}{2} \tag{6-41}$$

$$V = \frac{\sum_{i=1}^{n_T} \left[(x_i - X)^2 - (y_i - Y)^2 \right]}{\sum_{i=1}^{n_T} (x_i - X)(y_i - Y)} \tag{6-42}$$

这里得到的两个 $\tan q$ 值，分别代表 St 取值为极大值和极小值的情况，将计算结果代入 St 验证选择正确的 $\tan q$。经过上述处理过程后，可以获得扫描场内的所有类似线段特征在激光雷达视角坐标系中的位置。

6.5　加注环境下激光雷达对中定位抗干扰技术

6.5.1　基于卡尔曼滤波的激光雷达定位抗干扰方法

激光雷达扫描定位抗噪方法采用位姿估算卡尔曼滤波算法，如图 6-22 所示。状态估计是从已知的系统过程及观测数据中，提取出系统某一时刻的状态向量 X。系统状态 X 是进行系统控制、分析和信息输出的基础。而由于随机干扰的存在，通常需要根据已知信息对系统状态做出估计 $\hat{X}$，使之在一定的估计准则下最接近真实的 X 值，以提高导航控制的精确性。在加注定位系统内，位姿估计的实质就是定位系统尽可能消除来自环境特征识别和内部传感器信息中的噪声影响，获得最接近真实位姿的最优状态估计值 $\hat{X}^+$。

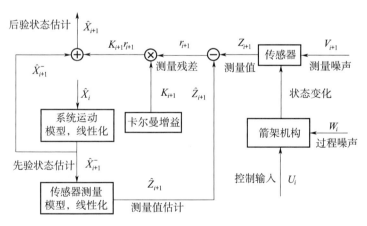

图 6-22　EKF 算法控制框图

对于一个实际的工程时间离散系统来说，在随机干扰作用下，系统过程的状态方程及观测方程可以表示为

$$\begin{cases} X_{k+1} = f_k(X_k, W_K) \\ Z_k = h_k(X_k, V_k) \end{cases} \tag{6-43}$$

式中，W_k 和 V_k 为过程噪声和观测噪声向量；f_k 为运动状态函数（非线性或线性），由系统的运动模型决定；h_k 为观测函数（非线性或线性），由系统的传感测量模型决定；X_k 为 n 维状态向量；Z_k 为 m 维系统观测向量。在已知噪声全部或部分统计特性的条件下，根据得到的观测序列 Z_0，Z_1，Z_2，$\cdots$，Z_k，按照一定的估计准则可以取得状态估计值 $\hat{X}_{j|k}$。按照估计目标 $\hat{X}_{j|k}$ 的不同，估计问题可以分为以下三类：

1）当 $j > k$ 时，称为状态的预测问题。

2）当 $j = k$ 时，称为滤波问题。

3）当 $j < k$ 时，称为平滑或内插问题。

加注定位系统的位姿估计属于工程实时控制系统，因此是最优滤波问题，即从被噪声污染的信息中提取出当前系统状态的最优估计 $\hat{X}_{k|k}$。滤波要根据对象系统状态和观测模型的不同而选用不同的方法，目前定位系统研究中的滤波估计方法有多种类型，其中最稳定最常用的一种就是卡尔曼滤波。

最初的线性滤波理论是维纳滤波，它给出了系统状态在最小方差意义上的最优估计。但是由于维纳滤波仅适用于平稳的随机过程，无法适应工程中大量出现的高维非平稳过程，同时求解复杂难以实现。在此背景下，数学家卡尔曼（Kalman）将基于状态空间的分析方法引入滤波理论研究，提出了时域上的最优递推滤波算法，即卡尔曼滤波。对于线性高斯系统的估计问题来说，卡尔曼滤波是最小方差准则下的最优解。与维纳滤波相比，它能够适用于非平稳的随机过程，而且可以递推求解，计算量小且易于实现，便于计算机实时处理，在工程实践中迅速得到了广泛的应用。

对于一个线性离散系统来说，由于状态函数 f_k 和观测函数 h_k 均为线性函数，因此系统状态转移及观测方程可以表示为

$$\begin{cases} X_{k+1} = \boldsymbol{A}_{k+1} X_k + \boldsymbol{B}_k U_k + W_k \\ Z_k = \boldsymbol{H}_k X_k + V_k \end{cases} \tag{6-44}$$

式中，$\boldsymbol{A}_k$ 和 $\boldsymbol{B}_k$ 为 $n \times n$ 矩阵，$\boldsymbol{H}_k$ 为 $m \times n$ 维矩阵，U_k 为控制输入量。同时，在卡尔曼滤波中对线性系统还有如下假设：一方面，系统噪声 W_k、V_k 均为高斯白噪声，且相互独立，在采样时间内 W_k、V_k 为常值并且其统计特性为已知

$$\begin{cases} E(W_k) = 0, E(V_k) = 0 \\ \mathrm{COV}(W_k, V_k) = 0 \\ \mathrm{COV}(W_k, W_k) = Q_k \\ \mathrm{COV}(V_k, V_k) = R_k \end{cases} \tag{6-45}$$

式中，Q_k 和 R_k 分别表示状态过程和观测噪声协方差。另一方面，系统的状态初值与 W_k、V_k 不相关，即

$$E(W_k, X_0) = 0, E(V_k, X_0) = 0 \tag{6-46}$$

在此条件下，就可实现线性高斯系统的卡尔曼滤波。标准的卡尔曼滤波主要包含以下两个过程：

（1）状态预测

状态预测是指在测量系统取得系统观测量之前，根据先验信息和基于时间更新的系统状态转移方程对状态做出预测估计

$$
\begin{cases}
\hat{X}^-_{k+1} = \boldsymbol{A}_{k+1}\hat{X}^+_k + \boldsymbol{B}_{k+1}U_{k+1} \\
\boldsymbol{P}^-_{k+1} = \boldsymbol{A}_{k+1}\boldsymbol{P}^+_k\boldsymbol{A}^{\mathrm{T}}_{k+1} + \boldsymbol{Q}_{k+1}
\end{cases}
\tag{6-47}
$$

式中，$\hat{X}^-_{k+1}$ 为先验状态估计，$\boldsymbol{P}^-_{k+1}$ 为先验状态估计误差协方差矩阵，初值 $\boldsymbol{P}_0$ 通常需要由算法给出，但不能取零，否则滤波算法无法收敛，控制量 U_{k+1} 一般由系统反馈得到。

（2）滤波更新

通过传感系统获得观测向量的测量值后，对预测的先验状态估计进行修正

$$
\begin{cases}
Kr_{k+1} = \boldsymbol{P}^-_{(k+1)}\boldsymbol{H}^{\mathrm{T}}_{k+1}(\boldsymbol{H}_{k+1}\boldsymbol{P}^-_{k+1}\boldsymbol{H}^{\mathrm{T}}_{k+1} + R_{k+1})^{-1} \\
Zr_{k+1} = Z_{k+1} - \boldsymbol{H}_{k+1}\hat{X}^-_{k+1} \\
\hat{X}^+_{k+1} = \hat{X}^-_{k+1} + Kr_{k+1}Zr_{k+1} \\
\boldsymbol{P}^+_{k+1} = (I - Kr_{k+1}\boldsymbol{H}_{k+1})\boldsymbol{P}^-_{k+1}
\end{cases}
\tag{6-48}
$$

式中，Kr_{k+1} 为对预测先验状态进行修正的卡尔曼增益，Zr_{k+1} 为系统的测量残差，它表示基于先验状态估计和观测模型得出的先验观测估计与传感系统的量测值之间的差值。$\boldsymbol{P}^+_{k+1}$ 为后验的估计误差协方差矩阵，它的更新将为下一时刻的状态预测提供计算依据，$\hat{X}^+_{k+1}$ 为最终得到的卡尔曼滤波后验状态估计。在线性最小方差准则下，$\hat{X}^+_{k+1}$ 就是系统状态的最优估计值。

实质上卡尔曼滤波是根据系统模型及其噪声干扰特性而做出的一种在预测值与观测值之间的加权折中。其效果主要受到系统噪声的协方差 Q_k 和 R_k 的影响，当 Q_k 增大时，由滤波公式可知此时的 Kr_{k+1} 相应增大，从而使基于观测数据的滤波修正作用加强。当 R_k 增大时，Kr_{k+1} 则随之减小从而降低观测噪声的影响。Q_k 和 R_k 的取值由系统自身的测量精度、数学模型精度等误差参数决定，在实际的工程系统中由于这些参数很难确定，因此通常需要结合实验数据进行调整。

加注自动对接系统中，上箭水平方向的对中定位全过程为：利用激光雷达检测识别到目标板，通过拟合出来的目标板形状计算出目标板在激光雷达坐标系中的位置，借此反推出加泄连接器在全局坐标系中的位姿。此时，利用机械臂编码器数据可以反推出机械臂的状态并且建立一个基座坐标系，在基座坐标系中计算加泄连接器位置与目标位置之间的偏差值，依据偏差值控制电机转动对机械臂位置做相应的调整。加泄连接器最终位姿小于一个阈值时，完成对中操作。

在实验平台上进行测试，分别针对加泄连接器角度偏差与横向偏差进行测量，考虑到现实环境中的箭体加注活门与加注自动对接机器人初始位置是随机的，箭体加注活门可能出现在加注自动对接机器人的箭架机构左方或者右方，初始的角度关系也是随机的，因此，在实验中分别针对箭体加注口初始位置位于加泄连接器左方和右方以及初始角度为正向和负向（在激光雷达坐标系中角度正向为逆时针方向，角度负向为顺时针方向）进行

实验。

　　不同初始状态下的对中定位角度偏差曲线图如图 6-23 所示，对中定位横向偏差曲线图如图 6-24 所示，对中定位纵向偏差曲线图如图 6-25 所示。

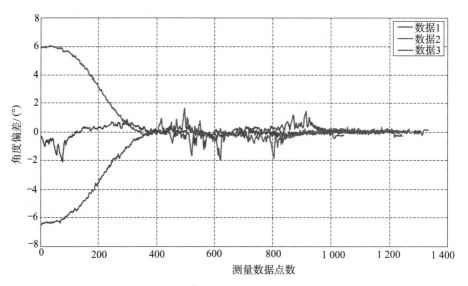

图 6-23　角度偏差曲线图（见彩插）

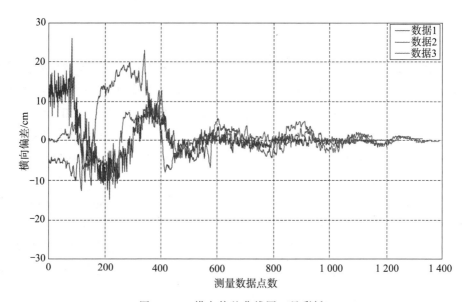

图 6-24　横向偏差曲线图（见彩插）

　　线段特征提取分聚类和线段拟合两步完成。

　　聚类即数据分割，目的是将一帧原始测量点的数据分成若干个点簇。首先求出相邻两点的几何距离，如果该距离在某一阈值内，则这两个相邻的点属于同一个组。线段拟合就是用线段对测量点进行拟合近似，包括寻找断点和求线段方程两步。上一步的聚类处理后，每个组有若干个比较集中的点，仅用一条直线拟合其误差较大，因此需要细化，细化的过程是递归寻找新的断点的过程，当新的断点找到后，在起始点、各个中间断点和结束点之间用多个线段拟合，并给出线段方程。

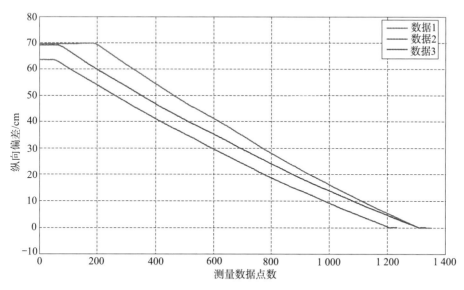

图 6 - 25　纵向偏差曲线图（见彩插）

从上面有关定位角度偏差、横向偏差和纵向偏差的曲线图可以看出，不同初始状态下的对接定位过程曲线都是向零位收敛的，整个收敛的过程趋于平稳。具体定位数据偏差统计如表 6 - 1 所示。

表 6 - 1　自动定位实验结果

试验	初始角度/(°)	初始横向/mm	初始纵向/mm	最终角度/(°)	最终横向/mm	最终纵向/mm
1	5.9	133	694	−0.2	5	2
2	−0.4	6	635	−0.2	−4	6
3	−6.6	−57	690	0.1	7	4

判断断点的过程如下：假定在某个组的第一个点和最后一个点之间形成一条直线，如果该组中的中间某个点到该直线的距离超过程序设定的阈值，则该点为断点，然后再分别在第一个点与该点，该点与最后一个点之间再细化断点的寻找，这是一个迭代的过程。线段特征提取程序流程如图 6 - 26 所示。

6.5.2　基于辅助标志的雷达定位抗干扰方法

为使激光雷达获得可靠的测量信息，在对接耳板处放置圆柱形标志物。标志物在激光雷达数据中对应为若干个距离变化较小、角度相邻的测量点，形成路标的圆弧形外表面轮廓。将测量数据分成若干个可能成为标志物的点集，提取路标中心位置，再与已知标志物地图进行数据关联。根据先验知识，标志物半径与路标到激光雷达测量中心的距离以及对

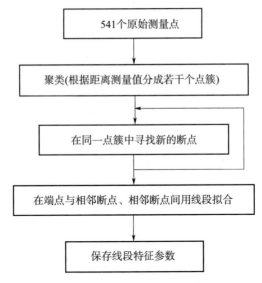

图 6 - 26　线段特征提取程序流程图

应的测量点数目存在比例关系，可以依此估计路标半径 a 的粗略值。圆柱形标志物中心的提取原理如图 6 - 27 所示。

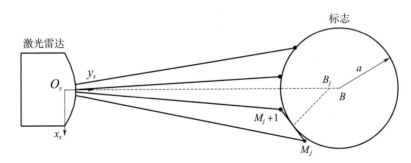

图 6 - 27　圆柱形标志物中心的提取原理图

标志物提取流程如图 6 - 28 所示。

确定标志中心位置后，将其到 n 个测量点的距离进行加权平均，获得路标半径 a 的精确估计值。将获得的标志物半径估计值与已知的人工标志物半径进行比较，在设定的阈值以内的，即可认为此标志物为可能的标志。当 $n=1$ 时，标志物中心 B 直接表示为 $(a + \rho_1，\theta_1)$。然后，需要将这些判定为可能的标志物，与实际环境中的人工标志物进行匹配，标志物匹配采用马氏距离（Mahalanobis distance）匹配法。

根据对标志物的检测、特征提取和匹配，对箭架机构在坐标系中的位置和方向角进行实时估计，目的是使箭架机构的横向位置偏差和方向角偏差估计具有较小的误差值，便于对接机械臂进行自主定位。如图 6 - 29 所示，在获得圆形标志物特征的基础上，根据扩展卡尔曼滤波器，将每次递推过程分为运动预测和位姿修正两步，对箭架机构的位姿进行估计，并将估计值传送到下位控制器。

分析圆柱信标时的检测结果，发现以圆柱为信标进行检测是通过检测圆柱圆弧边上的点来检测圆柱，然后通过圆弧边上的点反算出圆柱圆心位置，这种检测计算的方案具有误

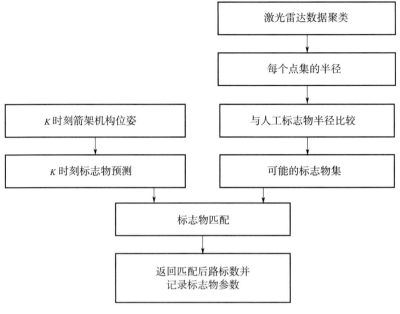

图 6 - 28　标志物提取流程图

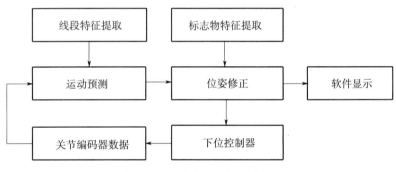

图 6 - 29　定位系统原理框架

差较大且误差的浮动也很大的缺点，不利于箭架机构位姿的估算。为了消除这种缺点，可使用三角形标志作为检测的信标，提高定位精度。

三角形信标如图 6 - 30 所示。三角信标在定位过程中充当引导的作用，不论是使用激光雷达进行粗定位还是使用单维激光测距传感器，三角形信标对定位的最终结果都具有决定意义。

（1）粗定位

使用激光雷达进行粗定位，如图 6 - 31 所示。

对于箭架机构顶端的激光雷达来说，它检测到的数据点反映了周围环境水平平面的信息，数据通信传输给中央处理模块，通过对这些数据点进行聚类、分组、直线拟合，将目标板以及目标板上面的三角信标的信息还原出来，依此确定目标板相对于箭架加注机构在水平方向上的位置，随后反算出箭架加注机构相对于目标板的水平方向位置，由于目标板

图 6 - 30　三角形信标

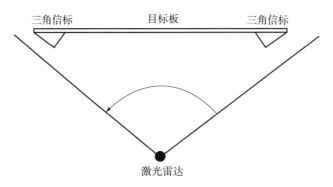

图 6 - 31　激光雷达粗定位示意图

相对于火箭加注活门的位置是已知的，因此就可以知道箭架加注机构相对于火箭活门在水平方向上的具体位置及姿态信息。同理，对于箭架机构侧端面的激光雷达来说，它检测到的数据点反映了周围环境竖直平面的信息，因此经过中央处理模块处理之后，就能够反映出箭架加注机构相对于火箭活门在竖直方向上的具体位置及姿态信息。由此，我们就可以确定整个箭架加注机构相对于火箭活门在三维空间中的位置及姿态信息。

利用三角信标作为检测标志控制箭架机构机械臂运动时，激光雷达粗定位的过程具体又可以分为两步，分别是水平定位和竖直定位。水平定位利用箭架机构顶端激光雷达，检测到三角信标之后发出指令，可以使机械臂到达指定位置。竖直定位利用箭架机构侧端的激光雷达，检测到三角信标后发送指令，电机上下移动，使加注机构到达指定位置。

激光雷达传感器本身的误差±30 mm，依靠算法的优化可以将定位误差缩小到一定范围（如 10 mm）内，但是依然难以保证精度小于 1 mm 的要求，因此需要采用精确定位步骤来确保最终的精度要求。

（2）精确定位

精确定位使用单维激光测距传感器进行精确定位，如图 6 - 32 所示。

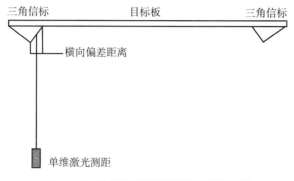

图 6 - 32　单维激光测距精确定位示意图

三角信标的三边长分别是 60 mm、80 mm 和 100 mm。激光雷达粗定位的目的是使得定位能够顺利进入精确定位的环节，因此在粗定位结束时，单维激光测距传感器射出的激光应该位于三角信标边长为 60 mm 的边上，亦即上图中横向偏差距离的范围之内。考虑到三角信标的三边长分别是 60 mm、80 mm 和 100 mm，因此该横向偏差距离为 36 mm，而激光雷达的误差为 ±30 mm，算法优化计算之后的定位误差值可以更小，所以粗定位达到的精度完全能够满足精确定位的需求。

定位进入精确定位过程之后，依靠单维激光测距传感器在三角信标 60 mm 的边上的测量值来小范围内调整箭架加注机构的位姿。三角信标 60 mm 的三角边与单维激光测距传感器的入射光呈 30°的夹角，这个 30°的夹角使得激光测距传感器具有很高的灵敏度。入射的激光每变化 1 mm，箭架机构在横向只是变化了 0.577 mm。由于单维激光测距传感器本身的精度就极高，可以达到毫米级，所以箭架机构的横向精度在精确定位时候能够达到小于 1 mm 的要求。

使用三角形作为信标具有如下优点：

1）通过检测三角形单边上的点来检测三角形的边。

2）通过拟合点来得到三角形边直线在全局坐标系中的位置，精度比较高。

3）通过计算代表两条边的直线之间的交点来计算出三角形顶点在全局坐标系中的位置，进而计算出信标在全局坐标系中的位置信息，大大提高了精度。

4）以三角信标的一条三角边作为单维激光测距传感器测量对象，由于三角边相对于激光入射方向存在一个角度，因此加注导航系统在精确定位时具有高的灵敏度。

参 考 文 献

［1］ 王建中，刘晶晶. 微小型多机器人自重构的红外定位及对接方法［J］. 北京理工大学学报，2006（10）：879-882.

［2］ 霍炬，仲小清，杨明. 特征光斑单目视觉空间定位方法［J］. 哈尔滨工业大学学报，2011（9）：47-51.

［3］ 赵帅锋，顿向明，等. 基于激光雷达的大型移动平台定位［J］. 机器人，2011（1）：77-83.

［4］ 周建平. 空间交会对接技术［M］. 北京：国防工业出版社，2013.

［5］ 张崇峰，陈宝东，等. 航天器对接机构［M］. 北京：科学出版社，2016.

［6］ Meet the international docking adapter［EB/OL］. http//www. NASA. Gov/feature/meet _ the - international - docking - adapter.

［7］ Motaghedi P.，Ghofranian S. Feasibility of the soft impact mating attenuation concept for the NASA docking system［J］. Reports on Progress in Physics，2013.

［8］ 张崇峰，柏合民. 飞船空间对接机构技术［J］. 中国科学：技术科学，2014，44（1）：20-26.

第 7 章　火箭加注自动对接机器人在线泄漏检测

火箭加注管路连接后，首先要进行管路气密性检查，在确保管路无泄漏时，方可进行加注。完成火箭加注后，要确保火箭加注活门可靠关闭，若火箭加注活门由于某种原因未能完全闭合，火箭贮箱内的推进剂在压力作用下会向加注管道内倒流，若此时撤离加泄连接器，则会导致火箭贮箱内的推进剂泄漏到外部环境，引发事故。因此，推进剂加注前的管路气密性检查和加注后的推进剂泄漏检测是火箭加注机器人实现安全撤收的重要环节。本章主要讨论声发射检测技术在火箭推进剂在线泄漏检测中的应用以及与加注自动对接机器人的集成技术，介绍了基于小波分析的泄漏信号处理方法和基于神经网络的泄漏信号识别方法，为火箭加注自动对接机器人安全撤收提供判断依据。

7.1　概述

泄漏一般是指密闭容器、管路中的气体或液体，由于密封失效等原因，以不期望的方式流出或漏出，造成损失或危害的现象。在生产生活中，泄漏是一种常见的现象，如漏水、漏油、漏气等。如果是有毒或易燃易爆物质的泄漏，则可能危害到人员生命安全和财产安全。

按照泄漏的形式，泄漏可分为外泄漏和内泄漏，如图 7-1 所示。外泄漏主要是由于容器、管道、阀门存在缺陷或未完全闭合等，导致流体在内外压差的作用下，从腔体内部流向外部环境。外泄漏一般可以通过观察、涂肥皂泡、烟气探测、化学试剂等方法进行检测，比较容易发现。内泄漏主要是由于阀门、活门等密封件失效或未完全关闭等原因，导致流体在高低压差作用下，在腔体内部由高压侧流向低压侧。由于内泄漏发生在腔体内部，因此探测难度较大，可用探测手段有限，误判率较高。

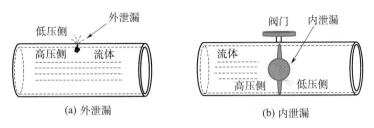

(a) 外泄漏　　　　　　　　　(b) 内泄漏

图 7-1　泄漏类型

火箭推进剂加注系统是火箭发射地面保障系统的一个重要组成部分，用于完成液体火箭在发射程序中的推进剂加注任务。推进剂加注系统主要由贮罐、贮箱、加注泵、阀门、流量传感器、液位传感器、压力传感器、温度传感器及控制系统等组成，能够完成加注和泄回推进剂功能，以及其他各项辅助操作功能。火箭加注系统如图 7 - 2 所示。火箭加注口如图 7 - 3 所示。

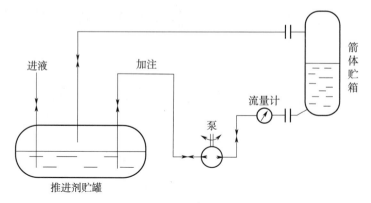

图 7 - 2　火箭加注系统

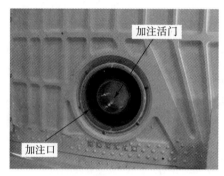

(a)火箭加注口

(b)加泄连接器对接状态

图 7 - 3　火箭加注口

　　推进剂加注一般在临射前 24 h 进行，此时运载火箭、卫星或飞船以及其他所有系统均处于待命状态，加注工作能否在规定的时间内准确安全完成将直接影响到发射程序的执行。现在国内常规液体火箭使用的推进剂多为有毒、易挥发、易燃、易爆物质，一旦发生泄漏，处理不当很可能造成人员伤亡、设施设备损毁及环境污染，损失不可估量。

　　目前火箭加注过程中主要采取气密性检查和泄漏检测两种方式来确保火箭加注安全。火箭推进剂加注及泄漏检测过程如图 7 - 4 所示。

　　火箭加注管路和加泄连接器连接完成后，首先要在加注管路内充入高压氮气，对加注管路进行气密性检查，确保加注管路各连接处不存在泄漏，才能进行推进剂加注。此时加注管路若出现泄漏，则为外泄漏形式，一般采用气泡法进行检查，即在加注管路连接处涂抹检漏液，并观察是否有漏气产生的气泡，如图 7 - 5 所示。如果有泄漏，则需要重新连接加注管路或更换加注管路。

　　通过气泡法检查加注管路不存在泄漏时，加泄连接器接通高压气体，加注活门顶杆在高压气体作用下向前移动，顶开火箭加注活门（参考图 4 - 2），即可进行推进剂加注。在推进剂加注完成后，撤去高压气体，加注活门顶杆缩回，火箭加注活门关闭，加注系统将加注管道内的推进剂抽空。此时需要对火箭加注口进行泄漏检测，确保加注活门完全闭合，在没有泄漏的情况下，方可拆卸加泄连接器及其他加注管路。

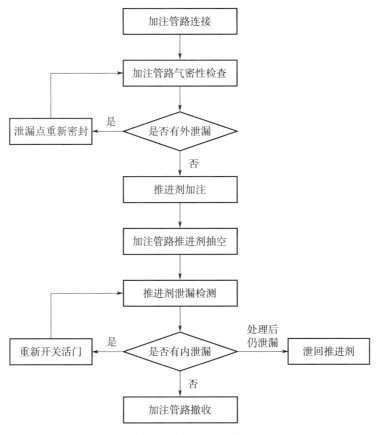

图 7-4　火箭推进剂加注及泄漏检测过程

图 7-5　涂液法气密性检查

在加泄连接器撤收前，若因某种原因导致加注活门未能完全关闭，此时加注管道由高压区变成低压区，火箭贮箱内的推进剂就会回流到加注管道内，形成推进剂的内泄漏。出现内泄漏时，由于推进剂只在加注管道内流动，尚不会对人员和设备造成危害。此时若对加注管道内出现的内泄漏未能有效识别，在此状态下取下加泄连接器，则泄漏状态由内泄漏变为外泄漏，推进剂会直接泄漏至外部环境，产生一定的危害，甚至造成重大事故。

由于火箭加泄连接器为金属封闭结构件，在取下加泄连接器前，无法通过目视或视频监视的方法检查加注活门有无泄漏，一般需采用超声泄漏检测仪等设备进行泄漏检测，如图 7-6 所示。常用的超声泄漏检测仪为头戴式侦听仪器，检测人员将泄漏检测仪探针顶压在加泄连接器外表面靠近加注口的位置，诊听管道内是否有推进剂泄漏所激发出来的超声波，以此判断火箭加注活门是否存在泄漏。这种检测方法是目前比较有效的方法，但也存在发射塔架嘈杂环境会影响检测人员侦听判断、人员现场操作具有较大安全隐患等问题。

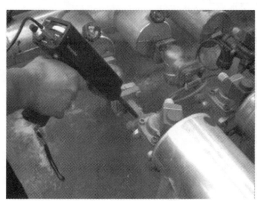

图 7-6　手持式超声泄漏检测仪

采用加注自动对接机器人系统进行火箭推进剂加注，必须集成一套无需人员现场操作的泄漏检测系统，能够实时在线完成加泄连接器管路加注口附近的气密性检查和加注活门处内泄漏检测，替代目前的人工现场检测方式。泄漏检测系统还要能够与加注自动对接机器人进行信息交互，协同完成推进剂加注工序。泄漏检测系统与加注自动对接机器人系统协同关系如图 7-7 所示。

在加注自动对接机器人系统中，完成推进剂加注后，泄漏检测系统为加注机器人提供火箭活门状态信息。若火箭活门存在泄漏，可采取重新开关加注活门或泄回推进剂等应急处置措施；若火箭活门不存在泄漏，则可执行加泄连接器的脱离操作。同时，机器人视觉系统还可作为泄漏检测系统的备保手段。在加注自动对接机器人自动脱离过程中，若通过机器人视觉系统发现仍存在泄漏，则加注自动对接机器人启动应急再对接程序，阻止推进剂继续流向外部环境。

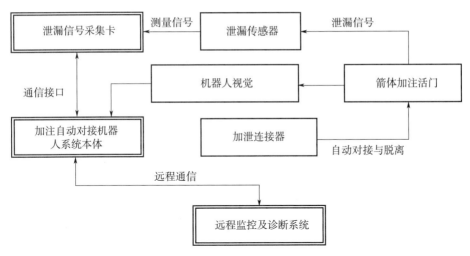

图 7-7 泄漏检测系统与加注自动对接机器人系统

7.2 常用的泄漏检测方法

泄漏检测在不同的场合有着广泛的应用。国内外的研究人员通过大量研究，提出了一系列适用于不同场合的泄漏检测方法。常用的泄漏检测方法有：声波检测、气泡检测、压力变化检测、涡流检测、渗透检测、卤素检测、氦质谱检测、工业机器视觉检测、烟气检测等，如表 7-1 所示。

表 7-1 常用泄漏检测方法

序号	检测方法	实现方法或设备
1	气泡检测	充气法或抽真空法,使用检漏液、示漏气体等
2	声波检测	包括听声法、超声波检测、声发射检测等
3	压力变化检漏	压力传感器、气压计等
4	光学检测	包括视频检漏、红外检漏、激光检漏等
5	其他检测方法	射线检漏、卤素检漏、氦质谱检漏、涡流检漏、内窥镜检漏、烟气探测检漏、渗透检漏等

（1）气泡检测

当管道或容器漏孔两侧存在压差时，气体就会通过漏孔从高压侧流向低压侧，在低压侧涂抹检漏液（水、肥皂水、酒精、氟油或其他液体），或直接将被检物体浸入液体中，则在漏孔处会产生一个个气泡，从而指示出漏孔位置和泄漏量大小。气泡检漏法压差的形成有充气法和抽真空法。火箭加注前气密性检查即为充气法，实现起来相对比较容易。抽真空法一般是将被检容器放置在示漏液体中，并将液体上部抽真空，从而使被检容器内外产生压差。

气泡检测方法只适用于外泄漏的检测，且一般需要人员现场操作和观察，不便于实现自动化检测。

（2）声波检测

当压力容器产生泄漏时，会在漏孔位置产生机械振动波。当振动波的频率在 20 Hz 到 20 kHz 范围内时，则可能被人耳所听到，比如水管阀门未完全关闭而产生泄漏时，人耳可以听到"嗞嗞"声。当振动波的频率不在可闻声波频带时，借助超声波等检测仪器也可能检测到。

用耳朵、听诊器以及其他音频接收装置监听泄漏产生的声音信号，称为"听声法"。这种方法容易受到外界其他声音干扰，因此一般只应用于泄漏产生的可闻声波强度较大的场合。当管路泄漏形式为内泄漏时，泄漏产生的音频信号通过管壁时会严重衰减，检测起来非常困难。

超声检测是一种常用的无损检测方法，有主动型和被动型两种方式。主动型一般由超声波发射器和接收器组成，通过定向发射超声波，再检测回波的方式来判断管道或容器状态的变化，如腐蚀、穿孔、容器液位变化等。被动方式是利用探测流体泄漏时产生的超声波实现的。泄漏产生的振动波中往往含有超声波分量，超声波可以沿着管壁传播，在管壁不同位置安装超声波探测器，通过检测各传感器超声波信号的强弱，可对泄漏量大小、泄漏位置等信息进行判断。

声发射检测和被动型超声检测的原理是一样的，也是通过换能器检测管道泄漏激发出的振动波。相比超声波传感器只检测超声波部分，声发射传感器的可选频带范围更广一些。声发射检测目前在泄漏检测领域应用较为广泛，且有成熟和配套的信号接收、放大、采集、处理等声发射设备。

（3）压力变化检测

当被检容器存在泄漏时，会导致容器内气体压力变化。通过测量一定时间段内被检容器内气体压力变化情况，可以分析被检容器是否存在泄漏。火箭等产品常用此方法对箭上高压气瓶进行泄漏检测。压力变化检漏方法包括静态压升检漏法、静态压降检漏法等。

火箭贮箱加满推进剂时，贮箱内部还要留有一定的气枕，当火箭加注活门出现泄漏时，理论上会对贮箱内的气压造成影响。但实际上火箭加注活门出现小量泄漏时，其泄漏量相对于火箭贮箱容积量极小，且贮箱内的气压还受到温度变化、推进剂蒸发等其他因素影响，小泄漏对火箭贮箱内气体压力基本不产生影响，因此，压力变化检测法不适用于加注活门的泄漏检测。

（4）光学检测

常用的光学检测方法包括视频检测方法、激光检测方法和红外检测方法等。

通过视频观察是一种比较直观的泄漏检测方法，但视频检测一般只适用于外泄漏的检测，应用于内泄漏检测时需要在管道内预制视频探头或管道内外有光通路。激光检测方法同样需要管道内外有光通路，通过激光透射管道内的液体，检测液体运动微粒对激光的散射作用，以测定管道内液体流量。

视频检测方法和激光检测方法精度较高且不易受干扰，缺点是检测段的管道必须是透明的。目前国内现有火箭加泄连接器均为铝合金构件，采用通透管道设计必然导致结构更加复杂，而且会带来结构安全性方面的问题，具有一定的挑战性。

红外检测是利用液体在管道中流动时，管道中有液体部分和无液体部分温度不同，产生的红外热成像信息不同而实现泄漏检测的。一旦发生泄漏，管壁上下存在温度差，利用这种温度差可判断有无泄漏。红外热成像仪可对检测区域局部成像，获得较完整的热红外图像信息，缺点是高精度红外检测设备体积大、图像处理速度慢，且受环境温度变化影响较大。在火箭加注过程中，管道内液体流动以及外部环境温度变化影响较大，加泄连接器外壁的温度变化情况较为复杂，不利于采用红外热成像方法进行泄漏检测。

（5）其他检测方法

除了上述方法外，还有射线检测、卤素检测、氦质谱检测、涡流检测、内窥镜检测、烟气检测、渗透检测等多种检测方法，但这些检测方法要么只适用于外泄漏检测，要么检测设备复杂，较难应用于火箭加注活门内泄漏检测。

综上所述，各种泄漏检测方法中，在不改变现有加注对接设备和连接方式的条件下，声发射检测或超声检测是目前比较可行的泄漏检测方案。采用声发射泄漏检测方法具有以下特点：

1）适用于动态检测。采用声发射检测方法，可在火箭加注准备及加注后等各个阶段，对加注管路及加注活门进行持续的动态监测，及时发现泄漏并报警。

2）适用于气、液泄漏检测。声发射检测方法能够同时适用于气、液流体的泄漏检测，既能用于加注前充压管路的气密性检查，也能用于加注后推进剂泄漏检测。

3）与现有加注系统兼容。只需在加泄连接器外壁上安装高灵敏度的声发射传感器即可实现对加注管道内泄漏的检测，无须改变加泄连接器结构或材料。

4）便于和加注机器人集成设计。声发射设备体积较小，声发射传感器与前置放大器之间采用信号线软连接，在自动加注对接和撤离过程中，声发射设备不会影响加注机器人的运动。

7.3　声发射泄漏检测原理

7.3.1　声发射信号

声源产生的振动在空气或其他介质中传播称为声波，声波传播的空间形成声场。声波是一种机械波，声波传播的实质是能量在介质中的传播。一般情况下人耳可闻的声波频率范围为 20 Hz～20 kHz，频率低于 20 Hz 的声波称为次声波，频率在 20 kHz～1 GHz 的声波称为超声波，频率大于 1 GHz 的声波称为特超声或微波超声。

声发射（Acoustic Emission，AE）是指物体在力、热等条件作用下，因材料中局部应力集中并快速释放能量，而产生瞬态弹性应力波的物理现象，因此，声发射也称为应力波发射。材料在应力作用下产生变形或裂纹扩展，是物体产生声发射的主要形式，这种声发射源也是最早被研究的对象。随着声发射研究领域的扩大，声发射的含义也已广义化，如流体泄漏、摩擦、撞击、燃烧等物理过程产生的声音也被称为声发射，这类弹性波源被称为二次声发射源。

现代声发射技术研究的标志是德国人 Kaiser 在 19 世纪 50 年代初的相关研究工作，他观察到冶金过程中金属或合金在形变时产生声发射现象，并发现材料被重新加载应力期间，在应力值达到上次加载最大应力之前不产生声发射信号，材料的这种不可逆现象被称为"Kaiser 效应"。"Kaiser 效应"目前较多地应用于应力测定及材料微观损伤机理分析研究方面。

德国人 Kaiser 将声发射信号分为连续型和突发型两种（如图 7 - 8 所示），并沿用至今。

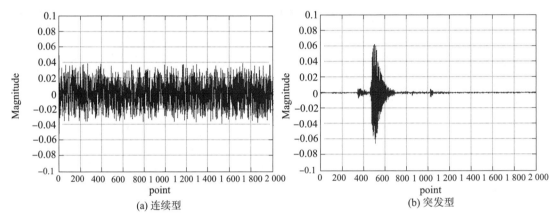

(a) 连续型　　　　　　　　　　(b) 突发型

图 7 - 8　声发射信号类型

突发型信号是指在时域上可分离的波形，从信号波形可以看出信号产生和衰减的过程。实际上，所有声发射现象均有从能量累积到释放的过程，因此声发射信号均为突发过程，如断续的裂纹扩展、塑性变形等。然而，当声发射频度足够高，在时域上几乎不可分离时，就呈现出连续型信号的特点。在某些物理过程中，也可能出现两种信号的混合型。

管道内部产生泄漏时，流体通过阀门缝隙或其他形式的漏孔从高压区向低压区喷射，形成声发射源，声发射源产生的能量波沿管道传播，如果在管道外壁安装高灵敏度的声发射检测探头，就可以探测到管道内泄漏产生的声发射能量波，从而可以对管道内部的泄漏情况进行分析判断。出现泄漏时，一般情况下，由于漏孔大小、压差等物理特性短时不会发生较大变化，因此泄漏声发射信号会持续性产生，通常认为泄漏产生的声发射信号为连续型声发射信号。

7.3.2　声发射信号检测

各种材料声发射的频率范围很宽，声发射信号的频率一般在 1 kHz～1 MHz 之间，从次声频、声频到超声频都有。但有些物理过程产生的声发射信号强度很弱，人耳不能直接听见，或不在人耳可闻声波频段内，需要借助灵敏的声发射检测仪器才能检测出来。声发射检测的核心是将物理过程产生的机械能通过压电效应转换为电信号，再对微弱的电信号进行放大处理，从而可以对声发射源的物理过程进行分析。

声发射信号检测一般包含信号转换拾取、放大、滤波、采集、处理、分析显示等过程，原理如图 7 - 9 所示。从声发射源发出的弹性波传播到物体表面，引起声发射探测器的振动，声发射探测器将接收到的机械能转换为电信号，经过信号的放大和滤波处理后被采集记录，再用于材料内部特性的进一步分析。

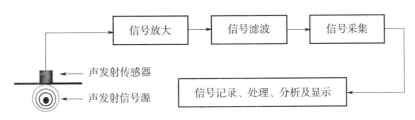

图 7 - 9　声发射检测原理

自 20 世纪 60 年代第一台声发射检测仪问世以来，从功能和结构上不断更新迭代，数字化程度越来越高，目前主要分为单（双）通道系统、多通道系统、全数字系统和工业专用系统等类型。

早期的声发射检测系统多采用模拟电路，功能较为单一，输出一般为测量参数计数结果或信号幅值等简单参数，适用于声发射信号的粗略检测。随着数字信号技术的发展，全数字声发射系统已成为声发射检测的主流，其具有多参数分析、实时波形记录、信号频谱分析、数据实时或事后分析等功能，多用于声发射信号的深入研究和精确分析等场合。

7.3.3　声发射信号常用分析方法

声发射信号包含了声发射源的重要特性信息，通过声发射信号采集分析，可以对声发射源进行动态监测和缺陷诊断，在设备运行安全方面具有重要的应用价值。但由于声发射信号本身的复杂性和传播过程的复杂性，导致声发射信号的提取、识别存在一定难度，因此声发射信号分析处理成为声发射技术应用中的一个关键问题。早期的声发射信号处理主要采用参数分析方法，随着信号处理技术的不断发展，各种数字信号处理技术在声发射信号处理领域也得到广泛应用，包括参数分析、谱分析、模态分析、小波分析、神经网络分析等。

（1）参数分析

受早期声发射仪器硬件能力的限制，声发射仪器一般不具备全波形信号实时处理传输的能力，基于此，参数分析方法成为早期声发射信号处理的常规方法。参数分析方法仅提取了表征声发射信号的关键参数，极大减轻了声发射仪器信号处理传输的压力。常用的声发射参数有振铃计数、幅度、能量、上升时间和脉冲持续时间等，各参数定义如图 7 - 10 所示。参数分析方法相对比较简单，在早期工程应用中，人们主要关心的是有无声发射信号，以及声发射发生的时间、强度、次数等信息，参数分析方法能够以较小的数据量提供最有用的声发射信息，对仪器数据分析处理和通信传输方面的要求极大降低，易于实现实时声发射信号的监测。

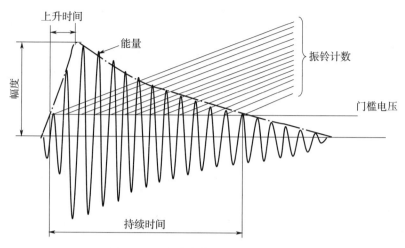

图 7 - 10　声发射信号波形参数定义

声发射信号参数分析法的缺点是，波形特征参数的信息量少，只是对声发射信号波形的某个特征的描述，在干扰源强、源种类较多的情况下往往难以得到声发射源特征描述。

随着声发射研究的逐渐深入，研究人员更希望通过声发射全波形信号的分析对声发射源做出更详细的描述，以及得出更准确的分析结论。比如在泄漏检测系统中，可通过泄漏信号的时域波形进一步统计信号峰值、平均幅值、方差、均方根、方根幅值等特征参数，从而对泄漏声发射信号与泄漏量的关系进行更精确的分析。

（2）谱分析

谱分析方法的特点是在频域上提取声发射信号的各种特征，从而获得声发射源的信息。谱分析可分为经典谱分析和现代谱分析。经典谱分析以傅里叶变换为基础，主要包括相关图法和周期图法，以及在此基础上的改进方法。其中最常用的谱分析方法就是快速傅里叶变换（FFT）。现代谱分析方法以非傅里叶分析为基础，大致可分为参数模型法和非参数模型法两大类。

谱分析方法能够将时域波形比较相近的声发射信号通过频谱特性区分开来，主要应用在信号中所包含多个声发射信号的区别和分析，或信号中含有明显频谱特征的信号的分析。例如，研究人员在分析绝缘子压接过程过压和断裂两种不同失效模式时发现，过压声发射信号和断裂声发射信号在时域上没有明显的区分度，而通过频谱分析，断裂信号中高频成分与低频成分的能量比明显更高一些，从而可以通过谱分析方法鉴别过压和断裂两种信号类型。

在泄漏检测系统中，可应用谱分析方法获取泄漏信号的频谱特征，这对于泄漏信号的识别具有重要的意义。

（3）模态分析

模态声发射（Modal AE）是近年来发展起来的声发射检测新技术，是一种基于波形分析的声发射信号处理技术。模态理论的基本特点是，对于工程上大量使用的板状结构，由于板厚远小于声波波长，声发射源在板中主要激励起扩展波、弯曲波和水平切变波三种模式的声波。板平面内声源主要产生扩展波，而平面外声源主要产生弯曲波。由于扩展波和弯曲波的频率成分不同，在工程上可以通过选取不同频率段信号来对信号进行分析。经验表明，经高通滤波器（低频截止频率 100 kHz）或高频带通滤波器（带通范围 100～1 000 kHz），可主要获得扩展波成分；而经低频带通滤波器（带通范围 20～70 kHz），主要获得弯曲波分量。

模态声发射从理论上较好地解决了声发射技术应用中面临的源定位不准确、信号解释困难和噪声干扰等问题。

（4）小波分析

小波变换的理论由 Morlet 和 Grossman 提出，该理论继承和发展了短时傅里叶变换的思想，通过小波函数伸缩平移运算对信号进行多尺度细化，实现高频信号时间细分、低频信号频率细分，具有同时在时域和频域表征信号特征的能力。小波变换既具有刻画某个局部时间段信号频谱的能力，又可以描述某一频谱信息对应的时域信息，基于此，小波分析方法又被称为"数学显微镜"。由于小波方法可以把一个信号分解为不同频段的信号，因此就具备了对信号进行信噪分离的能力，如对一段噪声信号中的一个脉冲信号的检测，或对持续泄漏信号中偶发环境干扰噪声的去除等，而这是傅里叶方法难以做到的。

小波分析方法由于其突出的优点，在声发射检测领域得到了广泛的应用，如通过小波软阈值降噪方法提高信噪比，从而提高管道泄漏的检测精度。通过小波分析方法提取信号的时域、频域特征，并与神经网络技术相结合，用于复合材料中波形的模式识别等。

（5）神经网络分析

泄漏信号分析的关键在于获取泄漏信号特征参数与泄漏量的函数关系，由接收到的泄漏信号反推得到泄漏信号源的问题，即所谓反向源问题（Inverse‐source problems）。由于泄漏信号与信号特征参数之间存在较为复杂的非线性，用传统的数学分析方法很难直接求取。人们注意到生物具有非凡的轻松处理反向源问题的能力，例如，人可轻易从听到的声音确定讲话人。声发射实质上是通过声源发出的声音在告诉我们源的情况，因此，研究者很自然地想到能否用生物处理"反向源"问题的方法来处理声发射的"反向源"问题，包括用人工智能神经网络模型来处理声发射的反向源问题。1989 年美国康奈尔大学的 Sachse 应用人工神经网络对声发射信号进行分析和处理，可以说是神经网络在声发射技术领域的最早应用。Barga 等人应用 BP 网络对模拟飞机框架试样的声发射波形信号进行模式识别，其结果可以对裂纹增长和摩擦信号加以识别。Yang 和 Dumont 通过设计多层人工神经网络来完成声发射信号的自动分类。王志武设计了用于监控液体火箭工作压力的 BP 神经网络，实现了对火箭热试车过程中出现的推进剂泄漏现象的监控。采取神经网络算法，利用神经网络自学习、自适应的特点，可以简便地获取特征参数与泄漏量之间的映射关系，为声发射泄漏信号识别提供了有力的信号分析工具。

7.4　声发射泄漏检测系统设计

7.4.1　泄漏检测系统设计要求

泄漏检测系统设计的约束条件主要有两个方面：一是与火箭相关的约束条件，包括检测位置、检测环境、检测精度、抗腐蚀和防爆等要求；二是与加注机器人相关的约束条件，包括小型化、一体化、防干涉等要求。根据这些约束条件，泄漏检测系统设计应重点考虑以下方面的要求。

（1）高精度检测要求

火箭推进剂泄漏后危害较大，要确保加注机器人安全脱离，就要求泄漏检测系统具备高精度检测能力，对微小的滴漏信号也能够探测到，确保不漏检。同时，由于发射塔架环境复杂，泄漏检测系统会受到外界各种干扰影响，包括自然环境产生的干扰和各种设备工作产生的干扰，因此泄漏检测系统要具备一定的抗干扰能力，通过硬件滤波或软件滤波等方法，消除干扰噪声，提高检测精度。

（2）自主在线检测要求

泄漏检测系统作为加注自动对接机器人的组成部分，本身也要具备自主在线泄漏检测能力，包括系统上电后的自检测、接收加注机器人的控制指令、自主采集和分析泄漏信号、给出泄漏检测结果、与加注机器人进行实时数据交互等，通过自主在线检测，为加注机器人进行自主作业规划提供信息支持。

（3）远程实时监测要求

为了掌握泄漏检测系统状态和检测结果，泄漏检测系统还需要具备远程实时监测功能。泄漏检测系统需要将自身运行状态、采集信号等信息实时传送到远程监控终端，使监控人员能够远程监视泄漏检测过程，及时掌握系统运行情况和检测结果，必要情况下可对泄漏检测系统进行人工干预，确保系统正常运行。

（4）集成化设计要求

泄漏检测系统要与加注机器人进行集成化设计。一是泄漏检测系统检测设备体积要小，便于在加注机器人内部集成和安装。二是传感器需要安装在加泄连接器外表面，传感器安装既要简单便捷，更要紧固可靠。三是在加注机器人上箭、下箭等运动过程中，泄漏检测系统元件和信号线不能与加注机器人其他部件产生干涉，设备布局要合理。

（5）高可靠性要求

泄漏检测系统提供的泄漏检测结果是加注机器人自主脱离的依据，因此泄漏检测系统必须运行可靠，需要从器件选型、硬件设计、软件设计、系统集成、设备连接与安装等各个方面提高系统的可靠性。比如泄漏信号采集通道要采用多通道冗余模式，要采用高可靠性等级的元器件和接插件等。

（6）防爆抗腐蚀要求

火箭燃料和氧化剂具有很强的腐蚀性，且易燃易爆，加泄连接器脱离时，有少量燃料或氧化剂会挥发到外部空间。因此，泄漏检测系统需要具有一定的防爆和抗腐蚀能力。可采取减少器件外露、外露部分防腐蚀包敷、系统可靠接地等手段，使泄漏检测系统对挥发气体或喷溅推进剂具有一定的抗腐蚀能力，在出现推进剂泄漏时，减小对器件的腐蚀，避免电子元件引燃或引爆挥发气体。

7.4.2　泄漏检测系统硬件设计

声发射泄漏检测系统硬件组成一般包括声发射传感器、前置放大器、信号采集卡、信号处理主机及信号传输线缆等，为适应不同的应用场合，声发射器件类型也是多种多样，在性能指标、接口形式、外形尺寸、适用环境等方面存在一定差异，需根据应用特点进行器件选型和系统设计。

（1）声发射传感器选型

声发射传感器是声发射泄漏检测系统中的重要组成部分，能够将接收到的声发射信号转换成电信号，其性能将会直接影响整个系统的检测精度。

声发射传感器一般由壳体、保护膜、压电元件、阻尼块、连接导线及高频插座组成，外形如图 7 - 11 所示。压电元件可将传感器接收到的机械能转化为电信号，实现检测声发射信号的功能。部分声发射传感器自带磁吸附环，极大地方便了传感器的安装。

(a) 常规声发射传感器　　　(b) 带磁环的声发射传感器　　　(c) 内置前放的声发射传感器

图 7 - 11　声发射传感器

声发射传感器的类型主要有以下几种：

1）谐振式声发射传感器，一般为陶瓷压电传感器，压电元件通常采用锆钛酸铅陶瓷晶片，是一种窄带高灵敏度声发射传感器，用途较为广泛。

2）宽带声发射传感器，在谐振式声发射传感器基本结构的基础上，通过加入阻尼材料抑制部分谐振，从而形成较宽的频率特性，常应用于声源特性方面的研究。

3）高温/低温声发射传感器，采用耐高温或耐低温设计，适用于高温或低温检测环境。

4）差动声发射传感器，由两只正负极差接的压电元件组成，输出为差动信号，可以有效抑制共模信号的干扰。

5）内置前放声发射传感器，通过内置前置放大器，既简化了系统结构，又能有效提高输出信号幅值，抑制干扰，相比其他传感器，它的尺寸和重量有所增加。

此外，还有微型声发射传感器、低频抑制声发射传感器和电容式声发射传感器等，分别应用在不同的使用场合。

选择声发射传感器时，通常需要考虑以下参数指标：

1）共振频率：即谐振频率，如果已知信号源的大致频率范围，一般采用具有相同频带的窄带谐振式声发射传感器可以获得较高的检测灵敏度。

2）频率范围：决定了声发射传感器敏感的信号频谱范围。

3）灵敏度：对于微弱声发射信号的采集要求传感器具有较高的灵敏度，一般声发射传感器灵敏度可以达到 65 dB 以上，部分内置前置放大器的声发射传感器灵敏度可以达到 110 dB 以上。

4）外形尺寸：对传感器安装空间或接触面有要求时需要考虑，一般较小尺寸的传感器更易于安装，较大尺寸的传感器具有更高的灵敏度。

5）输出接口：声发射传感器信号输出一般采用 Mini - BNC、M5 等接口，选用信号线时需要与传感器接口相匹配。

声发射传感器生产厂家一般会给出相应传感器的校准曲线，如图 7 - 12 所示。通过校准曲线，可以进一步了解传感器的频率响应特性，以及对测量结果进行校正。

为了获得较高的检测精度，加注机器人泄漏检测系统声发射传感器选型时，首先考虑采用谐振式声发射传感器，重点考虑传感器的共振频率和灵敏度指标。泄漏检测一般选用共振频率在 20～100 kHz 范围内的声发射传感器。

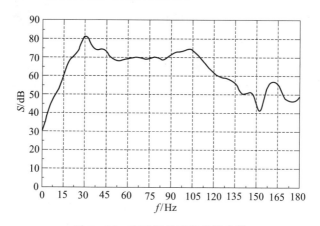

图 7 - 12　声发射传感器校准曲线

（2）前置信号放大器选型

泄漏产生的声发射信号经声发射传感器转换成电信号，其输出可低至微伏级以下，这样微弱的信号若通过较长信号线来输送，可能无法分辨出信号和噪声，另外若信号过于微弱，对信号采集卡的要求也极高，不利于有效信号的采集。因此，在声发射传感器和信号采集卡之间通常要增加前置信号放大器，确保声发射传感器感应到的信号得到有效放大，能够被信号采集卡采集到。前置信号放大器如图 7 - 13 所示。

前置信号放大器内部电路一般包括输入电路、滤波电路、中间级放大电路和输出电路，它的作用一是对信号进行放大处理，二是对信号进行滤波处理，既提高了信号增益，

图 7 - 13　前置信号放大器

也增强了信号的信噪比。前置信号放大器型号选择主要考虑以下技术参数：

1）带宽：前置信号放大器带宽选择需要与声发射传感器相匹配。

2）增益：根据信号放大倍数需要进行选择，常用的有 40 dB 和 60 dB 等类型。

3）噪声：一般应选用低噪声的前置信号放大器。

4）输入输出接口：一般为 BNC 接口。

5）输入方式：有单端输入和差分输入两种形式。

6）供电：一般为 24～28 V 直流供电模式。

部分传感器通过内置前置放大器，实现了信号拾取和放大的一体化设计，对提高系统的集成度和可靠性具有一定优势。

前置信号放大器选型应重点考虑其增益参数。为实现对火箭活门微小泄漏的高精度检测，可选用增益为 60 dB 的前置信号放大器。相比于选用内置前置放大器的传感器而言，采取独立传感器与独立前置信号放大器的组合设计，一般有更多的器件可供选择，也可以获得更高的信号增益。

（3）信号采集卡选型

声发射信号采集一般选用专用的声发射采集卡。声发射采集卡针对声发射信号的特点设计，具有较高的信号采样精度和采样速率，具有比较灵活的通道选择和设置功能，而且内置高通和低通滤波模块，以及信号放大等功能。

但声发射采集卡多为非独立采集卡（如图 7 - 14 所示），需要安装在计算机的 PCI 等扩展插槽上，依靠计算机的软硬件环境才能正常工作。而声发射采集卡与前置信号放大器之间的信号线也要尽量短，以减少信号传输衰减，因此采用专用的声发射采集卡需要在火箭加注口附近布设计算机设备，不利于前端硬件系统的集成设计。

基于前端系统的可集成性以及远程数据传输等需求，泄漏检测系统信号采集卡考虑采用具备以太网接口的独立数据采集卡，如图 7 - 15 所示。独立数据采集卡仅需要供电就可以工作，可以方便安装在加注机器人本体内，实现与前置信号放大器的近距离连接，并通过以太网接口与远程计算机进行数据交互，实现泄漏检测信号的远程数字传输。

图 7 - 14　声发射采集卡

图 7 - 15　4 通道独立采集卡

（4）泄漏检测系统硬件方案

根据泄漏检测系统设计要求和声发射泄漏检测器件特点，泄漏检测系统采用如图 7 - 16 所示的硬件方案。

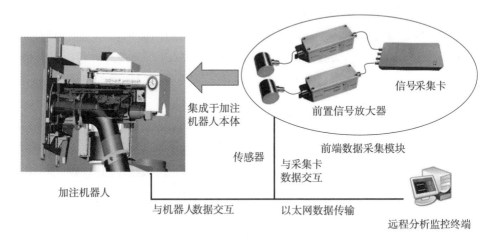

图 7 - 16　加注系统自动泄漏检测硬件系统方案

泄漏检测系统具体设计如下：

1）系统采用"前端采集＋后端分析"的架构，前后端通过以太网进行远程数据的传输。

2）前端信号采集模块由声发射传感器、前置信号放大器和数据采集卡组成，实现信号的采集和放大。

3) 后端采用 1 台计算机远程控制数据采集卡并获取数据,同时与加注机器人系统进行指令和信息交互。

4) 为提高系统可靠性,前端数据采集模块采用 2 个声发射传感器和 2 个前置信号放大器构成双通道冗余模式。

5) 传感器采用带吸附磁环的谐振式窄带声发射传感器,采用磁吸附方式安装固定在加泄连接器外表面上靠近火箭加注口的位置,由于加泄连接器为铝合金结构件,且表面为不规则曲面,因此需要制作不锈钢材料传感器吸附底座,胶粘在加泄连接器表面的适当位置。

6) 数据采集卡采用具有以太网接口的双通道独立数据采集卡,前置信号放大器和数据采集卡安装在加注机器人加泄连接器夹持机构附近腔体内,并由机器人本体供电。

硬件设计方案充分考虑系统的可集成性,将体积小、易于集成的前置信号放大器和信号采集卡集成于机器人本体,泄漏信号分析功能由远程计算机实现,不受前端空间的限制。前后端采用以太网进行数据交互,可满足高采样率数据远程无损传输要求。声发射传感器、前置信号放大器和数据采集卡的安装分别如图 7 - 17 和图 7 - 18 所示。

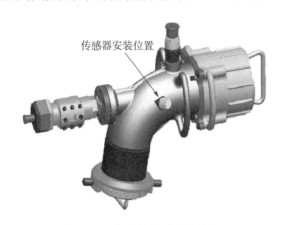

图 7 - 17　声发射传感器安装位置

(5) 泄漏检测系统安全设计

由于泄漏检测系统要在可能出现推进剂泄漏的危险环境中使用,因此如何保证泄漏检测系统及整个加注系统的安全是设计时必须考虑的问题,泄漏检测系统硬件设计采取的安全措施主要包括:

1) 采用具有一定防爆等级的数据采集卡,提高系统安全性。

2) 传感器外壳选用不锈钢或特种铝,以具有耐磨防腐特性。

3) 对信号线与传感器接头处进行防腐蚀包敷,以抵抗挥发出的推进剂气体侵蚀。

4) 采用屏蔽线连接信号,保证系统外露部分均为等电位,消除放电可能性。

5) 采用良好的接地措施,防止静电积累。

6) 前端数据采集模块除传感器外,其他部件均置于加注机器人本体内部,与外部环境隔离。

图 7-18　前置信号放大器和数据采集卡安装位置

7.4.3　泄漏检测系统软件设计

泄漏检测软件主要实现泄漏信号的采集与分析处理，主要功能应包括：

1）数据采集卡的控制及采集通道的选择、参数设置等功能。

2）系统自检测功能。

3）实时信号采集、滤波处理及显示功能。

4）时域特征参数分析计算及显示功能。

5）信号频谱分析及显示功能。

6）泄漏信号识别、状态显示及报警功能。

7）采集信号的存储、回放等功能。

8）与加注机器人信息交互功能。

软件系统可由信号采集、信号分析和辅助功能三个模块构成，如图 7-19 所示。

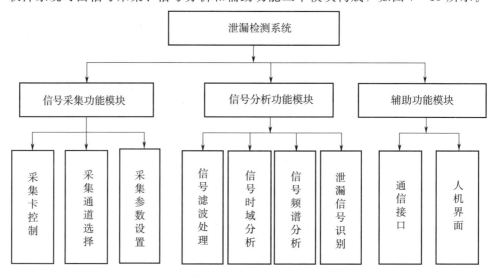

图 7-19　加注系统自动泄漏检测软件系统

信号采集功能模块实现采集卡的设置和控制，包括采集卡的启停控制、采集通道的选择、采集参数的设置等。信号分析功能模块接收来自前端的采集数据，对数据进行滤波处理、时域特征参数分析、信号频谱特性分析，以及泄漏信号识别和报警等。另外，通过辅助功能模块实现前后端的通信接口设置以及软件其他操作功能等。

泄漏检测系统远程操控界面如图 7 - 20 所示。

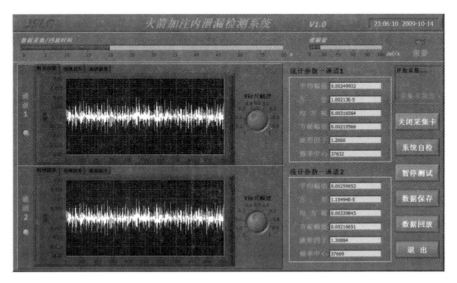

图 7 - 20　泄漏检测系统远程操控界面

7.5　声发射泄漏信号处理技术

7.5.1　泄漏信号时域特征提取

（1）时域统计参数提取

对于泄漏信号分析，最直观的方法是通过时域波形信号来判断检测信号与泄漏量的关系。描述泄漏信号的时域统计参数有峰值、平均幅值、方差、均方根、方根幅值、波形因子、峰值因子、脉冲因子、裕度因子、峭度、峭度因子等，其计算公式如下。

①峰值

$$X_{\mathrm{amax}} = \max\{|x_i|\} \tag{7-1}$$

②平均幅值

$$X_{\mathrm{am}} = \frac{1}{N}\sum_{i=1}^{N}|x_i| \tag{7-2}$$

③方差

$$X_{\mathrm{avr}} = \frac{1}{N}\sum_{i=1}^{N}(x_i - \bar{x})^2 \tag{7-3}$$

④均方根

$$X_{\mathrm{rms}} = \sqrt{X_{\mathrm{avr}}} \tag{7-4}$$

⑤方根幅值

$$X_r = \left[\frac{1}{N} \sum_{i=1}^{N} |x_i|^{1/2} \right]^2 \qquad (7-5)$$

⑥波形因子

$$S = X_{rms} / X_{am} \qquad (7-6)$$

⑦峰值因子

$$X_{cf} = X_{amax} / X_{rms} \qquad (7-7)$$

⑧脉冲因子

$$X_{imf} = X_{amax} / X_{am} \qquad (7-8)$$

⑨裕度因子

$$L = X_{amax} / X_r \qquad (7-9)$$

⑩峭度

$$X_k = \left[\frac{1}{N} \sum_{i=1}^{N} |x_i|^4 \right]^{1/4} \qquad (7-10)$$

⑪峭度因子

$$X_{kf} = X_k / X_{rms} \qquad (7-11)$$

这些参数中，部分与泄漏量具有较好的相关性，而部分与泄漏量的相关性不太明显，需要挑出其中与泄漏量相关性更好的统计参数，这样才更有利于泄漏信号的分析和识别。

为了得到与泄漏量相关性较好的时域统计参数，在实验环境下采集了不同泄漏量下的声发射信号，提取了信号的统计参数。为便于对统计参数进行分析，首先对参数进行归一化处理，使参数之间具有可比性，形成泄漏等级与统计参数的对照图，由此可以分辨出各个统计参数与泄漏量之间的对应变化关系，如图 7-21 所示。

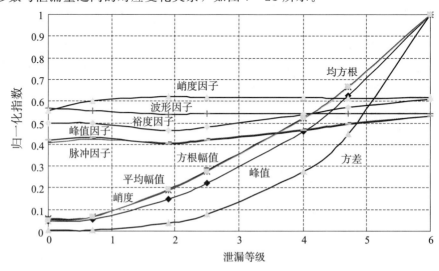

图 7-21　泄漏信号时域统计参数与泄漏量对照曲线（见彩插）

从图中可以看出，信号的峰值、平均幅值、方差、均方根、方根幅值及峭度等参数随泄漏量的增加而明显增大，与泄漏量大小相关性较好。而峰值因子、脉冲因子、裕度因子、波形因子、峭度因子等参数则与泄漏量大小相关性较差。

当信号中含有噪声时，峰值及与峰值相关的峰值因子、脉冲因子、裕度因子往往会因为信号中存在不确定噪声而出现大的波动，峰值是受噪声影响变化最大的一个参数，方根幅值是受噪声影响变化最小的一个参数。波形因子和峭度因子对泄漏量的变化不太敏感，而当信号含有较强噪声时，其值会发生明显变化，所以这两项参数可以用来衡量信号中噪声的强弱。

通过对泄漏信号的时域参数进行分析，得出以下结论：

1) 泄漏量变化或环境噪声变化，都对各统计特征量有不同的影响，原始信号统计特征量和泄漏量之间很难形成简单对应关系，需要采取适当的信号处理方法先对原始信号进行滤波降噪处理。

2) 无噪声或弱噪声环境下采集信号的平均幅值、方差、均方根、方根幅值及峭度等参数与泄漏量有明显的对应关系，所以经过滤波降噪后的泄漏信号可用这几个参数中的一项或几项来度量泄漏量的大小或等级。

3) 波形因子和峭度因子对噪声变化较为敏感，可用于衡量信号中的噪声水平。

（2）相关法分析

相关是指信号在不同时刻的状态之间存在着关联性，两个不同信号之间的相关性称作互相关，相关法是利用信号的波形来计算两个信号之间的相似程度。设泄漏信号背景噪声为 $x(n)$，泄漏信号为 $y(n)$，则 $x(n)$ 与 $y(n)$ 的互相关函数如下

$$R_{xy}(m) = E[x(n)y(n+m)] = \frac{1}{N} \sum_{m=0}^{N-1-m} x(n)y^*(n+m) \qquad (7-12)$$

式中，R 为相关函数值，$R \leqslant 1$。m 为时间延迟。N 为正整数。$E[\cdot]$ 表示求数学期望，当且仅当这两个信号随时间变化的规律相同、大小成比例，且起始时间相同（$m=0$）时，$R=1$。若两个信号的起始时间不同，且 $y(n)$ 相对于 $x(n)$ 的延迟时间为 m 时，则相对移动这两个信号，可反复计算其相关值，结果是一个关于 m 的函数，称为相关函数。相关函数作为两个随机过程样本之间依存性的度量，从统计角度反映了两个信号的相似程度，若两个信号的互相关等于零，说明它们不相关。相关函数值越大，则两个信号的近似程度越高，当相关值达到函数 $R(m)$ 的峰值时，对应的时间 m 值即是两个信号相似程度最高时信号 $y(n)$ 相对于信号 $x(n)$ 的时间延迟，即互相关的相关函数值表示了 $x(n)$ 与 $y(n)$ 的相似偏差，相似偏差越小，则近似程度越大。

图 7-22 为不同泄漏量的波形图。图 7-23 为无泄漏信号与小泄漏信号、中等泄漏信号、大泄漏信号的相关函数曲线。

图 7-23 中，横轴表示延时点数，纵轴表示相关性。通过背景噪声与不同泄漏量的信号进行相关性分析，可以看出泄漏量越大，泄漏信号与背景噪声信号的相关性越低，即相关法分析也可作为泄漏强度分析的手段。

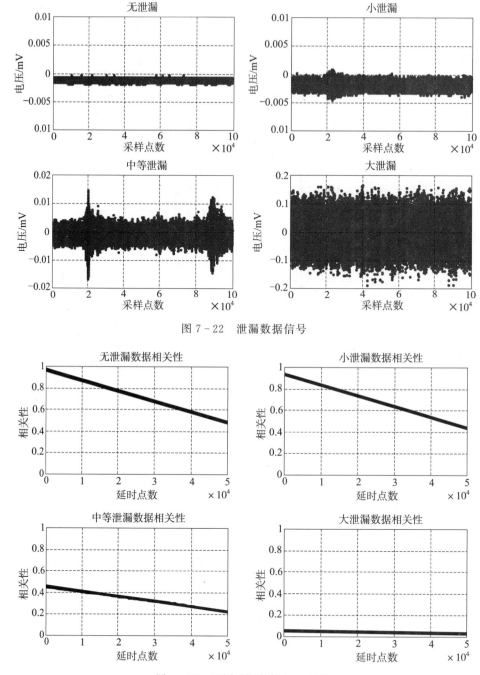

图 7 - 22　泄漏数据信号

图 7 - 23　不同泄漏数据的互相关

7.5.2　泄漏信号频域特征提取

对于确定性信号，可以通过傅里叶变换将信号分解成有限或无限个简谐振动的叠加，以揭示其频谱特性。由于确定性信号有明确的数学表达方式，所以其频谱特性也是确定的。

　　而对于泄漏这类随机信号，只能通过某一时段的测量值来获得信号的频谱特性，并且其频谱特性也是随时间不断变化的。在实际应用中，以信号的测量值来估计信号频谱分布的过程称为谱估计。由于随机信号是时域无限信号，不具备可积分条件，因此不能直接进行傅里叶变换。又因为随机信号的频率、幅值、相位都是随机的，因此从理论上讲，一般不做幅值谱和相位谱分析，而是用具有统计特性的功率谱密度来做谱分析。常用的功率谱估计方法包括周期图法、Bartlett 方法（平均周期图）、Welch 方法（修正的平均周期图）、Blackman 和 Tukey 方法（平滑周期图）等。

　　采用 Welch 功率谱估计方法，分别对实验中采集到的滴漏、线漏、喷漏等不同泄漏量下采集到的信号进行功率谱估计，结果如图 7-24、图 7-25 和图 7-26 所示。以上信号均为实验环境下采集到的泄漏信号，从信号功率谱估计可以看出，管道存在泄漏时，信号在 18～32 kHz 频段有集中的能量分布。

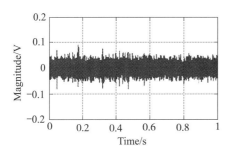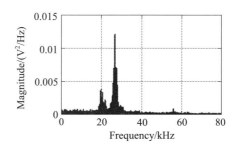

图 7-24　滴漏信号及其功率谱估计

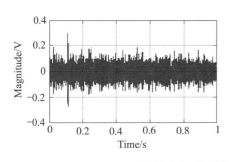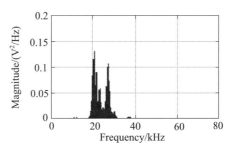

图 7-25　线漏信号及其功率谱估计

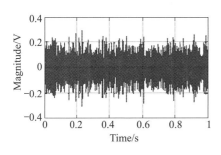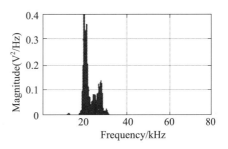

图 7-26　喷漏信号及其功率谱估计

在小泄漏情况下，信号在高频段能量较强，而在大泄漏情况下，信号在低频段能量较强，说明随着泄漏量的增加，信号能量中心有从高频段向较低频段转移的趋势。

泄漏信号的这两个特点给信号分析带来了方便。信号频带比较集中，有利于信号的滤波处理。信号在不同泄漏量下能量分布产生变化，有利于对不同泄漏量对应的信号进行识别。

实际工作环境中采集到的泄漏信号往往是带有各种噪声的。下面选取两段含有不同噪声的泄漏信号进行谱分析，含噪信号及其功率谱估计如图 7 - 27 所示。

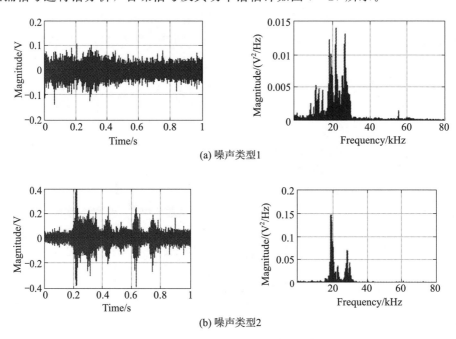

图 7 - 27　含噪信号及其功率谱估计

噪声一般为非平稳随机信号，信号含不同类型噪声时其频谱分布也不相同。有些噪声从时域上不能明显分辨出来，从频谱分布上却可以看出来。有些噪声信号从时域波形上可以明显观察到，但从频谱曲线上却不容易观察。

通过对泄漏信号进行频谱分析，可以看出泄漏信号频谱分布具有以下特点：

1）对于同一套检测装置和被测对象，当泄漏量基本不变时，其信号功率谱也基本不变。

2）当泄漏量发生变化时，其信号功率谱也会发生一定变化。泄漏量越大，信号幅值和功率谱幅值越大，功率谱峰值频点越低。

7.5.3　泄漏信号小波分析处理

傅里叶变换将信号看成无限时间内不同正弦波信号的叠加，因此以傅里叶变换为基础设计的滤波器适用于确定性噪声信号的滤波处理。而对于含有非平稳随机噪声的泄漏信号，采用这种滤波方法必然带来有用信号的损失或噪声滤除效果的降低。

小波变换（Wavelet Transform，WT）通过构造具有衰减特性的小波基，以尺度伸缩和平移的方式构成小波函数族，采用小波函数族对原信号进行积分变换，通过变换及重构，将信号分解到不同的特征频带，因此小波分解信号具有时频双重特性，能够刻画信号中某个频带信号的时域特征，在非平稳随机信号分析中有较为广泛的应用。

从数字滤波器的角度来看，小波分析实际上就是一个滤波器组。通过小波函数可以构造滤波器组 H 和 G，其中 H 为一个低通滤波器，它可以提取原始信号 S 的近似 A 。G 为高通滤波器，用于提取原始信号的细节 D 。反复对近似信号做小波分解，可以得到不同层次的近似与细节，即得到信号的相对低频与相对高频部分。如图 7－28 所示，图中 C^i（$i=0$，1，2，3）代表低通系数矩阵；D^i（$i=0$，1，2）代表高通系数矩阵；A_i（$i=1$，2，3）代表低频信号；D_i（$i=1$，2，3）代表高频信号。

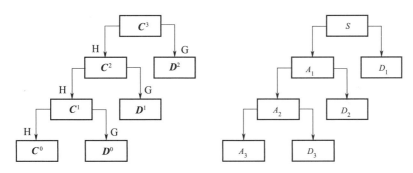

图 7－29　小波分解示意图

利用小波变换的这一特性，可以很容易地对信号进行低通、高通、带通及其他形式的滤波处理。如果希望数据处理时滤掉某个频点以下的噪声信号，则分解级数 j 按以下公式得出

$$f_A = f_{\max}/2^j \ , \ j = \log_2(f_{\max}/f_A) \tag{7-13}$$

式中，$f_{\max}$ 为采样信号最高频率，f_A 为信号经 j 级小波分解后近似信号最高频率。

若数据的采样频率为 400 kHz，根据 Shannon 采样定理，可分辨的信号频率范围为 $0 \sim 200$ kHz，即信号最高频率为 $f_{\max} = 200$ kHz。取 $f_A = 18$ kHz，由式（7－13）计算可得：$j = 3.5$。

取 $j = 4$ 时，对信号进行 4 级小波分解，并分别对各级分解系数进行重构，得到信号的近似部分 A_4 和各级细节信号 $D_1 \sim D_4$。信号经过小波分解和重构后，信号被分解到了不同的频率空间，各级重构信号的频率范围如表 7－2 所示。

表 7－2　4 级小波分解各级重构信号频带

分级	A_4	D_4	D_3	D_2	D_1
频率范围/kHz	$0 \sim 12.5$	$12.5 \sim 25$	$25 \sim 50$	$50 \sim 100$	$100 \sim 200$

原信号可由分解后的重构信号来回复，即 $S = A_4 + D_4 + D_3 + D_2 + D_1$。由上述分析，各级重构信号均代表了原信号的不同频率成分，有些主要为泄漏信号成分，有些则主要为

噪声成分，所以可对信号进行有选择地回复，比如取回复信号为：$S = D_4 + D_3 + D_2 + D_1$，则信号中的低频成分（12.5 kHz 以下）将被滤除，这就相当于一个高通滤波器。

对比泄漏信号频谱分布，可以看出，泄漏信号能量主要分布在重构信号 D_4 和 D_3 的频带内，所以可直接由 D_4 和 D_3 构成回复后的信号，即取 $S = D_4 + D_3$，这样既可滤除低频噪声，又可滤除高频噪声，相当于一个带通滤波器。图 7-29 所示为一段含噪泄漏信号及其功率谱估计。

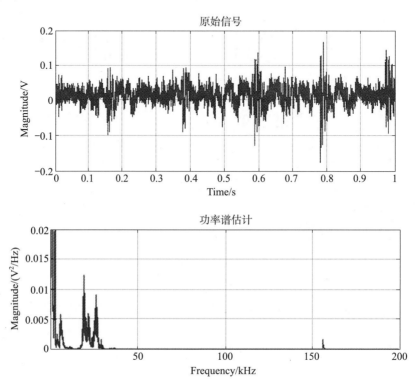

图 7-29　含噪泄漏信号及其功率谱估计

从图 7-29 信号原始时域波形上看，信号幅值有明显的波动，表现出低频干扰特征。另外，信号多处出现较大幅值变化，而实际的泄漏信号没有大幅度的波动，表明信号受到了强干扰源的影响。从图 7-29 信号功率谱图也可以看出，功率谱密度在低频段幅值较大，说明信号中包含了大量低频干扰噪声。另外，在高频 160 kHz 处，有较小的能量分布，说明信号中有少量高频噪声。

通过小波滤波方法对这段信号进行处理。首先，对信号进行 4 级小波分解，并重构各级信号。重构信号如图 7-30 所示，可以看出，A_4 表现出低频信号特征，包含了主要的低频噪声能量，D_2 中也可以看到一些明显的噪声分布。从各级重构信号的幅值来看，D_4 和 D_3 幅值较大，根据前面的分析，其中包含了泄漏信号的主要能量。

从图 7-31 滤波后的波形上看，信号中的低频噪声和少量高频噪声被滤除了，说明小波带通滤波方法对泄漏信号频带以外的干扰噪声的滤波效果是显著的。

可以看出，小波分析方法既可对信号进行频域分析，又可展现不同频域信号的时域特

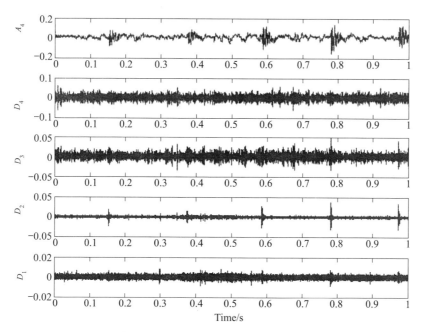

图 7 - 30　4 级小波分解各级重构信号

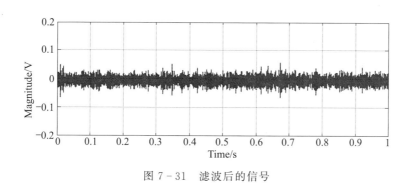

图 7 - 31　滤波后的信号

征，有利于泄漏信号和噪声信号的精确识别和处理，通过信号的分解及重构，可以提取出有用的泄漏特征信号。

7.5.4　泄漏信号神经网络识别

对泄漏信号进行时域、频域处理后，就需要根据提取出的特征量对泄漏状态进行识别。由于人工神经网络（Artificial Neural Networks，ANN）具有较好的自调节、自适应能力，所以它成为处理此类模式识别问题非常有效的工具。

人工神经网络模拟人脑信息处理模式，构建了由许多具有非线性映射能力的神经元相互连接而构成的动态系统，并通过对网络进行训练，实现输入输出之间的某种映射。整个网络实际上是一个非线性动态系统，具有学习、记忆、计算等智能处理能力，神经网络的信息分布式存储于连接权系数中，使网络具有较高的容错性和鲁棒性。

采用神经网络方法，主要是利用神经网络抗干扰、自适应等优点，实现对泄漏信号的识别和泄漏等级的判别。

（1）BP 神经网络（Back Propagation Neural Network）

神经网络有很多类型，如前馈神经网络、自组织神经网络、反馈神经网络、随机神经网络、视觉神经网络等。基于误差反向传播学习算法的前馈神经网络通常称为 BP 神经网络，是应用较为广泛的神经网络之一，其神经元模型如图 7 - 32 所示。

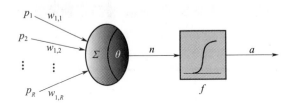

图 7 - 32　神经元模型

BP 神经元与其他神经元基本类似，其特点是 BP 神经元的传输函数为非线性函数，其输出为

$$a = \mathrm{logsig}(\boldsymbol{p}^{\mathrm{T}}\boldsymbol{w} - \theta) \tag{7 - 14}$$

BP 神经网络一般为多层神经网络，由输入层、隐层和输出层组成，隐层可以包含多层。BP 神经网络模型如图 7 - 33 所示。这种神经网络模型的特点是：仅相邻层神经元之间有连接，各层神经元之间无反馈连接，同层神经元之间没有联系。

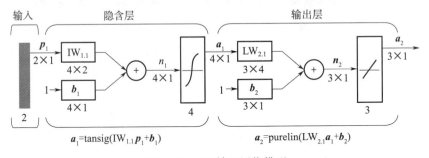

图 7 - 33　BP 神经网络模型

在确定了 BP 神经网络的结构后，要通过输入和输出样本集对网络进行训练，亦即对网络的阈值和权值进行学习和修正，以使网络实现给定的输入输出映射关系。

BP 神经网络的学习过程分为两个阶段：

第一个阶段是输入已知学习样本。通过设置的网络结构和前一次迭代的权值和阈值，从网络的第一层向后计算各神经元的输出。

第二个阶段是对权值和阈值进行修改。从最后一层向前计算各权值和阈值对总误差的影响（梯度），据此对各权值和阈值进行修改。

以上两个过程反复交替，直到收敛为止。由于误差逐层往回传递，以修正层与层之间的权值和阈值，所以称该算法为误差反向传播算法（Error Back Propagation Algorithm），这种误差反传学习算法可以推广到有若干个中间层的多层网络。标准的 BP 算法是一种梯度下降学习算法，其权值的修正是沿着误差性能函数梯度的反方向进行的。

对于图 7-34 所示的 BP 神经网络，设 k 为迭代次数，则每一层权值和阈值的修正按下式进行

$$\boldsymbol{x}(k+1)=\boldsymbol{x}(k)-\alpha\boldsymbol{g}(k) \tag{7-15}$$

式中，$\boldsymbol{x}(k)$ 为第 k 次迭代各层之间的权值和阈值向量。

$\boldsymbol{g}(k)$ 为第 k 次迭代的神经网络输出误差对各权值和阈值的梯度向量。负号表示梯度的反方向，即梯度的最速下降方向。

$$\boldsymbol{g}(k)=\partial E(k)/\partial\boldsymbol{x}(k) \tag{7-16}$$

式中，α 为学习速率，在训练时是一个常数。$E(k)$ 为第 k 次迭代的网络的总误差性能函数，一般用均方差表示。

$$E(k)=E\left[e^2(k)\right]\approx\frac{1}{LS}\sum_{j=1}^{L}\sum_{i=1}^{S}(t_i^j-a_i^j(k))^2 \tag{7-17}$$

式中，t_i^j 表示对第 i 个输入样本，目标向量 t_i 的第 j 个值；$a_i^j(k)$ 表示第 k 次迭代，对第 i 个输入样本，网络实际输出向量 a_i 的第 j 个值；S 为训练样本的个数，L 为输出向量的长度。

通过对误差函数求偏导，求得其对权值和阈值向量的梯度，便可以沿梯度最速下降的方向修改权值和阈值。经过反复迭代，使总的误差向减小的方向变化，直至达到所要求的误差范围为止。完成训练后的神经网络，即可用于信号的识别与检测。

（2）泄漏检测神经网络设计

泄漏信号为随机信号，目前对泄漏信号的识别尚无标准方法，但是基于神经网络的泄漏信号识别方法得到了较为广泛的研究和应用，取得了良好的效果。泄漏检测神经网络可采用 BP 神经网络设计，主要实现两个功能，一是根据采集到的信号，判断是否存在泄漏，二是若存在泄漏，判断泄漏等级。

BP 神经网络参数的设计一般从以下几个方面考虑：网络层数、输入输出节点数、隐层节点数、传递函数等，如图 7-34 所示。

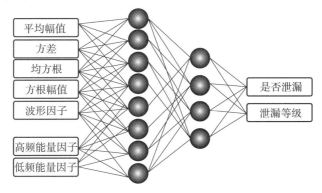

图 7-34　泄漏检测神经网络模型

①网络层数

BP 神经网络中相邻层采取全互连方式，同层各神经元之间没有任何连接，输出层与输入层之间也没有直接的连接。现有研究表明，在隐含层节点可以根据需要自由设置的情况下，三层前向神经网络可以实现以任意精度逼近任意连续函数。另外，BP 算法的误差是通过输出层向输入层反向传播的，层数越多，反向传播的误差在靠近输入层时会变得越不可靠，对权值修正的结果也就变得越不可靠，同时隐层的增加会造成 BP 神经网络过于复杂，大大降低 BP 算法的收敛速度。因此，对于泄漏检测，选择三层 BP 神经网络是足够的，即只含一个隐含层的 BP 神经网络。

②输入输出节点数

BP 神经网络的输入层和输出层的节点数要根据实际情况确定。构成学习样本集的特征向量个数即为输入层的节点数，学习样本需要划分的类别为输出层的节点数。根据泄漏信号时域、频域特征分析，可选取与泄漏量关系密切的部分时域统计参数和频域特征参数组成泄漏检测神经网络的输入向量。对于输出层，只需要一个量来表征泄漏量的大小，但为了提高小泄漏信号识别的准确性，可以再设计一个输出神经元表示有泄漏和无泄漏两种状态。

③隐层节点数

隐层节点数的选择是神经网络设计中一个相对复杂的问题。隐层节点数选取过多，造成网络训练时间过长，网络收敛慢甚至不收敛，同时会降低网络的泛化能力。隐层节点数选取太少，则会造成网络容错性能降低。

一般认为，隐层节点数与求解问题的要求，以及输入输出节点数多少都有直接的关系。所以，隐层节点的选取，有以下两个经验公式

$$n = \sqrt{n_i + n_o} + a \qquad (7-18)$$

$$n = 2n_i + 1 \qquad (7-19)$$

式中，n 为隐层节点数；n_i 为输入节点数；n_o 为输出节点数；a 为 $1 \sim 10$ 之间的常数。

④传递函数

BP 神经网络的隐含层传输函数为非线性函数，常用的有 logsig 和 tansig 函数（S 形函数），但输出层既可使用非线性函数，也可采用线性函数，不同的是采用 S 形传输函数，其输出结果将会限定在一个较小的范围内，而采用线性传输函数输出值则可在任意范围内。对于泄漏检测神经网络，隐含层采用 S 函数，输出层可采用 Pureline 函数。

⑤网络的训练与验证

网络的训练样本由采集信号得到，通过提取特定泄漏状态下信号的特征量，构成网络的训练样本。为避免神经网络的过拟合现象，在网络训练过程中，按照最小化网络原则，采用逐步删除法对网络隐层节点进行调整。如网络初始隐层节点可设置为 15～20 个，通过逐步删除法，将隐层节点减少到合适的数量，即在隐层节点尽可能少的情况下，神经网络训练误差曲线还能够快速收敛到设定的目标。训练结果如图 7-35 所示。

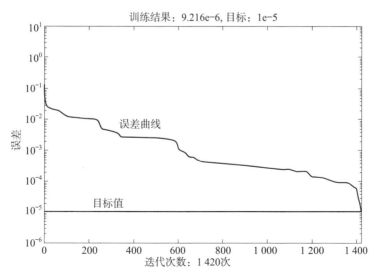

图 7 - 35　泄漏检测神经网络训练误差曲线

7.5.5　泄漏信号数字混频处理

对采集到的泄漏信号进行人耳侦听也可作为泄漏信号识别的辅助手段。但声发射系统采集到的泄漏信号主要分布在超声波频带，人耳无法直接听到，需要通过频率转换，频移至可闻声波频带内，这可以采取数字混频方法来实现。

设信号为 $u_x = U\cos\omega t$ ，将其与频率为 ω_0（称为本振频率）的信号 $u_y = U_0\cos\omega_0 t$ 相乘，得到

$$u_{xy} = u_x \cdot u_y = U \cdot U_0 \cdot \cos\omega t \cdot \cos\omega_0 t = \frac{U \cdot U_0}{2} [\cos(\omega + \omega_0) t + \cos(\omega - \omega_0) t]$$

$$(7-20)$$

从而得到包含 $(\omega + \omega_0)$ 和 $(\omega - \omega_0)$ 两种频率分量的信号 u_{xy} ，对信号 u_{xy} 进行低通滤波，可以得到频率为 $(\omega - \omega_0)$ 的低频信号，即达到信号降频的目的。信号处理流程如图 7 - 36所示。

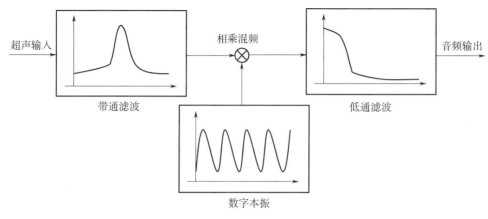

图 7 - 36　超外差数字混频原理框图

采用数字混频法进行降频时，重点是本振频率的选择。人耳可闻声波频带为 20 Hz～20 kHz，数字混频的目标是将超声信号降频到此频带区间内。如泄漏信号的中心频率为 40 kHz，可选择 16 kHz 的本振频率进行混频，那么就可以得到差频信号为 4 kHz 的音频信号。

7.6　声发射泄漏检测实验

利用真实火箭和真实推进剂开展泄漏检测实验成本高、实现难度大，一般需要构建模拟实验环境来对泄漏检测系统进行测试。泄漏检测实验分为液体泄漏检测实验和气体泄漏检测实验。

7.6.1　液体泄漏检测实验

液体泄漏检测实验装置包括压力气罐、液体贮罐、管道、可调阀门、液体流量计量设备等。其中，压力气罐用于向液体贮罐加压，使液体贮罐内的液体压力达到火箭加注完成后的压力值，实验用液体可用自来水代替。可调阀门用于模拟火箭活门不同程度的泄漏，液体流量计量设备用于对泄漏量的大小进行测量。

图 7-37 所示为液体泄漏检测实验装置，实验中通过调节阀门开度来控制泄漏量，分别对无泄漏、滴漏、快速滴漏、线漏、快速线漏、喷漏等几种状态进行了信号采样。

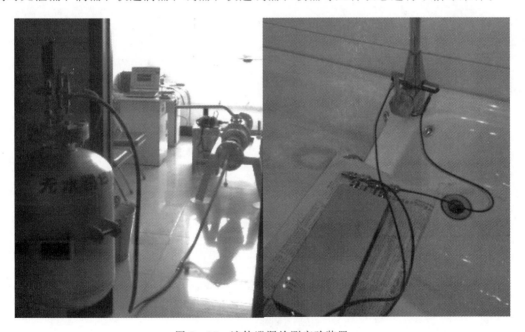

图 7-37　液体泄漏检测实验装置

泄漏检测系统采集信号处理结果如图 7-38～图 7-41 所示，图形显示左侧为信道 1 的信号，连接传感器 1，右侧为信道 2 的信号，连接传感器 2。

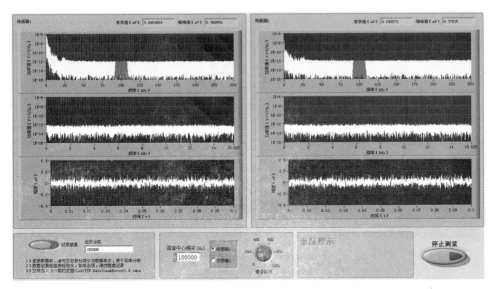

图 7 - 38　无泄漏测试结果

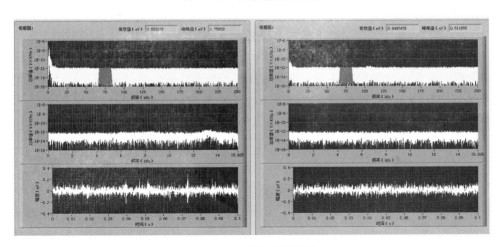

图 7 - 39　滴漏测试结果

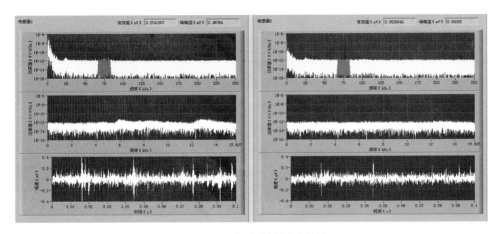

图 7 - 40　快速滴漏测试结果

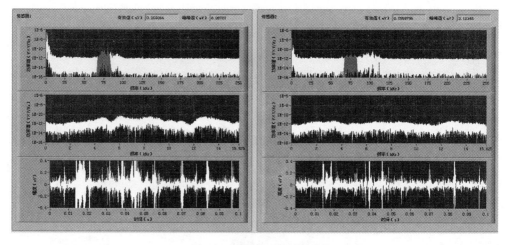

图 7‑41　线漏测试结果

无泄漏时，信号在整个超声频段内频谱平坦，时域波形起伏不大，有效值约为 0.050 mV，峰峰值约为 0.41 mV。调整阀门，出现滴漏时，信号在 75 kHz 至 100 kHz 频带内有轻微起伏，时域波形峰值增大，有效值一般大于 0.051 mV，峰峰值通常大于 0.6 mV。

增大阀门开度，使泄漏呈现快速滴漏或线漏的状态，此时信号频谱在超声频段的突起明显可观测，时域波形信号毛刺幅度增大，数量增多，有效值大多大于 0.2 mV，峰峰值普遍大于 5 mV。

7.6.2　气体泄漏检测实验

气体泄漏检测实验装置包括压力气罐、减压阀、管道、可调阀门、气泡观察设备等。其中，压力气体可采用氮气作为气源，减压阀将气体压力值调整到加注系统气检时的压力值（一般为 0.15～0.17 MPa），通过可调阀门模拟加注管道不同程度的气密情况，通过观察气泡多少对设备气密性进行估计。

气体泄漏检测实验装置如图 7‑42 所示，实验获取的信号如图 7‑43～图 7‑46 所示。从图中看出：

1）无泄漏时信号时域波形及有效值、峰峰值与液体检测实验基本一致。

2）当出现每秒 3～5 个气泡的泄漏时，信号变化明显，时域波形幅度明显增大，有效值大于 0.17 mV、峰峰值大于 1.2 mV。

通过比对，气体泄漏产生的声发射信号频带较液体泄漏产生的声发射信号频带更宽。

实验验证表明，利用声发射泄漏检测系统，可有效对火箭加注活门内泄漏进行检测，是加注机器人实现自动泄漏检测的有效技术路径。

图 7 - 42　气体泄漏检测实验装置

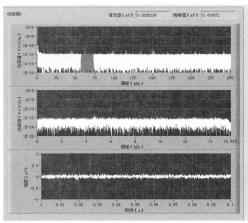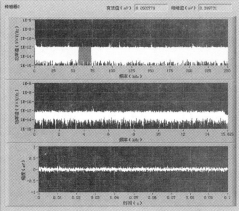

图 7 - 43　无泄漏时的信号

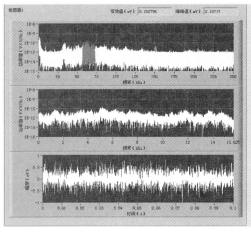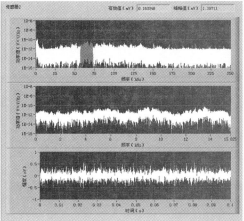

图 7 - 44　小泄漏信号（每秒约 3～5 个气泡）

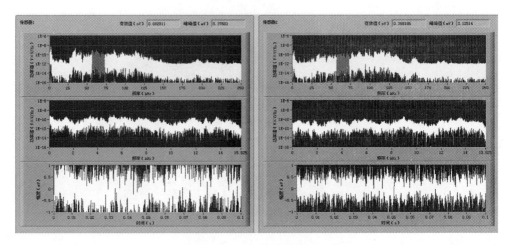

图 7 - 45　中等泄漏信号

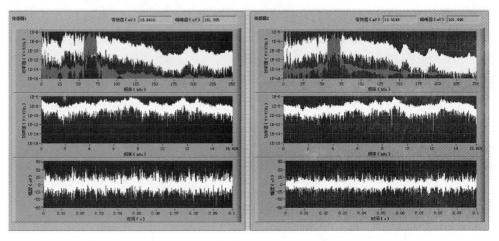

图 7 - 46　大泄漏信号

参 考 文 献

[1] 吴孝俭，闫荣鑫. 泄漏检测 [M]. 北京：机械工业出版社，2005.

[2] 徐洁，丁金婷，等. 管道泄漏检测方法综述 [J]. 管道技术与设备，2004 (4)：14 - 16.

[3] 陈联，赵澜，等. 航天器推进剂泄漏检测技术研究进展 [J]. 真空与低温，2017 (3)：125 - 130.

[4] 贾立德，王金安，等. 航天发射场飞船检漏间密封气囊泄漏检测与评估 [J]. 载人航天，2012 (4)：26 - 29.

[5] 张其敏，严宏东. 管道泄漏检测技术及评价 [J]. 重庆科技学院学报（自然科学版），2006 (2)：33 - 35.

[6] 付道明，孙军，等. 国内外管道泄漏检测技术研究进展 [J]. 石油机械，2004 (3)：48 - 51.

[7] 王建波，于达仁. 液体火箭发动机推进剂检漏技术的综述 [J]. 航空动力学报，1998 (1)：72 - 77.

[8] 缪松华，顿向明，等. 被动声探测在油罐机器人位置检测中的应用 [J]. 计算机测量与控制，2012 (8)：2080 - 2082.

[9] 姚来凤，冯益华，等. 超声波及超声检测 [J]. 山东轻工业学院学报，2007 (2)：67 - 69.

[10] 郭秀林，何婧，等. 红外热成像仪在火电厂阀门内漏检测中的应用 [J]. 工业加热，2016 (3)：47 - 50.

[11] 袁振明，马羽宽，等. 声发射技术及其应用 [M]. 北京：机械工业出版社，2005.

[12] 李光海. 声发射检验技术进展 [J]. 南昌航空工业学院学报，2001 (2)：39 - 43.

[13] 袁振明. 我国声发射技术近年研究和应用的进展 [C]. 第五届声发射技术学术讨论会论文集，1991 (10)：271 - 274.

[14] 王朝晖，张来斌，等. 声发射技术在管道泄漏检测中的应用 [J]. 中国石油大学学报（自然科学版），2007 (5)：84 - 90.

[15] 戴光. 声发射技术的应用与研究进展 [J]. 大庆石油学院学报，2001 (3)：95 - 99.

[16] 霍臻，陈翠梅，等. 压力管道声发射泄漏检测 [J]. 无损检测，1997 (4)：105 - 107.

[17] 杨明纬. 声发射检测 [M]. 北京：机械工业出版社，2005.

[18] 秦国栋，刘志明. 声发射测试系统的发展 [J]. 测试技术学报，2004 (3)：274 - 279.

[19] 沈功田，耿荣生，等. 声发射信号的参数分析方法 [J]. 无损检测，2002 (2)：72 - 76.

[20] 陈玉华，刘时风，等. 声发射信号的谱分析和相关分析 [J]. 无损检测，2002 (9)：395 - 399.

[21] M. R. Gorman. Etc. AE source orientation by plate wave analysis. Journal of Acoustic Emission. Vol. 10，2000 (4)：53 - 58.

[22] 刘镇清，黄瑞菊. 小波变换及其应用 [J]. 无损检测，2001 (4)：174 - 177.

[23] 张平，刘时风，等. 小波变换在声发射检测中的应用 [J]. 无损检测，2002 (4)：181 - 185.

[24] 王健，金周庚，等. C/E复合材料声发射信号小波分析及人工神经网络模式识别 [J]. 宇航材料工艺，2001 (1)：49 - 57.

[25] 蔡正敏. 吴浩江. 小波变换在管道泄漏在线监测中去噪的应用 [J]. 机械科学与技术，2001 (2)：253 - 256.

[26]　焦李成. 神经网络系统理论 ［M］. 西安：西安电子科技大学出版社，1996.

[27]　唐秀家. 管道系统泄漏检测神经网络与模式识别方法 ［J］. 核科学与工程，1998（3）：220-227.

[28]　王志武. 基于神经网络的液体火箭发动机泄漏检测方法 ［J］. 火箭推进，2005（1）：55-58.

[29]　马向斌，等. 管道泄漏信号时/频域分析方法 ［J］. 东风航天，2008（3）：9-13.

[30]　杨福生. 随机信号分析 ［M］. 北京：清华大学出版社，1990.

[31]　孙延奎. 小波分析及其应用 ［M］. 北京：机械工业出版社，2005.

[32]　胡昌华，张军波，等. 基于 MATLAB 的系统分析与设计——小波分析 ［M］. 西安：西安电子科技大学出版社，1999.

[33]　John G. Proakis，Dimitris G. Manolakis. 数字信号处理：原理、算法及应用（第三版）［M］. 北京：电子工业出版社，2004.

第8章　火箭加注自动对接机器人安全可靠性设计

运载火箭加注自动对接与脱离机器人作为高危环境下应用的特种机器人，作业环境复杂，推进剂易燃易爆，系统应用必须满足对接过程轻柔，严禁硬性碰撞导致火箭损伤。同时，还必须满足防腐、防爆、防静电等安全可靠性要求，避免出现电火花或静电积累。为确保加注对接与撤收过程的安全性与可靠性，必须对机器人各项设计指标进行全面梳理分析，对关键部件进行防护性设计，对负荷及控制失效范围等进行建模计算，从器件选择、材料选取、模块设计到应用工艺流程设计等多个方面，全面开展安全可靠性设计。

8.1　概述

产品的安全性是指避免产品可能对操作人员、应用对象、应用环境以及产品本身带来的危害，可以分为人身安全、设备安全和环境安全等。产品安全性设计在国内外都有许多标准、规范和规程可以遵循，符合使用的安全标准、规范和规程的要求，是安全性设计必须遵守的准则。产品安全技术可以分为直接、间接和提示性三类技术。直接安全技术是直接针对产品采取的安全性措施，如采用防爆电机，使产品本身避免产生危险。间接安全技术是针对操作人员、应用对象、应用环境采取的安全性防护措施，如增加防护装置，以防止危险发生。提示性安全技术是在危险发生前发出警告，给出警示性提示，提醒操作人员采取必要措施，以防止发生险情。

产品的可靠性是指产品在规定条件下和规定时间内，完成规定功能的能力。随着机器人在制造业领域的应用越来越广，机器人可靠性暴露出的问题逐渐受到企业领导以及相关领域专家的重视。为解决这一问题，许多专家学者开始把相应的理论知识运用到机器人行业的整个设计过程中，主要涉及机器人的故障树分析、故障模式影响分析、可靠性预估、指标分配等方面。在产品故障分析方面，系统级的分析可以采用故障树和事件树分析方法对机器人系统进行可靠性分析。器件（部件）或模块级的可靠性分析通常可以运用 FMEA（Failure Mode Effect Analysis）和 QFD（Quality Function Deployment）相结合的方法。在此基础上，研究人员又针对具体应用情况提出了引入模糊集理论的故障树分析法、静态 FTA（Failure Tree Analysis）分析法和动态 FTA 分析法、基于 FMEA 的 H 层贝叶斯网络诊断模型和模糊马尔科夫链预测模型等工程应用故障分析预测方法，所得结果可用于提高现有产品的可靠性，改进产品性能。

加注机器人在设计之初，就要考虑工程应用的安全性问题和系统工作可靠性问题。研制过程中，对不同的运行方式（状态）进行预想和故障梳理，对可能引起机器人系统过负荷、控制失效的故障，或对火箭安全和加注过程构成威胁的故障进行计算模拟和实验测试，对整个机器人自身可靠性以及机器人对火箭的安全水平进行评估。对不满足工程应用要求的部分，可通过增加冗余备份设计、提升单元器件和模块的性能以及提示性分步操控等方法进行完善或提高防护能力。

8.2　加注自动对接机器人应用风险分析

针对火箭推进剂腐蚀性强、易燃、易爆等特点，加注机器人设计从外部材料选择到内部器件选型都必须经过充分论证。机器人可能出现的安全性问题包括：机器人自身被泄漏的燃料腐蚀、漏电或出现电火花、材料结构不稳定或承力不足导致断裂、失控导致碰撞、自身站立不稳等；可能出现的可靠性问题包括：长时间运行不稳定、器件耐高低温等环境能力不足、系统功能失效后状态恢复不到位等。因此，加注机器人的安全性和可靠性设计的内容应包括以下内容：

1）防腐设计。重点防护关键的单元模块、电线路和传感器等，确保在出现大泄漏情况下，机器人能正常运行，短时间内不会因腐蚀而导致系统失效。

2）防爆设计。重点避免各关节电机运行过程中出现碰撞火花、接头打火、静电积累等，防止接触到加注口附近挥发的推进剂而起火甚至爆炸。

3）防断裂设计。重点加强机器人各关节部件的结构强度，确保在机械臂携带几十千克的末端负载时，不出现前端悬壁下垂现象；机器人上箭后，箭体表面的固定基板能支撑住相应的上箭负载。

4）防碰撞设计。重点防止加注机器人工作过程中强力碰撞到火箭箭体表面或冲撞加注活门，导致火箭的可靠性下降。

5）防断电设计。重点给出机器人在执行对接工作过程中，供电异常情况下的解决方案，避免机器人重新加电后状态失控。

6）防倾覆设计。重点防止机器人重心失衡导致整体倾覆，造成加注机器人自身损伤，或大力牵拉导致加注活门损伤，以及与火箭发生碰撞等情况。

7）防视觉失效设计。机器人对接的关键部件之一是机器视觉系统，要防止机器视觉系统部件损坏、受污染等极端情况下的机器人运行失效。

8）防程序异常设计。重点防止远程控制程序和 PLC 控制程序出现跑飞的情况。

9）可维修性设计。重点解决机器人系统的可维护性，为实际工程应用提供便捷的安装工具和维护设备。

上述这些安全可靠性问题可归结为"四防"——防腐、防爆、防碰撞、防失效。加注自动对接机器人系统需要从材料可靠性、电气可靠性、机械可靠性、操控可靠性、应用安全性和可维修性方面深入开展优化设计。

8.3　加注机器人材料可靠性设计

考虑到极端的泄漏情况，大量氧化剂喷射到机器人本体上，会对机器人产生强烈的腐蚀作用。当机器人的组成元器件被泄漏的推进剂所腐蚀时，会影响机器人的控制可靠性。当机器人机械本体组成零件被严重腐蚀时，可能出现脱落情况。当机器人上的各类传感器被腐蚀时，机器人运动将会无法准确定位或限位，从而产生无规则运动损伤箭体。当线缆被腐蚀时会导致漏电而引发爆炸，危害人员及箭体安全。因此机器人的耐腐材料选择和关键部位抗腐蚀性防护极其重要。

8.3.1　防腐材质选择

以火箭常用的氧化剂四氧化二氮为例，四氧化二氮是由二氧化氮叠合而成，其固体、液体及气体均无色。随着温度的升高，二氧化氮增多，颜色加深，由褐色转变到赤红色。在标准大气压下，四氧化二氮的沸点为 21.2 ℃，熔点为 −11.2 ℃，密度（20 ℃）为 1.446 g/cm³。由于四氧化二氮的分子呈对称结构，故较为稳定，溶于水、二硫化碳等，但其与水只是有限的互溶。0 ℃ 时，有含量为 47% 和 98%（质量百分浓度）的两层液体。掺和的临界温度为 67 ℃，此时不再分层，液体中四氧化二氮的含量为 89%（质量百分浓度）。易与水反应生成等摩尔硝酸和亚硝酸混合物。当温度升高时，亚硝酸分解为硝酸和氧化氮，是强氧化剂。

针对推进剂的强腐蚀性等特点，机器人系统主体可采用铝合金材料（如 7075），局部采用 06Cr18Ni11Ti，0Cr18Ni9Ti、1Cr18Ni9Ti 等高强度耐腐材料，与偏二甲肼、四氧化二氮、硝酸、亚硝酸等均相容，以确保整个系统在推进剂泄漏的情况下能够抗腐蚀。

为防止推进剂泄漏时溅蚀到箭架系统内部，在元器件选择上可考虑采用金属封装的传感器、不锈钢导轨等，不同部位的电机传动部分要采用隔舱布局，使其不易被溅射推进剂所波及。在线材使用上，采用铝箔包裹的线缆，当推进剂触及线缆的时候，可以保障线材内部不被腐蚀，确保元器件能正常工作。

当加注出现泄漏的异常工况后，根据线缆表面材料腐蚀情况判断是否需要进行维护，若线缆表面材料有明显腐蚀痕迹，考虑到防止线缆被进一步腐蚀，即需要更换线缆，以确保下次对接任务的耐腐保障。

加注对接机器人系统投入工程应用前，需要通过真实推进剂的泄漏喷射检验，以验证在推进剂泄漏情况下，机器人系统的抗腐蚀能力和工作可靠性。

8.3.2　防腐机构设计

合金防腐材料可用于制作机械臂，其他防腐材料可用于电缆和部分传感器等不需要裸露的线材和器件防护。但总有部分传感器件需要直接面对加注口，如机器视觉系统、到位检测传感系统等，一旦发生喷射型泄漏，就可能导致这些重要的传感系统被腐蚀。此时，可以考虑采用增加辅助防腐机构的方式来解决问题。

以基于 SCARA 机械臂的加注机器人为例，机器人头部的机器视觉系统采用的是激光雷达传感器，用于扫描箭体上的目标板，完成机器人与火箭箭体之间的定位，为机器人位姿的变换提供测量信息。激光雷达的可靠性决定了能否持续实现精确定位，从而保证机器人位姿变换的精准性，不至于无规则运动损坏箭体。激光雷达的安装位置和方式如图 8-1所示。

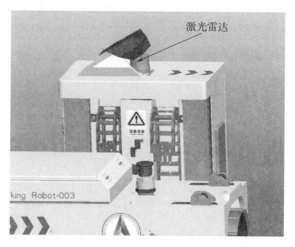

图 8-1　SCARA 加注机器人激光视觉系统

图 8-1 中水平检测的激光雷达安置于 SCARA 机械臂顶端，可对水平面进行扫描和跟踪，避免箭架机构上下运动时，产生纵向干扰。激光雷达表面为透光材料，不耐腐，如遇到泄漏工况，极易对激光雷达产生不可修复的损坏，并直接影响后续的对接定位。故在实际应用中，优化了雷达布局，采用嵌入式设计，外壳则采用开合形式，当需要定位时，由气缸控制打开，对接完成后，气缸自动关闭激光雷达外罩壳，以保护雷达不受挥发或喷溅的推进剂腐蚀，其结构如图 8-2 所示。

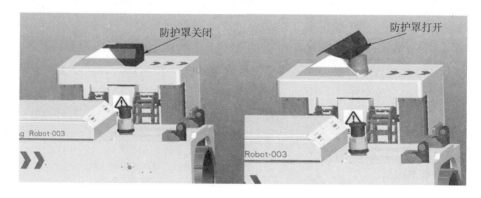

图 8-2　激光雷达的防腐保护机构

另外，在实际应用的工作流程中，针对撤收过程中出现的泄漏情况，在系统控制方面，还增加了路径记忆功能和按记忆路径完成应急再对接的操控方法。在加注前的对接过程中，加注管路空置，没有推进剂，不存在泄漏情况。此时，视野良好，机器人可在干净的环境中完成目标搜索和定位对接，并自动记忆对接路径。对接与加注完成后，机器人撤收过程中，或者撤收后，加注口出现泄漏，附近一片黄烟，并有可能有液体向外喷出。此时，加注机器人的视觉系统防护罩不用再次打开，机器人凭第一次对接的记忆路径，就可完成应急对接。此种办法可以有效防护视觉系统受到加注推进剂的腐蚀。

对于活动关节，不适于采用硬密封方式进行防护的地方，可以考虑采用防护服材料进行软密封。以分离重构式加注机器人为例，机械臂上箭后，要与机器人本体机械脱开，只保留电缆软连接。此时，不适合采用不锈钢材料或铝合金材料进行硬密封，因为会导致机械臂过重或移动对接不灵活。研究人员创新地提出了采用人工加注时穿着的防护服面料，对分离结合部位进行软连接防护，如图 8-3 所示。防护服面料柔软，便于折叠，还可以有效避免内部线路和传感器受到溅射推进剂的腐蚀。

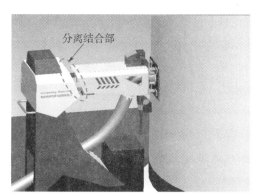

图 8-3　分离结合部位软连接防护

8.4　加注机器人电路可靠性设计

火箭加注自动对接机器人本体及控制柜内均布有电子元器件和驱动电路，因此需要考虑其防静电积累和防爆特性，以防推进剂泄漏造成烧蚀或引起爆炸。

8.4.1　电机密封防护

机器人整体密封或局部密封可以有效保护机器人电路及元器件的使用安全，同时提高防爆特性，因此机器人设计时需要重点考虑其密封性及密封方式。

为避免电机静电或火花对泄漏推进剂产生影响，驱动电机可采用无刷交流伺服电机，各电机采用独立隔舱布局，如图 8-4 所示，并设电机罩保护，且每个关节都采用密封设计，电机线缆进行独立空间布局。针对关节间相对运动的动密封问题，可对机械臂架进行一体式紧凑型设计，臂架内设轴承套于法兰轴上。旋转关节处，可采用圆锥滚子轴承。为了防止润滑油脂的泄漏和外界杂质的进入而影响轴承使用，可设计密封盖，既起到防护作用，又保证各个臂架的整体性。对于弱电线缆可进行局部密封，并采用抗干扰、耐腐材料进行保护。

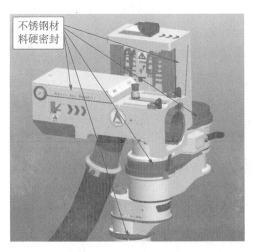

图 8-4　电机隔舱布局

8.4.2　控制柜密封防护

特殊情况下，控制柜的环境可能会有水或推进剂泄漏的情况，若控制柜内被液体侵蚀，易导致线路腐蚀，甚至短路，所以对控制柜的面板以及箱体也要考虑密封设计。

控制柜面板可采用整板折弯加工制作，在弯角处不留缝隙，所以控制柜的密封主要集中在操作面板、柜门、按钮安装孔和配电插座安装孔等位置。

1）控制柜操作面板上的按钮密封设计：安装时在底面加装密封橡胶圈，顶部配有防水帽，如图 8-5 所示。

图 8-5　密封式按钮

2）配电插座密封设计：配电插座的边缘和底面均加装橡胶垫，保证插座安装到控制柜上后，中间的缝隙得到密封，如图 8-6 所示。

3）面板柜门密封设计：面板柜门属于可以打开和关闭的部件，在正常使用时关闭。为了确保泄漏的推进剂不会进入控制柜，柜门的边缘接触面上可加装密封条，在方便开闭的前提下，保证闭合时的密封性，如图 8-7 所示。

图 8-6　航插密封　　　　　　　图 8-7　控制柜安装密封条示意图

4) 控制柜散热与密封设计：控制柜集成了机器人控制、驱动、监测、通信等电子元器件。机器人系统上电时，部分元器件存在触点，容易产生电弧，若暴露在易燃气体环境中，容易引爆易燃气体，同时控制柜在运行过程中自身会产生热量，内部少量大功率器件发热量大，普通的接触式散热已经不能满足要求。如果热量一直积累，得不到释放，控制柜内的温度就会持续增加，高温工作会缩短元器件的使用寿命，降低系统的稳定性，甚至导致元器件过热烧毁，系统功能失效，从而引起不必要的损失。对控制柜散热，可以采用多种手段相结合的方式加大散热量，如加大散热片的接触式散热方式，配合向柜内注入常温空气的气动散热方式进行辅助散热，使柜内与柜外产生正压差，将柜内的高温气体通过气压差排出。

向柜内充入常温气体有两大优点，一是可以降低柜内温度；二是由于加注现场环境的气体中可能带有可易燃气体，如采用普通散热方式，可能会将可易燃气体直接吸入柜内产生危险，因此通过抽风机将远离现场的安全气体持续不断地注入柜内，使可易燃气体不能流入柜内，可提升整个系统的工作安全性与可靠性，如图 8-8 所示。

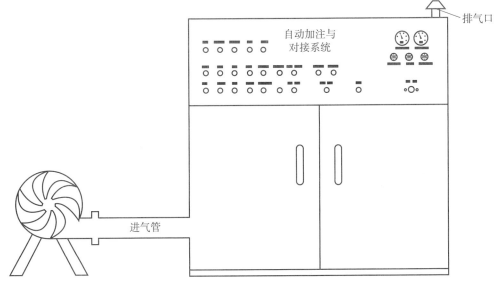

图 8-8　控制柜正压换气散热原理图

8.4.3 系统防静电设计

虽然少量的电荷积累不会对系统产生影响，但是当大量无用的电荷得不到释放并持续堆积时，在碰到低电位的导体时会瞬间大量泄放并产生电火花，会导致严重后果。为了防止此类现象的发生，机器人和控制柜上的静电必须得到可靠持续的释放。

如图 8-9 所示，在控制柜内部的接地点是控制器件的静电释放接口，它和外部接地点相连，在系统准备运行前把这些接点可靠对地连接，就可以有效抑制系统内静电的产生。由于我国的发射塔架大都是半钢架或全钢架结构，整个塔架各层均提供可靠的接地线，因此，只需将机器人本体和控制柜上的地线与塔架上地线连接即可。

内部
接地

外部
接地

图 8-9 控制柜上的接地点

8.5 加注机器人机械可靠性设计

8.5.1 机器人本体稳定性

加注自动对接机器人本体的稳定性决定了机器人在塔架上是否会倾覆。当机器人的稳定性不足时，可能会导致机器人机械臂前伸过程中向箭体方向倾倒，从而发生碰撞事故，损坏箭体。如图 8-10 所示，机器人安放在距离火箭轮廓最近不小于 20 cm 的位置，确保在安放时不与箭体发生接触。以某型火箭二级氧化剂加注口为例，根据塔架实际测量尺寸，箭体加注口位于塔架开合面逆时针＞20°以外，加注口高度为 1 280 mm，安置机器人所需的平面空间为 1 003 mm×898 mm，机器人底座立柱中心距离箭体表面径向距离约为727 mm，机器人的加泄连接器对接高度范围为 1 160～1 350 mm。

为符合塔架承载限制要求和便于搬运，必须对机器人系统整体进行轻量化设计。由于机器人形体重心偏高，底座支撑脚受塔架空间限制不能设计得足够长，此时，机器人底座固定于塔架上火箭加注口附近，若固定不稳，易使机器人倾覆，导致箭体受伤。因此，在实际使用过程中，底座可设计成三角形支撑，尽量延长支撑的距离，同时需要将机器人底

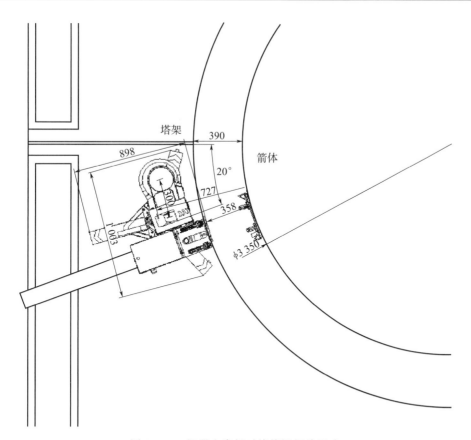

图 8-10　机器人常规对接俯视相关尺寸

座的三个支脚分别用螺钉固定在塔架上，即将机器人可靠地固定于对接工位。底盘牢固固定后的机器人，承载能力强，作业范围广，可灵活完成与火箭加注活门的对接、脱离或应急再对接等工作。

8.5.2　机械结构强度可靠性

由于机器人机械臂前端载荷较重，可能达到 30～50 kg，机械臂水平面活动的范围几乎覆盖 360°，前伸的距离要求超过 50 cm，这些指标对机械臂和底座的结构强度提出较高要求。对于机器人的关键部件，尤其是承力部件，必须进行准确的分析计算，确保所选材料和设计的尺寸能够满足机械结构强度要求。

以 SCARA 机械臂式加注机器人为例，关键机械部件主要有旋转机械关节、立柱关节、空心轴、柔顺对接框架、销钩、丝杠、连接器坚固装置等。

机械强度仿真计算：机器人主要受力的非标零部件为各机械臂关节及其上的承力部件，以 7075 铝合金和 45♯钢作为主选材料，按设计指标要求对主体零件进行有限元分析，分析结果如图 8-11～图 8-21 所示。

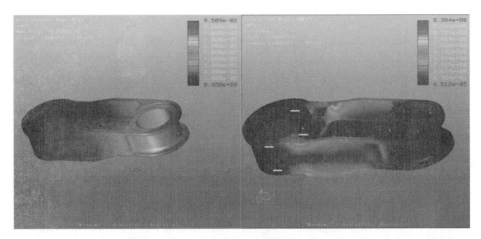

图 8-11　机械臂关节受力分析（见彩插）

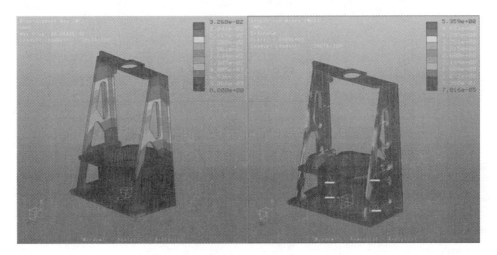

图 8-12　立柱关节受力分析（见彩插）

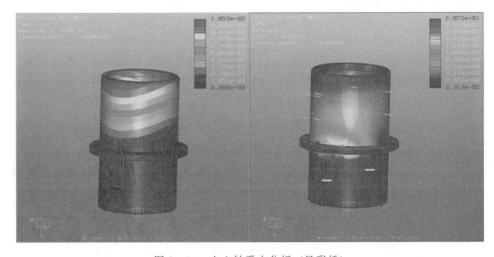

图 8-13　空心轴受力分析（见彩插）

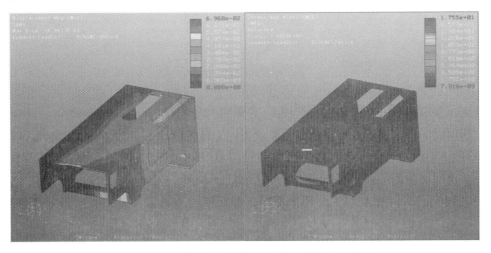

图 8 - 14　上箭前柔顺对接框架受力分析（见彩插）

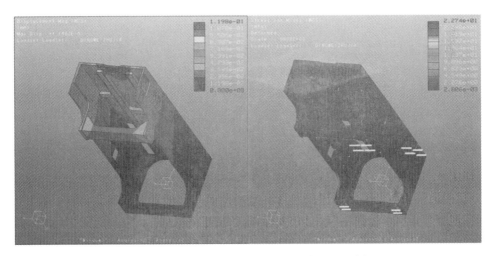

图 8 - 15　上箭后柔顺对接框架受力分析（见彩插）

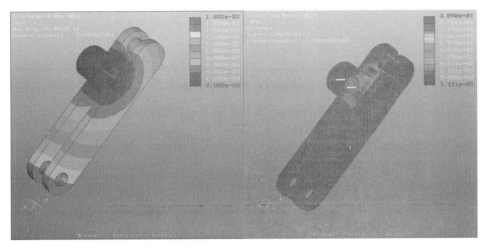

图 8 - 16　销钩与定位基板固连后带载受力分析（见彩插）

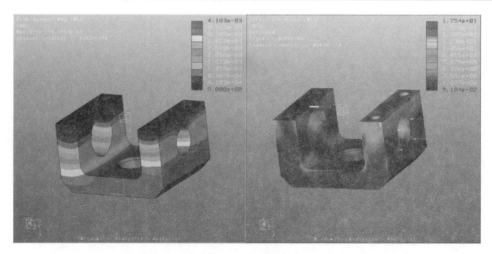

图 8-17 十字铰销固定座受力分析（见彩插）

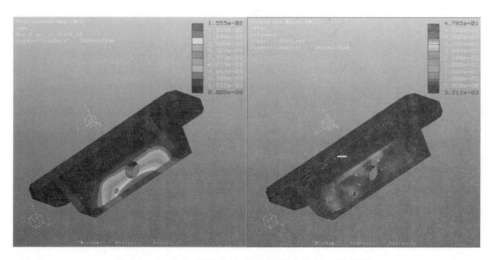

图 8-18 丝杠模组力传感支架受力分析（见彩插）

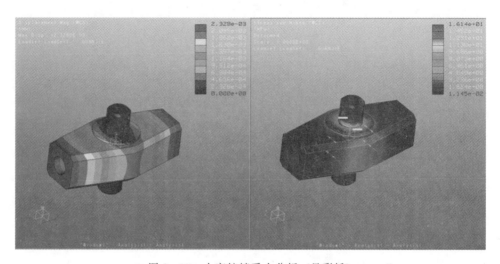

图 8-19 十字铰销受力分析（见彩插）

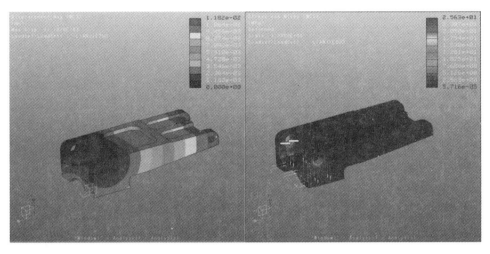

图 8 - 20　连接器紧固装置上板受力分析（见彩插）

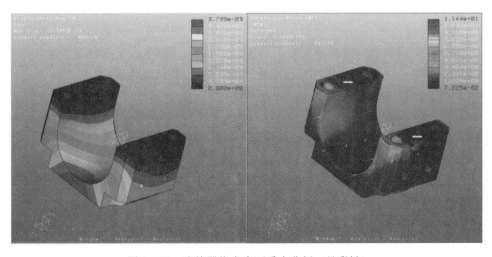

图 8 - 21　连接器抱夹半环受力分析（见彩插）

上述各承力机构或部件的设计指标、实际指标、安全系数和裕度计算结果如表 8 - 1 所示。从表中可以看出，采用 7075 铝合金和 45♯ 钢作为主支撑架，系统设计的裕度余量非常大，一方面是为了确保安全性，另一方面也是为了满足耐腐材料选择的要求。

表 8 - 1　机器人主要受力非标零部件强度裕度分析表

序号	产品名称	参数名称	设计指标/MPa	实际指标/MPa	安全系数	裕度/MPa
1	机械臂	强度	≥8.38	≥455	54.3	446.62
2	立柱关节	强度	≥5.36	≥455	84.9	449.64
3	机械臂空心轴	强度	≥20.72	≥355	17.1	334.28
4	箭架框架	强度	≥22.74	≥455	20	434.28
5	锁箭销钩	强度	≥30.9	≥355	11.5	324.1

续表

序号	产品名称	参数名称	设计指标/MPa	实际指标/MPa	安全系数	裕度/MPa
6	十字铰销固定座	强度	≥17.54	≥455	25.9	437.46
7	丝杠模组力传感支架	强度	≥47.05	≥455	9.7	407.95
8	十字铰销	强度	≥16.14	≥355	22	338.86
9	连接器紧固装置上板	强度	≥25.63	≥455	17.8	429.37
10	连接器抱夹半环	强度	≥11.44	≥455	40	443.56

8.5.3　机械系统指标核算

机械系统样机设计加工完成之后，要对各项指标进行复核或实际核算。需要核算的指标参数包括：作业有效范围、重量、尺寸、扭矩等。以基于 SCARA 机械臂的加注自动对接机器人为例，各项指标分析核算如下。

（1）作业有效范围

如图 8-22 所示，SCARA 机械臂末端执行器俯仰方向的调整方法为：静态调整＋动态调整，静态调整由控制箱底座加调整螺栓实现连接，动态调整由柔顺机构通过自适应约束释放来实现偏转和俯仰调节。主要参数如下：

1）加泄连接器俯仰/偏转调节角度：±2.5°。

2）高度方向调节范围：192 mm。

3）进给方向连接器行程：164 mm。

4）末端执行器对接精度：0.32 mm。

5）末端最大负载变形量：0.8 mm。

6）机械臂负载能力：50 kg。

7）系统自由度：5 个。

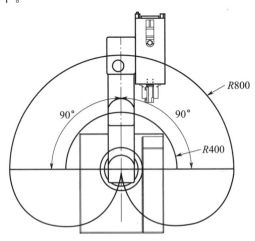

图 8-22　作业有效范围示意图

（2）重量

重量相关参数如下：

1）箭架系统模块：27 kg。

2）加泄连接器：10 kg。

3）SCARA 机械臂模块：66 kg。

4）线缆传感器等电气元件：10 kg。

5）底座控制箱：60 kg。

6）估计总重量：173 kg。

（3）尺寸

尺寸相关参数如下：

1）总高：1 480 mm。

2）总宽：800 mm。

3）总长：650 mm。

4）前伸距离 500 mm。

5）上下移动距离：200 mm。

（4）加泄连接器处扭矩

扭矩相关参数如下：

1）对接驱动主轴与加注活门轴线之间偏心距：109 N·m。

2）最大弯矩：192.5 N·m。

8.6　加注自动对接机器人操控安全性设计

加注系统与火箭箭体对接过程中，机器人上箭或与火箭加注活门对接都属于硬对接。硬对接超出火箭箭体的强度范围时，会对箭体造成机械损伤，从而影响火箭的可靠性。另外，还需要考虑机械臂失效后无规则的运动对火箭的伤害。因此，必须对这些情况下的撞击力进行测试，开展针对性防护，确保对接、加注、撤收与离箭过程的全流程安全。

8.6.1　机器人上箭安全性

上箭过程中，机器人落销以及钩销上锁时与火箭是硬接触，其上箭流程如图 8 - 23 所示。机器人完成上箭动作后，与火箭是紧固随动，不存在硬碰撞。因此只需要针对上箭过程中的硬接触，开展主被动安全性防护设计。

（1）与箭体接近过程的主动安全性设计

措施 1：通过激光雷达全程检测箭体与机器人末端之间的相对位置。激光雷达检测模块实时反馈火箭箭体典型标志的轮廓信息，提取出机械臂末端与箭体的位置与姿态数据，通过力-位移混合控制和路径自主规划方法，对机器人末端的运动速度进行阻尼控制，越靠近，速度越慢，从而实现接近过程"软"接触。

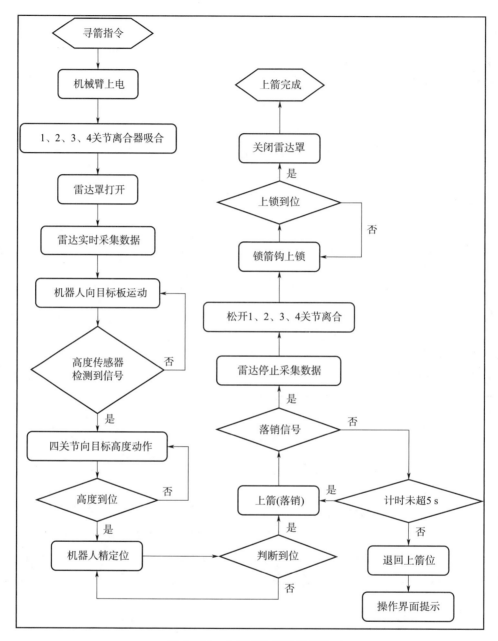

图 8 - 23　上箭工作流程示意图

措施 2：通过对来自现场摄像头的视频信息进行人工监控，确保过程可控。

（2）被动安全性设计

措施 1：减震与吸能材料的应用。在机器人末端执行器与箭体有直接接触的位置设置橡胶缓冲层。

措施 2：扭矩限制保护。在机械臂的回转关节处安装摩擦离合器，如发生碰撞导致扭矩过载，离合器也可以自行摩擦来释放超载的扭矩。

（3）上箭落销过程保护

与箭体之间采用带有预紧作用的"销—孔"连接，SCARA 机器人系统与箭体连接时，下端采用双球面型销定位，上端采用连杆机构推动销挂在箭体的钩子上，再拉紧连杆机构来固定系统与箭体，保证对接刚度。上、下箭过程由"落销"、"抓钩"、"自保持"、"脱钩"、"脱销"几个环节组成。"落销"即将球形销落入耳板销孔，采用自动"落销"和人工导引"落销"两种方法。自动"落销"基于激光雷达实现自主定位，在视频监控等辅助判据下，通过高精度操控实现渐进到位。人工导引"落销"主要针对调试模式，通过 SCARA 机械臂的柔顺状态，由人工导引将对接机构牵引到耳板销孔处，实现全过程柔顺"落销"。"抓钩"即通过连杆机械爪实现对箭上耳板钩的夹紧，由于采用气动连杆结构，且销钩位于耳板上，因此抓钩不会损伤箭体。"自保持"即对接机构上箭状态的姿态保持，通过连杆机构的机械死点保证。"脱钩"、"脱销"为"抓钩"、"落销"环节的逆过程。通过对这几个环节的精确控制，可实现上、下箭过程对箭体部分的安全保护。

落销的同时，机器人锁箭钩迅速完成锁箭动作，确保机器人不会与目标板脱离，其结构安全可靠，即使脱离气压，也能将箭架系统可靠地固定于箭体上，避免加注过程出现解锁情况，位置检测与气压检测双传感器能实时检测其锁箭情况，实现有效安全监控。

8.6.2　连接器对接安全性

加注机器人上箭后，下一步动作就是机械臂驱动加泄连接器与火箭加注活门对接，对接过程需要采取一定的安全性保护措施，以防止对接不当造成加注活门损伤。采取的措施主要有：

措施 1：箭架系统的柔顺对接机构。在对接前，柔顺对接结构夹持加泄连接器保持刚性直线前进，确保精准对接。当触碰到火箭活门时，对接机构转换为力反馈主动柔顺模式，驱动加泄连接器缓慢加力进给，进给方向自适应活门形状，避免密封圈因受力不均被破坏，详见 5.3 节。

措施 2：对接过程加泄连接器被动柔顺驱动，通过机械被动柔顺对接机构来实现，以确保加泄连接器在与箭体活门的对接过程中始终沿活门的约束方向推进，实现"自找正"，详见 5.4 节。

措施 3：限定对接的施力上限，力实时测量传感，通过安装于对接机构力传感器的反馈信号，实时检测与箭体活门的对接力，确保受力不超过设定的极限值。

措施 4：转移活门的承载受力。通过箭架机构的作用，将对接机构重量作用在箭体上，加注活门不承受额外重量，从而实现对加注活门的保护。加注过程，箭架系统锁钩机构处于自锁状态，经冲击试验分析，箭架系统自锁力可承载 150 kg 以上，即充当加泄连接器承载支架，避免由活门承受加注软管、加泄连接器以及推进剂的重量，尤其是气检和大流量加注时的冲击力。在加注过程中，柔顺机构为丝杠驱动，具备一定自锁力，电机上电自锁力达到 2 000 N 阻力，完全可以抵抗加注时的冲击。同时套筒气缸会有 200 N 力施加在加泄连接器套筒上，避免套筒由于冲击或振动导致套筒解锁，双重锁定以确保加泄连接器可靠连接。经转注应用现场大流量加注冲击试验验证，加注锁箭机构及加泄连接器连接有效，如图 8 - 24 所示。

图 8 - 24　转注应用现场大流量加注冲击试验

为加强对火箭活门的保护，在加注对接流程中也增加了防护性操控，如对接力超过阈值时，调整对接位置和对接力后再次尝试对接。对接工作流程如图 8 - 25 所示。

对接部分主要由机器人的箭架系统完成，主要包含柔顺对接机构、加泄连接器夹持机构、力伺服系统、套筒驱动机构和泄漏监测系统等。对接过程中加泄连接器由丝杠驱动前进，当加泄连接器加注口与箭体活门轴心不同心时，会产生较大接触力，强力撞击损坏密封圈以及活门。因此设计时需考虑消除不同心的影响，确保加泄连接器与箭体活门对接的安全。

8.6.3　机器人随动安全性

在加注过程中，SCARA 机械臂处于"柔顺"状态，可在一定晃动范围内保障机械臂结构平动、偏转、俯仰方向的无附加力随动，从而避免过约束，实现加注过程对箭体耳板的保护。

机械臂的电机采用直驱方式，结构简单，能有效降低故障率。驱动末端采用离合器控制驱动力的输出和切断，实现机械臂的可变刚性。在满足箭架挂载成功后与箭体保持随动，同时离合器具有额定扭矩，在触碰箭体或上箭刚柔转换的阶段，能进行有效的力保护。经试验验证，对机器人施加 300N 的力即可让机械臂产生随动。机械臂每个关节采用闭环设计，即使机械臂被外力驱动后，依旧能准确知道关节角度状态，即使在断电并恢复上电后，机器人也能知晓自身的姿态，从而继续执行下一步可行性动作。机械臂由于SCARA 的特性，其平台不能产生俯仰偏摆角，箭架系统与 SCARA 机械臂连接方式采用柔性悬挂结构，当箭体产生锥摆运动时，产生的小角度能被该结构吸收，从而保护机器人与箭体的连接安全。

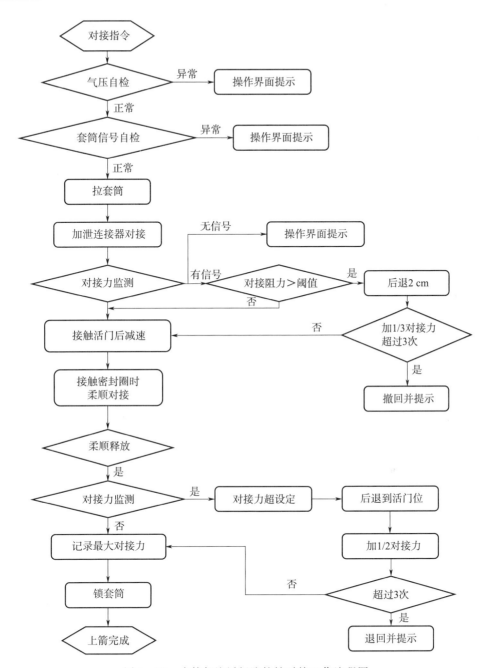

图 8 - 25　火箭加注活门防护性对接工作流程图

　　加注过程中随着推进剂不断注入火箭贮箱，箭体会产生沉降和晃动。机器人在离合断电情况下，各关节都处于柔性状态，可跟随连接箭体一起动作，避免箭体和机器人之间产生力过载。箭体产生的沉降由机器人上下柔性关节保障，箭体常规沉降为 10 mm 左右，机器人上下关节行程范围较大，柔性范围可达 162 mm，完全满足沉降适应要求。箭体晃动幅度经核算，角度在 ±0.49° 范围内，机器人因 SCARA 机械臂特性，无俯仰偏摆自由度，由机械臂与箭架系统浮动连接结构来确保自适应俯仰偏摆产生的角度，额定适应角度为±1°，最大适应角度为±2°。安置机器人时需进行调平，避免对接状态已趋近临界点。

上箭过程中，机器人通过雷达实时采集信号，与目标板形成大闭环，当接近箭体时，机器人会做减速运动，以提高对接精度，并实时闭环反馈，以避免快速对接造成大力冲撞，对目标识别响应频率可设定为 0.5 s 以下。当箭体因不可抗力产生小幅度摆动时，雷达也可实时跟随，落销时间为 1 s。当火箭静止时，落销接触到信号后，即打开机械臂各个关节离合，使机械臂处于柔性随动状态。箭架系统与目标板硬接触时间为 0.1 s，当火箭摆动时，箭架系统与目标板接触时间与火箭摆频成正比，摆频越高，碰触时间越长。碰触期间可由机器人的离合器额定扭矩特性来卸除硬接触力，实现关节随箭体摆动，从而达到保护箭体和机器人安全的目的。

8.6.4　泄漏检测安全性

加注过程中机器人泄漏检测和重新对接工作流程如图 8-26 所示。当加泄连接器与箭体活门完成对接后，先进行气密性检查，确保加注管路无泄漏，经气检合格后才能进行推进剂加注。气检不合格，则需要重新对接或更换密封圈后再对接。加注完成后，还需要进行推进剂内泄漏检测，确认加注活门可靠关闭以及火箭贮箱的推进剂无泄漏时，才能撤收。否则，需要重新开关火箭加注活门并进行内泄漏检测。

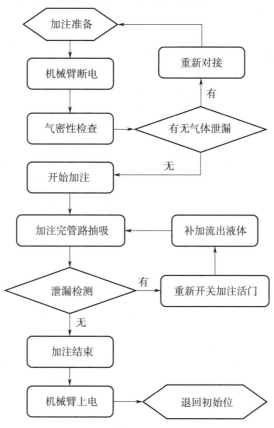

图 8-26　加注过程泄漏检测安全设计流程图

8.6.5　撤收与离箭安全性

加注完成后，机器人将上电执行撤收动作，需要塔架排风设备和推进剂供给设备配合工作，排风设备主要将泄漏出的推进剂烟雾快速排出，以确保塔架内的工作环境安全，推进剂供给设备需将管内推进剂回收，避免撤收时管内剩余推进剂流出。

机器人系统上电后，套筒解锁，加泄连接器慢速退离加注口一段距离后，由泄漏检测和监控设备一同观察测量泄漏情况，如出现泄漏，执行应急再对接程序，加泄连接器执行重新关闭活门动作，确定无泄漏时，加泄连接器再撤离活门，为确保没有泄漏发生，机器人将保持在箭体上一段时间，监控是否还有推进剂慢泄漏。

确认箭体活门关闭有效，无泄漏情况发生，机器人可执行离箭动作。锁箭钩解锁，机器人脱销，各个动作都有双传感器检测动作是否到位，并互相检测传感器是否失效。离箭完成后，机械臂离开箭体，回到初始位。其工作流程如图 8-27 所示。

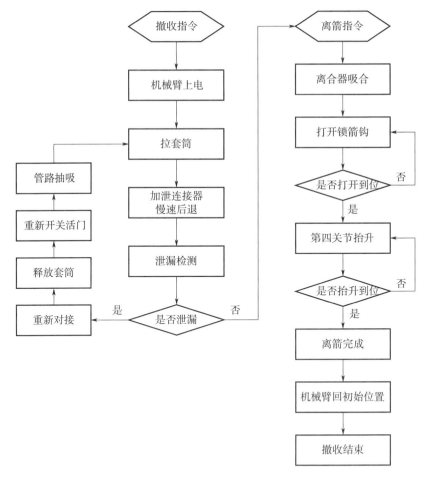

图 8-27　撤收与应急再对接工作流程示意图

8.7　安全可靠性实验

为了准确掌握各种工况下机器人的实际状态，便于预先采用安全阈值进行限定或采取措施进行防范，需对机器人开展一系列安全性测试，如自动定位准确性测试、动目标跟随定位测试、落销定位测试、对接力测试、卡锁冲击测试、失控测试等，以此验证机器人在失控状态下是否能达到保护火箭和机器人的安全效果。

8.7.1　机器人对中定位实验

加注自动对接机器人系统中，水平方向的对中定位过程为：利用激光雷达检测识别到目标板，通过拟合出来的目标板形状，计算出目标板在激光雷达坐标系中的位置，借此反推出加泄连接器在全局坐标系中的位姿。利用机械臂编码器数据可以反推出机械臂的状态并且建立一个基座坐标系，在基座坐标系中计算出加泄连接器位置与目标位置之间的偏差值。依据偏差值控制电机转动对机械臂位置做相应的调整，直至加泄连接器最终位姿小于一个阈值时电机停止。

不同初始状态下的对中定位角度偏差曲线如图 8 - 28 所示。

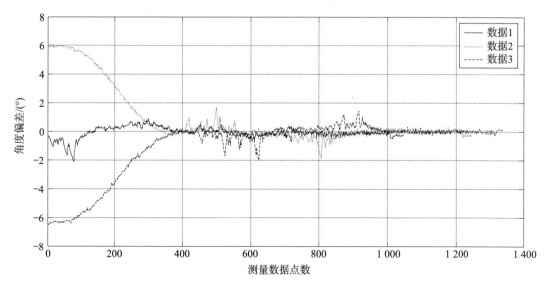

图 8 - 28　角度偏差曲线

不同初始状态下的对中定位横向偏差曲线如图 8 - 29 所示。

不同初始状态下的对中定位纵向偏差曲线如图 8 - 30 所示。

在实验平台上进行实验，分别针对加泄连接器角度偏差与横向偏差进行测量。考虑到现实环境中的箭体加注活门与位于发射塔架上的加注自动对接机器人初始位置是随机的，箭体加注活门可能出现在加注自动对接机器人箭架机构的左方或者右方（在雷达坐标系中，左方为 X 轴负方向，右方为 X 轴正方向），初始的角度关系也是随机的，因

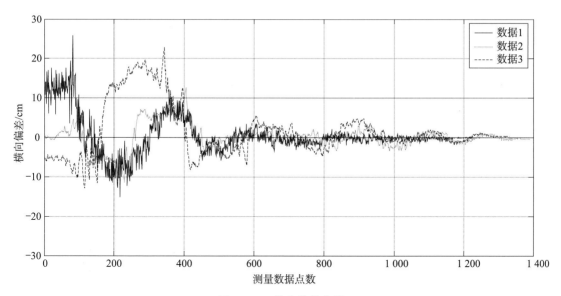

图 8-29　横向偏差曲线

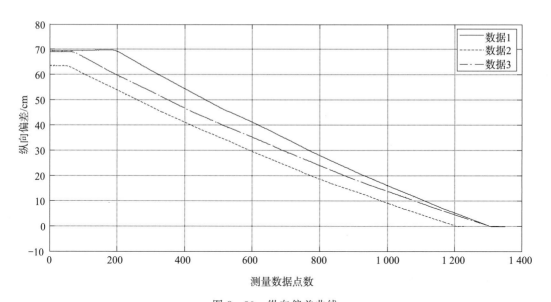

图 8-30　纵向偏差曲线

此，在实验中分别针对箭体加注口初始位置位于左方和右方以及初始角度为正向和负向（在激光雷达坐标系中角度正向为逆时针方向，角度负向为顺时针方向）进行实验。从上面有关定位角度偏差、横向偏差和纵向偏差的曲线图可以看出，不同初始状态下的对接定位过程曲线都是向 0 位收敛的，整个收敛的过程趋于平稳。具体定位的数据偏差统计如表 8-2 所示。

表 8 - 2　定位数据统计表

实验	初始角度/(°)	初始横向/mm	初始纵向/mm	最终角度/(°)	最终横向/mm	最终纵向/mm
1	5.9	133	694	−0.2	5	2
2	−0.4	6	635	−0.2	−4	6
3	−6.6	−57	690	0.1	7	4

8.7.2　目标跟随定位实验

在塔架真实对接时，因风力或其他因素，火箭相对于塔架会产生锥摆运动，自动加注机器人在定位时需对箭体目标进行跟随定位。

实验目的：测试机器人系统自动定位过程中，目标晃动对定位造成的影响。

实验方法：将模拟箭体放置于全向车或可晃动平台上，然后控制平台进行前后左右动作，观察系统的随动情况。实验装置如图 8 - 31 所示，实验结果如表 8 - 3 所示。

图 8 - 31　机器人随动定位对接现场

表 8 - 3　目标跟随对接定位实验数据表

序号	前后平移	左右平移	前后倾斜	左右倾斜	随动效果
实验 1	±5 cm	—	—	—	优异
实验 2	—	±5 cm	—	—	优异
实验 3	±5 cm	±5 cm	—	—	优异
实验 4	—	—	±2°	—	正常
实验 5	—	—	—	±2°	正常
实验 6	—	—	±2°	±2°	正常
实验 7	—	—	±2°	±2°	正常
实验 8	—	—	±3°	—	失效
实验 9	—	—	—	±3°	失效
实验 10	—	—	±3°	±3°	失效

续表

序号	前后平移	左右平移	前后倾斜	左右倾斜	随动效果
实验 11	—	—	±3°	±3°	失效
实验 12	±5 cm	±5 cm	±2°	—	正常
实验 13	±5 cm	±5 cm	—	±2°	正常
实验 14	±5 cm	±5 cm	±2°	±2°	正常
实验 15	±10 cm	—	—	—	优异
实验 16	—	±10 cm	—	—	优异
实验 17	±10 cm	±10 cm	—	—	优异
实验 18	±10 cm	±10 cm	±3°	—	失效
实验 19	±10 cm	±10 cm	—	±3°	失效
实验 20	±10 cm	±10 cm	±3°	±3°	失效

实验结论：机器人系统在瞄准目标只有平移动作时定位效果优异，在前后和左右出现倾角晃动时定位效果要弱于平移效果，倾角在 2°以内时可以完成准确定位。但当倾角大于 2°后，跟随精度较差，系统对接失败。经分析核算，火箭晃动幅度为 32 mm，锥摆角最大为 ±0.05°，系统符合随动定位要求。

8.7.3　箭架系统落销实验

在机器人箭架系统上箭过程，SCARA 加注机器人需要落销挂载在箭体的目标板上，箭架系统在与目标板接触的过程中有落销定位动作。为保证在箭体晃动的情况下有效落销定位，故对系统进行模拟晃动检验跟随落销实验。

实验目的：拟测试机器人在箭体目标晃动的情况下，机器人定位落销的可靠性。

实验方法：将模拟箭体目标放置于移动小车上，控制小车按不同速度和行程进行前后左右移动，机器人做上箭动作时，观测机器人落销动作情况。实验现场如图 8 - 32 所示，实验结果如表 8 - 4 所示。

图 8 - 32　目标移动落销实验现场

表 8 - 4　目标移动落销模拟实验数据

序号	目标移动速度/(mm/s)	目标移动范围/mm	上箭情况	落销时间/s	落销后瞬时硬接触力/N
实验 1	1	50	正常	1.6	112
实验 2	1	80	正常	1.5	123
实验 3	2	80	失败	—	220
实验 4	1.5	100	正常	1.6	127
实验 5	1.6	100	正常	1.4	158
实验 6	1.7	100	失败	—	207
实验 7	1.6	100	正常	1.5	132
实验 8	1.6	100	正常	1.6	143
实验 9	1.6	100	正常	1.5	136
实验 10	1.6	100	失败	—	263
实验 11	1.5	100	正常	1.4	131
实验 12	1.5	100	正常	1.5	122
实验 13	1.5	100	正常	1.5	126
实验 14	1.5	100	正常	1.5	134
实验 15	1.5	120	正常	1.4	151
实验 16	1.5	120	正常	1.4	137

实验结论：目标移动速度为 1.5 mm/s 的时候，机器人上箭落销有效，且状况比较稳定，其硬接触力瞬时值为 150 N 左右。落销同时有传感器监测，落销到位后，机器人机械臂即转换柔性状态，自适应目标板动作，其硬接触时间极短。当目标移动速度大于 1.5 mm/s 时，上箭落销存在失效情况。

8.7.4　对接力伺服实验

加注自动对接机器人系统和火箭的对接操作采用力伺服模式，模拟人工对接时的用力方式。顺畅的情况下可以一次对接成功，如果遇到干涉物体或阻力过大，会尝试对接 3 次，在此过程中力度会逐渐增大。如果最终成功确认套筒成功释放到位后，系统会做一次连接可靠性检查，即让加泄连接器往后退一下，尝试拉动滑动筒，看能否拉开，如力伺服系统和位移传感器监测到套筒已锁死，即对接成功，如果不成功系统会在操作界面提示。

实验目的：测试机器人在对接、加注与撤收过程力伺服系统性能参数，以及力伺服系统应对各工况的处理能力。

实验方法：

1) 对接可靠性测试：在加泄连接器对接上活门并释放套筒后，系统会执行回拉动作，然后根据回拉的力和行程来判断是否对接成功。如果回拉力达标，系统会再推紧加泄连接器，在达到推紧力后整个对接流程完成。

2) 多余物测试：在对接过程中人为放置多余物，检测对接过程重复次数，并且检测最终施力大小，如果被障碍物挡住，系统会停住并进行报警。3 次尝试过程中去掉障碍物，观察机器人能否顺利完成对接。以 SCARA 机械臂式加注机器人为例，测试结果如表 8-5 和表 8-6 所示。

表 8-5　对接力测试表

序号	对接力/N	回拉力/N	推紧力/N	对接效果
实验 1	299	49	298	成功
实验 2	241	49	299	成功
实验 3	265	49	296	成功
实验 4	265	49	308	成功
实验 5	285	49	302	成功
实验 6	299	49	311	成功
实验 7	305	49	305	成功
实验 8	253	49	302	成功
实验 9	290	49	302	成功
实验 10	282	49	305	成功

表 8-6　对接障碍测试表

序号	第一次推力/N	第二次推力/N	第三次推力/N	测试结果
实验 1	302	420	680	报警
实验 2	326	—	—	成功对接
实验 3	320	440		成功对接
实验 4	312	470	650	报警
实验 5	330	460	—	成功对接
实验 6	300	—	—	成功对接

实验结论：系统在对接过程中自动进行的可靠性测试正常，在对接可靠性测试成功后确保了对接的可靠性。如果在对接过程中遇到了障碍物，系统会反复 3 次尝试对接，在 3 次尝试都无效的情况下，会及时停止对接并报警，对接过程中须控制对接力在安全范围以内。

8.7.5　卡锁机构抗冲击实验

卡锁机构主要用于夹持加泄连接器，并承载加泄连接器、加注软管和推进剂的重量。加泄连接器检查完毕后，将其安装于卡锁机构上，确保稳妥锁紧固定。为验证加泄连接器安装的可靠性以及系统的抗冲击能力，对机器人进行了冲击实验。

实验目的：模拟测试机器人在对接过程与加注过程中承受高压气体或大流量加注的冲击，测试对加泄连接器的冲击力度以及各连接器件的可靠性。

实验方法：机器人携带的加泄连接器向前伸出，呈对接状态，对加泄连接器施加相应的冲击力，由机器人力传感器记录冲击力值，并检查各器件是否完好。实验现场如图 8-33 所示，实验结果如表 8-7 所示。

图 8 - 33　连接器冲击实验现场

表 8 - 7　电机最大转速 100 rad/min 失控模拟实验数据

序号	最大冲击力值/N	加泄连接器	柔顺机构	直线驱动模组
实验 1	303	完好	完好	完好
实验 2	830	完好	完好	完好
实验 3	696	完好	完好	完好
实验 4	961	完好	完好	完好
实验 5	1 050	完好	完好	完好
实验 6	1 263	完好	完好	完好
实验 7	1 272	完好	完好	完好
实验 8	1 187	完好	完好	完好
实验 9	1 051	完好	完好	完好
实验 10	1 211	完好	完好	完好

实验结论：通过抗冲击实验，验证了加泄连接器的夹持可靠性，对接状态下的各类冲击力度均在系统的承载能力范围内。即使在冲击力达到 1 272 N 时，加泄连接器、柔顺机构、直线驱动模组仍完好无损。

8.7.6　机械臂失控实验

加注自动对接机器人是一种自动化设备，在小概率极端情况下，可能会出现机器臂失控的情况，通过模拟极端情况，摸索有效应对的安全防护方案。

实验目的：模拟测试机器人上箭程序失控情况，测试对模拟箭体撞击力度，测量电机状态变化参数，以明确安全装置对失控状况的有效性。

实验方法：模拟电机在失控状态下，全功率全速运动，为了尽可能模拟真实环境，机器人与模拟箭体位置均为塔架上真实对应位置关系，撞击部位分别采用橡胶垫、硬木板和钢板对加泄连接器保护。实验现场如图 8 - 34 所示。

图 8 - 34　失控碰撞橡胶垫实验现场

经过数十次实验，逐一增加撞击硬度，验证了机械系统撞击力度均在系统的承载能力范围内，最终采用最真实的撞击环境，撞击面采用钢板材料，实验现场如图 8 - 35 所示。

图 8 - 35　失控碰撞钢板实验现场

橡胶垫作保护时，通过力传感器实时采集数据，然后计算机记录最大力值，电机额定转速为 3 000 rad/min，正常工作需求速度≤200 rad/min。为避免机器运动速度过快导致雷达处理不能协调，故电机驱动已作限速，即使计算机程序出现飞车，驱动器也仅对收到的有效数据进行响应，即速度限制在 200 rad/min 以内，实验会对 100 rad/min 和 200 rad/min 飞车情况分别做数据统计。各传感器失效失控实验的数据分别如表 8 - 8 和表 8 - 9 所示。

表 8 - 8　电机最大转速为 100 rad/min 时的失控模拟实验数据

序号	最大撞击力值/N	关节一电机转速/(rad/min)	关节二电机转速/(rad/min)	关节三电机转速/(rad/min)
实验 1	184	99	100	100
实验 2	204	101	99	101
实验 3	137	97	99	99
实验 4	189	99	98	100
实验 5	274	102	100	100
实验 6	214	100	100	100
实验 7	192	100	99	99
实验 8	233	101	100	100
实验 9	199	98	100	99
实验 10	160	99	98	97
实验 11	216	100	99	100
实验 12	187	99	100	99
实验 13	249	100	101	100
实验 14	192	100	99	100
实验 15	207	99	102	100
实验 16	181	98	100	99
实验 17	173	100	99	99
实验 18	211	101	100	100
实验 19	168	99	98	99
实验 20	225	101	100	101

表 8 - 9　电机最大转速为 200 rad/min 时的失控模拟实验数据

序号	最大撞击力值/N	关节一电机转速/(rad/min)	关节二电机转速/(rad/min)	关节三电机转速/(rad/min)
实验 1	233	199	200	200
实验 2	352	201	200	199
实验 3	349	199	201	200
实验 4	364	199	202	200
实验 5	300	201	200	200
实验 6	292	198	200	199
实验 7	321	199	201	200
实验 8	281	200	200	200
实验 9	326	199	202	201
实验 10	277	200	199	198

续表

序号	最大撞击力值/N	关节一电机转速/(rad/min)	关节二电机转速/(rad/min)	关节三电机转速/(rad/min)
实验 11	311	200	200	201
实验 12	246	199	199	200
实验 13	294	201	200	200
实验 14	311	201	200	199
实验 15	308	200	200	201
实验 16	288	199	199	200
实验 17	275	200	199	200
实验 18	312	199	201	200
实验 19	268	200	198	199
实验 20	327	201	201	200

实验结论：

1）在电机转速限制为 100 rad/min 的情况下，机器人失控后，对模拟箭体的撞击力最大约为 280 N。电机限速 200 rad/min 的情况下，对模拟箭体撞击力最大约为 370 N。

2）加注口附近箭体表面采用航空铝蒙皮，如图 8-36 所示，材质较薄。采用 7075 铝皮做实验，遇到点碰撞或线碰撞，依旧可以对箭体表皮产生凹痕，安装目标板的加注口因受力面积较大，370 N 的碰撞力不足以导致铝皮产生痕迹或变形。在目标板两侧火箭表面上放置＞3 cm 的厚海绵或泡沫等缓冲物质作保护，经碰撞实验后，对铝皮没有产生任何划痕与变形。撞击后机械臂的离合器扭矩发挥限制作用，即机械臂受到＞300 N 力后，会使离合器产生打滑，避免机械臂对火箭产生更大力的冲击。

图 8-36　加注口附近航空铝蒙皮

8.8　加注机器人冗余备份设计

火箭发射对各地面设备的可靠性要求非常高,尤其是一旦进入发射程序,必须确保地面设备能够可靠工作,确保加注对接系统及摆杆能够及时安全撤离。为应对单一控制系统可能出现的小概率异常事件,通常在各地面系统中增加冗余备份设计,为单一控制模式失效后提供紧急处置的备份手段,以确保发射流程能顺利进行下去。在加注自动对接机器人系统中,也需要在"软件"和"硬件"两个方面做好冗余备份。

8.8.1　软件控制冗余备份

软件控制冗余备份主要分为防运行异常备份设计和防断电异常备份设计。软件运行异常主要包括陷入死循环、程序跑飞、浮点计算溢出等情况,包括上位机和下位机都有可能出现异常。断电导致的软件运行异常主要包括:状态数据丢失、位置数据丢失等。

可采用的冗余备份应对措施包括:

1) 软件采用冗余设计,可克服死循环及程序跑飞等异常情况,PLC 系统死机时能对装置进行复位,复位后不影响现场状态。

2) 应急操作可远近程切换及人工接管,在异常情况下,准许人工干预,即可人工解锁推动对接。

3) 路径和状态参数自动记忆。在出现断电或程序异常等情况时,软件重启后,可凭借路径和状态参数自动记忆功能存储的各类信息,迅速恢复状态或由当前状态恢复到初始位。

8.8.2　上箭锁紧冗余备份

加泄连接器上自带滑动筒锁紧装置,但为了防止因高压气流或液体冲击导致松动,自动对接时还需要用辅助固定装置固定在火箭箭体表面的耳板上。如图 8-37 所示,辅助固定装置与箭体耳板之间采用销钩加连杆拉紧的固定方式。实际应用中,采用两面两销的冗余设计,即左右两个销孔连接,上下两个端面限定。本身一销一面即满足强度使用要求,增加一销一面,确保在任何情况下连接的牢固性。

8.8.3　离箭操作冗余备份

塔架为加注自动对接机器人提供自动加注作业的后勤保障,主要包括 220 V 供电、5 MPa 供气设备以及推进剂与地下库连接控制管路。在自动加注作业过程中如遇到意外情况(如断电等),导致塔勤设备无法继续提供支持时,需要有较强的可操作性预案支撑,确保任务继续进行或安全撤收。此时,就需要采用支持人工操作的冗余备份系统开展后续工作。

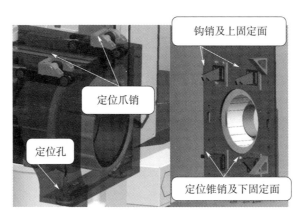

图 8-37　定位爪销和目标板机械结构图

（1）供电设备故障冗余备份设计

塔架设备无法供电或者机器人设备无法上电的情况下，以及系统断电或者要求系统不上电的状况下，机器人将无法再执行自动对接或撤收动作，为确保任务继续进行，机器人设计有手动装置，可手动将机器人脱离工作位。

若机器人还未与火箭对接上，可手动推动机器人的机械臂（断电情况下，机器人的机械臂处于随动状态），让机器人离开对接工位。

若机器人与箭体已对接上，可先打开箭架系统上的配电柜，即可看到四个电磁气阀，气阀上贴有对应功能标识。通过解锁电磁阀来解锁连杆，如图 8-38 所示，即可解锁机器人与箭体的连接，然后将机器人手动推离箭体。

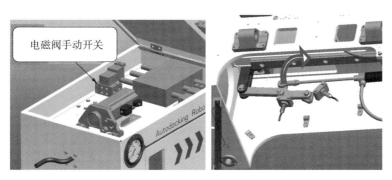

图 8-38　电磁阀手动开关与手动解锁方法

若机器人处在对接工况，且加泄连接器也已完成对接并自锁，通过电磁阀的手动开关解锁加泄连接器，然后将撤收摇柄插入驱动口，通过手摇柄驱动丝杠进行加泄连接器的驱动，摇柄接口如图 8-39 所示，以保证断电情况下，系统仍可以安全脱离火箭或对接上箭。

（2）供气故障冗余备份设计

在供气设备和系统都不能保障有效气源时，系统无法实现气动解锁等一系列动作时，机器人也可以通过手动装置，让机器人脱离箭体。利用手动套筒拉柄进行加泄连接器的解

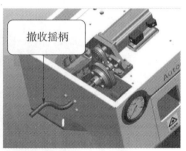

图 8-39　电磁阀手动开关与撤收摇柄

锁，手柄位于加泄连接器两侧，在确保无气压的情况，勾住套筒拉柄向后拉，即可给加泄连接器套筒解锁，如图 8-40 所示。

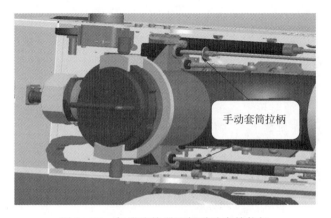

图 8-40　加泄连接器两侧手动套筒拉柄

套筒解锁后，手动撤收摇柄驱动加泄连接器退出箭体。撤收完成后，通过拨动锁箭连杆，如图 8-41 所示，即可解锁箭架系统与箭体的连接。最后将机器人手动退离加注位，改由人工重新进行加注对接，完成后续工作。

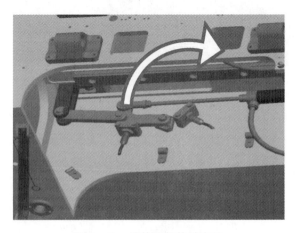

图 8-41　锁箭连杆拨动方法

8.8.4　泄漏检测冗余备份

通过设计声发射泄漏检测系统，可实现在线气密性检测和推进剂内泄漏检测，同时，它也兼容原有的加泄连接器液位检测信号以及现场视频监测图像，形成泄漏检测备份方案。具体工作模式如下：

加注完成后，通过在线泄漏检测系统确认没有泄漏之后，机器人才能撤收。部分型号的加泄连接器上安装有液体光电感应传感器，如图 8-42 所示，可以检测到管路内部是否有推进剂流动。这些液位传感器可以作为加注对接机器人在线泄漏检测系统的冗余备份手段。但对于加泄连接器上没有自带液位传感器的应用场景，泄漏检测的冗余备份手段为机器人附近独立安装的防爆视频摄像机，这台现场视频摄像机会将实时观察的图像送到机器人远程控制台。如果机器人上装载的在线泄漏检测系统出现故障，判定没有泄漏，机器人首先开始缓慢撤收加泄连接器，此时如果有液体从缝隙中流出，远程控制人员能在第一时间给出判断，人工终止脱离程序并进行应急再对接，将加泄连接器重新推回对接位置，防止更多推进剂向外泄漏。

图 8-42　液体光电感应传感器

参 考 文 献

［1］ 李坤，杨晓慧，等 . 航天发射任务可靠性研究［C］. 北京：中国宇航学会，2014：433 - 436.

［2］ 王建国 . 火箭推进剂加注技术研究［J］. 中国战略新兴产业，2018（42）：38.

［3］ 苏永芝，陈景鹏 . 航天发射场地面设施设备可靠性工作研究［J］. 装备学院学报，2014（2）：56 - 59.

［4］ 白文龙，李永峰，等 . 运载火箭连接器自动对接技术应用分析［J］. 导弹与航天运载技术，2017（6）：65 - 71.

［5］ 游嘉伟，顿向明，等 . 运载火箭推进剂加注机器人机构设计［J］. 机电一体化，2016（4）：41 - 44.

［6］ 齐贤伟 . 运载火箭自动对接脱落连接器随动技术研究［D］. 南京：南京理工大学，2014.

［7］ 李保平 . 自动对接连接器位姿补偿机构设计研究［D］. 南京：南京理工大学，2015.

［8］ 郑国昆，王小军，等 . 基于运载火箭加泄连接器自动对接系统的控制流程研究［J］. 导弹与航天运载技术，2015（1）：25 - 28.

［9］ 朱晓龙，顿向明，等 . 一种多关节轻量化离散驱动机械臂的设计与研究［J］. 机械与液压，2014（21）：1 - 5.

［10］ 刘琦，顿向明，等 . 高危燃料自动加注系统的设计与实现［J］. 机械与电子，2007（7）：49 - 51.

［11］ 黄小妮，顿向明，等 . 运载火箭推进剂加注自动对接与脱离机器人本体设计［J］. 机器人，2010（2）：145 - 149.

第9章　火箭加注自动对接机器人工程应用

自动对接功能只是满足基本的加注对接应用需求，要想加注自动对接机器人技术走向实际工程应用，还必须解决加泄连接器与活门对接过程中涉及的一系列工程问题，如与火箭随动、有限空间多任务集成等问题，并开展深入的系统应用测试，确保机器人可以适应不同的应用工况环境。本章从火箭加注自动对接机器人工程实际应用角度出发，以完全替代人工完成火箭在塔架上加注的现场操作为主要应用场景，根据我国的火箭箭体和发射塔架结构，开展了机器人系统的集成设计，并通过模拟测试实验和具体场景应用实验，探索加注对接机器人系统在航天发射领域及相关行业内的推广应用方法。

9.1　概述

航天产品的高可靠性要求，同样适用于加注自动对接机器人。因此，在机器人研制过程中，必须充分考虑应用对象、应用环境以及应用场景的实际需求和约束条件。研制之初，即应明确以完全替代人工完成塔架现场加注为目标，以适应现有的常规液体火箭结构和当前在用塔架环境为约束，开发出可工程应用的加注对接机器人。攻克加泄连接器与箭体活门自动对中、随动、可靠连接与脱离、气密性自检、高适应性等技术难点，并将各类应用模块高效集成，解决自动加注所涉及的工程应用问题，才能实现机器人系统在航天发射领域的工程应用和技术推广，才能真正提高发射场设备、人员、星箭等的安全性，降低潜在人员安全方面的风险，增强发射能力。

9.1.1　工程难题

通过对我国火箭箭体和发射塔架的结构特点分析，综合实际应用中加泄连接器与箭体活门自动对接与撤收、撤收后出现泄漏应急再对接等重点需求，提出了研制机器人系统必须解决的四大工程难题。

1) 对接系统与火箭随动难题。火箭晃动时，机器人与火箭对接部分必须与火箭箭体一起随动。若机器人本体全部在塔架上固定不动，加注过程中火箭箭体受外力影响而晃动时，极易造成火箭加注活门损坏。

2) 机器人系统自动上箭难题。若要机器人整体或部分与火箭箭体随动，机器人必须全部或部分自动固定在箭体上。由于我国火箭箭体细长，加注前贮箱空置，若对接机构与火箭不相互固定，直接采用水平方向吸附或抓取方式上箭易使火箭箭体晃动，造成机器人系统上箭困难。

3) 连接器与活门柔顺对接/撤收难题。人工对接时，人可以感受对接力的大小，避免大力冲撞。机器人控制连接器与火箭活门对接的过程中，同样需要适应对接方向的变化和自适应控制力的大小，实现柔顺对接，一味强力冲撞对接同样会影响箭体活门的可靠性。

4）加注前后活门泄漏在线检测难题。火箭加注活门对接后首先要检查加注管路的气密性。目前，加注前的气密性检查主要采用涂抹肥皂泡的方式。加注完成后，需人工采用超声检测设备侦听加注管路是否存在泄漏，费时费力、易受环境噪声的干扰，同时存在人员安全隐患。因此，实现加注前后安全、准确的泄漏检测也是加注对接系统自动化的难点之一。

9.1.2 关键技术

围绕四大工程难题，至少需要研究以下五项关键技术。

1）复杂环境中的机器人对中控制技术。主要用于解决机器人自动寻找上箭固定基准、以及控制连接器与火箭加注活门的可靠对准难题。常用的技术为机器人双目视觉定位＋激光雷达测距辅助定位技术。考虑到加注现场一旦出现泄漏情况，现场可能被烟雾遮挡，双目视觉技术有可能失效，可采用的新技术主要包括：

- 基于正交解耦的视觉对中定位＋路径自动记忆技术。
- 基于聚类搜索的激光扫描对准技术。

基于正交解耦的视觉对中定位将一个三维空间的复杂定位问题简化成了两个相对简单的二维定位问题，且两个二维定位中各有一个方向定位精度要求较低。定位精度要求较高的两个方向实现了独立无关的定位计算，大大降低了高精度定位的复杂度。路径自动记忆技术解决了烟雾情况下的应急再对接应用难题。基于聚类搜索的激光扫描对准技术有效克服了背景烟雾的影响，利用典型标志的外形设计提高扫描分辨率，通过聚类关联的整体搜索，提高了整体的定位精度。

2）机器人自动上箭技术。主要用于解决机器人上箭与火箭箭体随动，同时又能自动离箭回到塔架上的技术难题。可采用的技术主要包括：

- 自锁紧固定技术。
- 箭架转换分离重构技术。
- 多关节级联与约束可控机械臂设计技术。

自锁紧固定技术包括一面两销变结构锁紧与分离技术、连杆式锥销锁紧技术等，为机器人上箭自动紧固和事后脱离提供了独特的解决方案。箭架转换分离重构技术有效解决了传统机械臂无法与火箭随动的难题。采用位姿匹配和非夹紧形位约束两种方法，机构设计灵巧，既保证了系统的高刚度，避免了重构过程中巨大夹持力对结构产生损伤，同时提高了重构动作的可靠性。多关节级联与约束可控机械臂设计实现了大范围、大角度的自动寻的对接，且在对接完成后，具备无控自由随动跟踪功能。

3）加泄连接器柔顺对接与撤收技术。主要用于解决机器人控制加泄连接器与火箭活门柔顺对接难题，确保不影响火箭加注活门的可靠性。可采用的技术主要包括：

- 基于机械结构的被动柔顺对接与撤收技术。

· 基于力反馈的主动柔顺对接与撤收技术。

· 拟人化的到位检测技术。

设计自适应的被动柔顺机械结构，实现对接过程中进给方向的自适应调整，充分利用锥形导向，提高容差能力。设计力反馈控制系统，根据自适应机构被动柔顺后的力反馈结果，实时调整用力的大小和方向，既避免对接与撤收过程中出现强力冲撞或牵扯，又可保证所需力的大小，实现安全对接与撤收。根据力位混合检测和模拟人工对接后的检查动作，确认对接可靠性。

4）基于声发射的在线泄漏检测技术。主要用于解决远程泄漏在线自动检测难题，实现火箭加注前的气密性自动检测和加注后的液体内泄漏检测，真正实现塔架无人化操控。可采用的技术主要包括：

· 基于分布式的声发射泄漏信号在线检测技术。

· 基于小波的泄漏信号特征量提取技术。

· 基于神经网络的泄漏信号识别技术。

采用在线监测、远程监控的设计方案，开发一套独立的在线泄漏检测系统，使检测人员脱离危险区域，消除推进剂加注过程中的人员安全隐患。应用小波分解提取泄漏信号能量特征量，结合信号时域特征量，构造神经网络的输入向量。采用 BP 神经网络，检测泄漏信号采集样本数据，具有良好的信号分类能力。开发远程泄漏检测软件系统，实现数据采集、功率谱估计、小波滤波、特征量计算、人工神经网络泄漏信号识别和分类等自动泄漏信号分析处理功能。

5）有限空间复杂结构多任务集成技术。塔架内空间有限，对机器人本体体积有一定限制，不可能做成庞然大物。因此，活门搜索对中、多自由度调整上箭固定、柔顺对接与撤收、泄漏在线检测等机电控制系统必须在有限空间内高度集成。涉及的相关技术主要包括：

· 滑动筒平衡驱动技术。

· 复杂装配系统中零干涉多轴联动规划策略。

· 狭小空间中的单电机双作用驱动技术。

加泄连接器上的滑动筒为异形结构，目前是完全基于人工操作而设计，左右两手必须要同时对握环施加力作用才能够将滑动筒拉开。因此，针对这种狭小空间异形结构的平衡施力问题，单独设计了专用的直线驱动模块，左右两侧安装体积小巧直线驱动器，内部集成了电机、减速器、执行器、行程控制器等单元，用于实现滑动筒的收、放。经过改造的加泄连接器便成为机器人系统的一部分，在主体结构不做改动的情况下实现集成。为避免悬臂过长带来的运动刚度、本体重量等设计难题，可采用蠕虫式双作用进给设计策略，利用箭架“两栖”作业过程中对接机构支点位置切换的特殊性，以单一行程机构实现双驱动作用，同时满足由“架栖”到“箭栖”的转换和对接进给两项作业任务的需求。

9.2　加注自动对接系统集成设计

9.2.1　控制子系统集成

加注自动对接机器人的控制子系统主要由上位机远程监控、现场监控、下位机可编程逻辑控制（PLC）和执行与检测等部分组成。其中上位机远程监控部分由一台高性能工控机和人机交互控制软件组成，放在远离现场的位置，通过以太网和现场总线与现场的 PLC 相连。监控人员可通过工控机上的控制软件，发布操作指令、规划运动路径，对加注对接与脱离的整个过程进行监控。下位机逻辑控制部分主要由 PLC 上的 CPU 模块、以太网模块、文本显示操作界面组成，是整个系统逻辑控制以及输入输出的核心，其中 CPU 负责系统逻辑运算、I/O 信号处理、总线信号处理等。执行与检测部分主要由交流伺服电机及其驱动器、到位检测开关、力传感器、增量旋转编码器等构成。控制子系统采用双控制器、双位置环和力伺服反馈控制方案，主要包括以下 4 部分。

（1）双控制器分工协作

控制系统使用远程控制器和现场控制器两个控制器，通过工业总线相互进行信息传递，实现协同运作。远程控制器远离加注现场，体积大、运算能力强、有图形化的人机交互界面。主要进行图像处理、机械臂运动轨迹的规划和人机交互。现场控制器体积较小，抗干扰能力强，有一定的运算能力，主要是根据远程控制器规划好的机械臂运行轨迹，对每个臂关节的电机驱动器进行控制，并且根据关节位置传感器的反馈进行位置闭环控制，以及和远程控制器相互通信。

（2）控制器之间数据通信

远程控制器的控制数据和现场控制器的反馈数据，通过 CAN 总线互相进行可靠、快速的传递。

（3）双位置环反馈控制

控制系统采用机械臂电机驱动器内部位置闭环和现场控制器位置闭环双闭环控制。电机驱动器内部位置闭环：在机械臂电机驱动器收到一个移动目标位置的指令后，驱动电机转动，并且根据位置传感器反馈进行位置闭环，直至机械臂运行到指定位置，这是机械臂电机驱动器和机械臂电机之间的位置闭环。

现场控制器位置闭环：在现场控制器向机械臂电机驱动器发出一个位置指令后，根据位置传感器的反馈实时对机械臂运行位置进行监视，并且向远程控制器传递当前位置信息数据，是整个控制系统和机械臂电机之间的位置闭环。

（4）力伺服对接

在对接过程中，机器人既可以通过安装在机械臂上的力传感器，感知对接力度的大小，检测对接是否牢固，还可以通过感知力的大小，对现场的一些意外情况做出判断和反应。例如，在加泄连接器向加注口前进的过程中，遇到障碍以及在操作人员误操作时，及时响应以避免操作人员不被夹伤。

火箭加注自动对接机器人控制子系统的架构组成框图如图 9-1 所示。

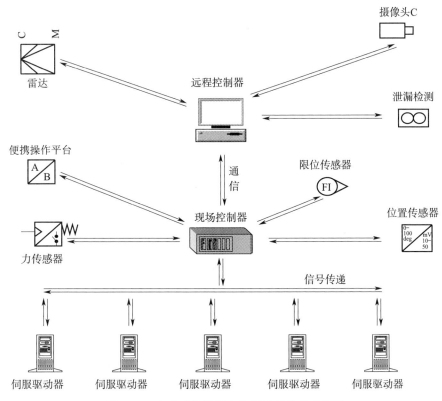

图 9-1　自动对接机器人控制子系统组成框图

双控制器双位置闭环设计方案有以下优点：

1）远程控制器不受加注现场对体积要求的限制，因此可以选择体积大、运算能力强的处理器，使得系统性能大为提高。

2）由于不需要在加注现场进行图像处理和路径规划的复杂运算，在可靠性相同的前提下，就可以大大缩小现场控制器体积。

3）采用双位置闭环，对机械臂的运行进行监视，为对接精度提供了更可靠的保证。

4）在远程控制器和现场控制器之间通过 CAN 总线进行数据传递，数据传递实时响应，快速敏捷可靠。

5）采用力伺服对接，使系统的智能化大为提高，既可以检测对接是否牢固，又可以应对一些意外情况，可靠性进一步得到提高。

从图 9-1 可以看出，控制子系统集成，实际上是控制分系统、传感分系统和驱动分系统的集成，主要将控制器、传感器以及执行机构三大部分通过不同的任务工作流实现系统集成。其中控制器包括：上位机（远程监控 IPC）、下位机（PLC）。传感器包括：光电测距传感器、力传感器、编码器、泄漏检测传感器、全局监视摄像机。执行机构主要包括：柔顺对接与撤收伺服电机、五自由度伺服电机群、滑动筒驱动气缸、上箭预紧气缸。控制系统集成结果如图 9-2 所示。

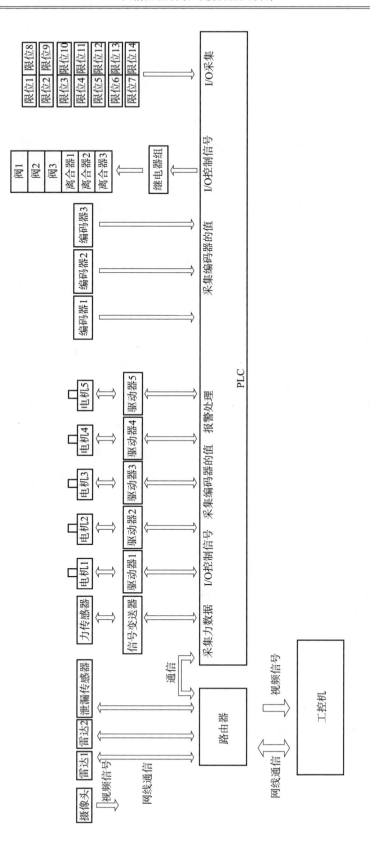

图 9 - 2　加注自动对接机器人控制系统集成示意图

系统各控制单元的 PLC 集成如图 9 - 3 所示。控制系统通过 IPC 分析摄像头的视频信号和激光雷达的定位信息，规划运动轨迹发送至 PLC，由 PLC 分发到各伺服电机驱动器后，驱动系统工作。同时 PLC 分析传感器的反馈信息，实时对运动轨迹进行跟踪校正。各控制器通过 CAN 总线接收远程控制器指令，发送系统状态，实时采集对接力传感器信息和位置传感器信息，计算机械臂的实际位置。

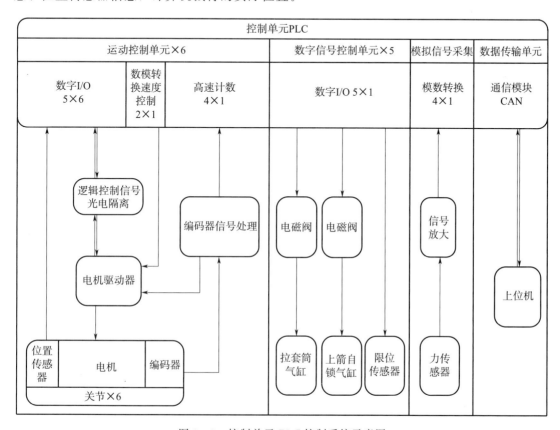

图 9 - 3　控制单元 PLC 控制系统示意图

数字 I/O 详细分配，输入共有如下 34 路：

· 关节初始位置输入 6 路。

· 机构本体和分体定位输入 8 路。

· 伺服驱动器准备就绪输入 5 路。

· 伺服驱动器报警输入 5 路。

· 伺服驱动器堵转信号输入 5 路。

· 备用 5 路。

输出共有如下 18 路：

· 拉套筒电磁阀输出 2 路。

· 上箭电磁阀输出 1 路。

· 伺服驱动器使能输出 5 路。

· 伺服驱动器方向输出 5 路。

· 备用 5 路。

9.2.2　机械子系统集成

机械集成是将加注对接机器人的智能对准平台、柔顺对接与撤收机构、连接器卡锁控制机构、箭架转换机构及泄漏自动检测五大子系统集成于一体。以基于 SCARA 机械臂的加注对接机器人为例，机械子系统集成的逻辑关系如图 9 - 4 所示。

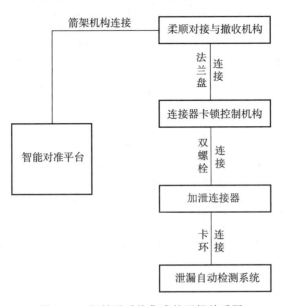

图 9 - 4　机械子系统集成的逻辑关系图

智能对准平台和柔顺对接与撤收机构之间通过可重构机构连接，连接器卡锁控制机构通过法兰盘连接在柔顺对接与撤收机构的底板上，箭架转换机构通过连杆与法兰盘连接在柔顺对接机构的滑动块前端，泄漏自动检测系统安装在加泄连接器外壁上。在箭架两栖加注对接机器人系统中，该逻辑关系图上还要增加一套分离重构机构。

针对 SCARA 加注自动对接机器人本体的结构特点，机械子系统集成后的外观方案设计如图 9 - 5 所示。

采用模块化拆解、单件搬运、上架组装方案可降低单件重量，尤其便于人力运输。对其中质量大于 60 kg 的 SCARA 机械臂和底座控制柜这两个部件要进行拆分，便于人工在狭小的塔架空间内搬运。

（1）拆解与组合便利性分析

机械部分要完成两次拆卸与连接工作，即 SCARA 机械臂与下支撑之间的法兰盘式螺栓连接，以及箭架机构与 SCARA 机械臂之间的快速卡压式连接。电气部分主要为航空插头连接和气路快插接口。

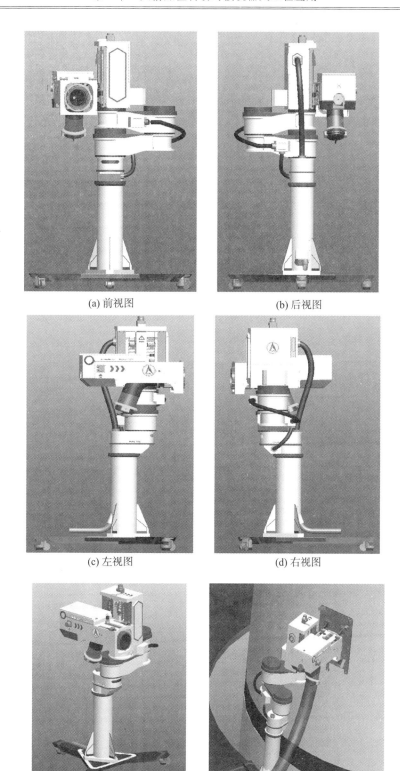

(a) 前视图　　　　　　　　(b) 后视图

(c) 左视图　　　　　　　　(d) 右视图

(e) 侧视图　　　　　　　　(f) 与火箭对接示意图

图 9-5　SCARA 加注对接机器人机械子系统集成示意图

（2）搬运过程安全性分析

SCARA 机械臂在搬运过程中处于断电状态，各关节为柔顺连接，不利于搬运发力。拟采用装箱搬运方法。在箱体中放置海绵、橡胶等填充材料，箱体上设置人工把手和背带，以小型担架形式，保障机械臂本体在运输中的安全。箭架机构重量较轻，采用双背带式考克箱，既可单人搬运，亦可双人抬起。底座控制柜由于本身即为箱体结构，通过合理的人机工程学设计，设置多组宽边拉手，以便于 4 个人同时发力抬起、搬动。

（3）拆装作业对精度及可靠性影响分析

拆装过程中电气接口采用航空插头及快插接口，组装完成后进行电气检测，不会影响精度及可靠性。机械连接部分为法兰及快插锁紧方式，能够保证拆装前后的一致性。同时，在设计中已考虑了部件各自的独立性，拆装过程不破坏传动链系统的完整性。拆装作业不会对系统精度和可靠性产生不利影响，也便于运输与设备保养。

9.2.3　软件子系统集成

软件开发主要根据加注自动对接机器人系统的实际工作流程进行设计。通过对加注工作环节的分析，自动对接机器人具体的操控过程主要包括以下四个工作流程：上箭工作流程、柔顺对接工作流程、撤收与应急再对接工作流程、脱离（与重构）工作流程。

（1）上箭工作流程

上箭工作流程主要完成箭架转换机构与箭体耳板之间的对接工作。该工作流程将上位机（远程监控 IPC）和下位机（PLC）两大控制器、定位传感器、光电测距传感器、力传感器、编码器、全局监视摄像机五类传感器，以及五自由度伺服电机群、上箭预紧电机两大执行机构有机集成在一起，如图 9-6 所示。

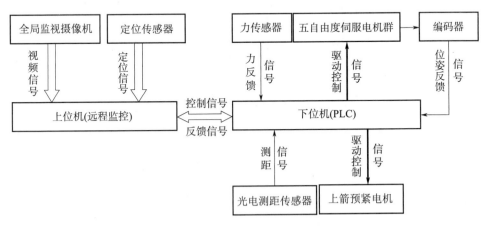

图 9-6　上箭工作流程示意图

上位机根据视觉定位传感器信号计算相对位姿差值，生成运动控制指令发送给下位机。下位机接收到来自上位机的指令后驱动五自由度伺服电机群联动，搜索并接近目标（箭上耳板），并通过编码器信号构成闭环。当与箭体之间的距离达到光电测距传感器的设定值时，上箭运动切换至速度控制状态，继续进行视觉伺服运动，并融合力传感器反馈信息控制五自由度伺服电机群完成上箭动作序列。然后上箭预紧电机动作，开始执行柔顺对接与撤收系统上箭工作流程。

（2）柔顺对接工作流程

柔顺对接工作流程主要完成加泄连接器与箭体活门之间的柔顺对接与撤收工作。该工作流程将上位机（远程监控 IPC）和下位机（PLC）两大控制器，力传感器、编码器、全局监视摄像机等三类传感器，以及柔顺对接与撤收伺服电机、拉滑动筒电机两大执行机构有机集成在一起，如图 9-7 所示。

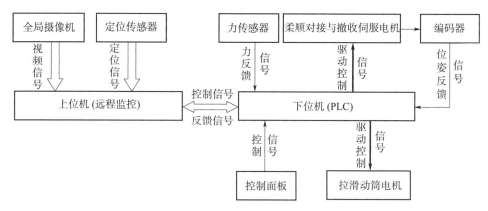

图 9-7　柔顺对接工作流程示意图

当系统处于远程控制状态时，上位机将操作人员的相关指令发送给下位机。当系统切换至现场控制状态时，来自控制面板按钮的信号直接发送给下位机。下位机驱动柔顺对接与撤收伺服电机运动，根据力传感器反馈信息进行速度控制，并融合编码器的反馈信号判断对接状态，对接完成后，驱动拉滑动筒电机进行相应释放动作。对接过程中下位机综合各传感器信号运行渐进对接算法和对接到位判断算法，不断进行对接到位判断，直到完全对接到位，滑动筒电机复位，完成加泄连接器与箭体活门的对接，实现柔顺对接与撤收系统上箭。

（3）撤收与应急再对接工作流程

撤收与应急再对接工作流程主要完成加注完毕后加泄连接器与箭体活门之间的撤收以及针对意外情况的应急再对接工作。该工作流程将上位机（远程监控 IPC）和下位机（PLC）两大控制器，力传感器、编码器、全局监视摄像机、泄漏检测四类传感器，以及柔顺对接与撤收伺服电机、拉滑动筒电机两大执行机构有机集成在一起。

如图 9-8 所示，当执行撤收指令时，动作序列与对接相反。当下位机接收到来自泄漏检测传感器的泄漏信号后，将信号发送给上位机，由操作人员决策是否进行应急再对接操作。当接到来自上位机或控制面板的应急再对接指令后，下位机即驱动柔顺对接与撤收伺服电机进行高速再对接运动。

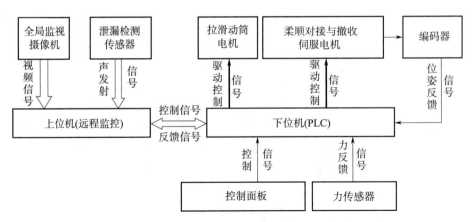

图 9-8　撤收与应急再对接工作流程示意图

（4）脱离（与重构）工作流程

脱离（与重构）工作流程主要完成智能对准平台和柔顺对接与撤收机构的重构工作以及箭架转换机构与箭体之间脱离工作。该工作流程将上位机（远程监控 IPC）和下位机（PLC）两大控制器，光电传感器阵列、力传感器、编码器、全局监视摄像机等四类传感器，上箭锁紧电机、五自由度伺服电机群、重构锁紧电机等三大执行机构有机集成在一起，如图 9-9 所示。

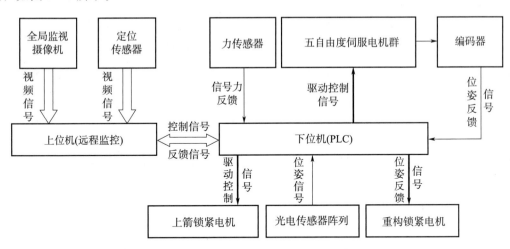

图 9-9　脱离（与重构）工作流程示意图

当执行该工作流程时，下位机接收到来自上位机的指令后驱动五自由度伺服电机群联动，基于光电传感阵列完成重构对准动作，并融合力传感器反馈信号完成重构锁紧。当重构动作完成后，下位机控制上箭预紧电机放松，完成箭架转换机构与箭体耳板之间的脱离，并通过编码器信号构成闭环，柔顺对接与撤收机构回缩，整个系统回到对接前的初始状态。

根据上述工作流程，设计系统上层软件控制框架如图 9-10 所示。

主程序模块主要实现自动对接的功能，包括通信设备的通断、加注过程操作、运动控

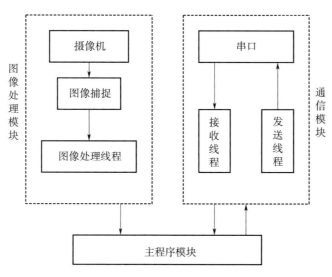

图 9 - 10　上层软件控制框架

制、相关曲线绘制、指示灯显示以及信息显示等功能。加注过程操作、运动控制及指示灯显示在时钟响应函数 OnTimer（）中实现。曲线绘制和信息显示在用户定义消息响应函数OnRecv（）中实现。主程序模块原理如图 9 - 11 所示。

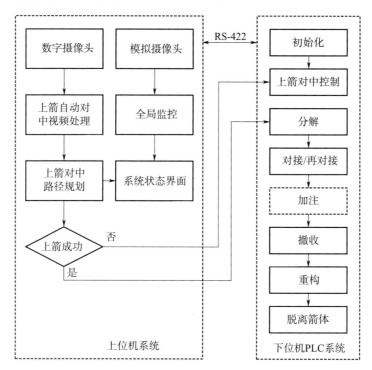

图 9 - 11　主程序模块原理图

9.3　自动对接机器人模拟测试实验

9.3.1　模拟测试实验内容

　　为了检验加注自动对接与脱离机器人结构可靠性与系统运行稳定性，核对机器人各项设计指标，对机器人开展模拟环境下的整机调试测试实验。

　　调试实验主要完成以下工作：

　　1）校核机器人底层软件系统初设值。

　　2）检查机器人内部各机械结构的运行平稳性。

　　3）检查机器人内部电路、通信线路之间的连接可靠性。

　　4）检查机器人测量传感系统的工作可靠性。

　　5）检查机器人各系统匹配的兼容性。

　　6）校核机器人与火箭对接系统的匹配性。

　　7）检查机器人工作环境适应性。

　　8）检测机器人功能与性能指标。

　　9）检测泄漏检测系统功能性能。

　　实验分为各系统配合情况检查、关键参数校核、安全可靠性检查和全系统运行稳定性测试四个方面，全面考核机器人的功能和性能指标。

　　（1）各系统配合情况检查

　　1）逐一完成各系统安装，并手动进行运转情况检查，确认是否存在运行卡滞、机构干涉的情况。

　　2）安装驱动设备后，通过控制柜对所有驱动电机逐一通电运行，测量电机工作电流是否满足许用范围要求。

　　3）全系统安装完成后，通过底层控制软件控制系统运动，检查是否存在重心不稳、机械结构运行异响等问题。

　　（2）关键参数校核

　　1）电机控制参数。系统上电，通过底层控制软件逐个运行电机，检查运行指令与动作执行是否一致，运动能否精确到位。

　　2）位置传感器参数。系统上电，人工接触各位置传感器，检查软件系统响应信号与实际位置是否符合。通过底层软件逐一控制系统运行，测试位置传感器能否快速响应输出控制信号。

　　3）激光雷达传感器参数。系统上电，使用手动控制功能，能否检出典型标志并完成与模拟箭体的对中动作。通过四氧化二氮烟雾干扰实验，验证激光雷达传感器的环境适应性是否满足穿透要求。

　　4）力反馈传感器参数。系统上电，人工对力反馈传感器施加外力，检测传感器参数获取功能是否正常，进行对接动作，加泄连接器与活门接触后，力反馈传感器测量参数变化情况，观察预设值能否满足快速响应并实现柔顺系统启动。

（3）安全可靠性检查

检查线路、金属外壳材料、喷涂漆料的防腐蚀实验，使用四氧化二氮挥发烟雾测试各种材料的防腐蚀性能，全面检验系统的可靠性。包括对接与撤收安全的检查，即检查与箭体的随动性、连接器是否锁紧、对接对箭体活门冲击等过程的安全性。还要检查控制系统提示功能是否完备，要通过上千次重复性测试，检测系统对接可靠性能否满足要求。在测试时间上，要检查 200 h 长时间工作是否可靠。

（4）系统运行稳定性

采用分步控制、一键控制运行，机器人系统能否顺利完成作业，满足系统运行稳定性要求。

经过上述的实验验证，可有效检验机器人内部各机械结构运行的平稳性、电路和通信线路之间连接的可靠性、各系统匹配的兼容性，初步确认整个机器人系统是否具备工程应用能力。

9.3.2　模拟应用平台对接实验

为有效评价机器人在火箭推进剂加注作业中的应用成效，设计制作了 1∶1 的火箭二级氧化剂加注试验台，具体情况如下。

（1）火箭箭体设计

按照 1∶1 模型模拟制作箭体局部外壳，直径为 3.35 m，高度在 1.8 m 左右，加注口采用箭上同类真实产品，加注口周围四个固定螺孔按真实尺寸配置，如图 9-12 所示。

（2）模拟箭体骨架

以三角铁作为骨架支撑材料，各三角铁之间的焊接间距必须满足四个外侧上箭耳板固定螺孔的安装尺寸要求，如图 9-13 所示。

图 9-12　模拟箭体外形结构

图 9-13　模拟箭体骨架

（3）模拟箭体加注口

采用火箭原装加注活门，后端焊接相应尺寸不锈钢管，长度为 80～100 cm。不锈钢管端头焊接 DN100 爪型快速接头（公头）。模拟箭体上加注活门附近的四个固定螺孔与活门的距离参照真实的火箭二级氧化剂加注口设计，如图 9-14 所示。

图 9-14　模拟加注口调试实验

利用该模拟火箭对接试验平台，可以完整检验加注机器人全流程对接操作。模拟箭体内部还安装了贮罐和加压设备，可以检验泄漏情况下的应急再对接能力以及对泄漏检测系统进行灵敏度测试。

9.3.3　真实火箭匹配对接实验

为确保机器人系统设计符合真实火箭对接要求，在进行真实推进剂加注工程应用测试实验前，需到火箭总装厂开展与真实火箭箭体的对接匹配实验，实验现场如图 9-15、图 9-16所示。

图 9-15　可重构加注机器人在火箭总装厂开展测试实验

（1）实验目的

1）检验机器人上箭部分与真实火箭箭体对接固定的可靠性。

2）检验机器人携带加泄连接器与真实火箭加注活门对接的柔顺性。

3）检验机器人关节断电的随动性。

4）检验机器人激光雷达定位的准确性。

5）检验机器人的应急故障处置能力。

6）检验机器人长途运输后的工作可靠性。

通过与真实火箭对接实验，检查研究内容的全面性、系统功能的完整性、技术验证的充分性（包括各种功能验证、安全性验证和可靠性验证）、工程设计的合理性（包括机器人结构设计、外观设计、功能设计、安装拆卸顺序设计、实验流程设计和技术指标设计等）、机械电气的匹配性和工作过程的可靠性。

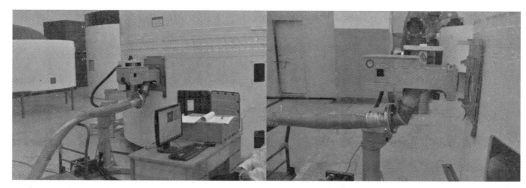
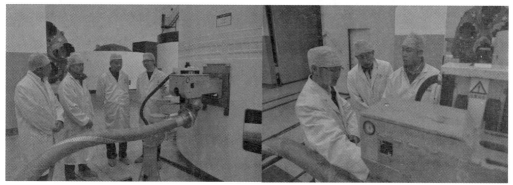

图 9 - 16　基于 SCARA 机械臂的加注机器人在火箭总装厂对接实验

（2）对接实验内容

实验测试主要分为功能指标测试、性能指标测试、安全可靠性测试、外观及软件测试。

（3）实验结果

经过与真实箭体的对接实验，全面验证了机器人系统运行可靠，能够顺利实现机器人携带加泄连接器自动上箭、与箭体加注活门的自动对中，自动对接后的撤收、脱离，以及气密性检测和远程监控等功能。

9.3.4　真实燃料流动实验

在加注机器人投入到真实工程应用环境前，还有一项重要的实验——真实燃料流动实验，即在机器人对接实验系统中，用真实的火箭推进剂流动，以进一步检验系统应用的安全可靠性。实验选择四氧化二氮转注场坪作为实验场地，搭建了四氧化二氮库房至四氧化二氮槽车的转注平台，如图 9-17 所示。

图 9-17　特燃站真实推进剂加注实验

（1）实验目的

1）检验机器人材料的耐腐蚀性。

2）检验机器人关键部位的防护能力。

3）检验机器人视觉受泄漏黄烟的影响程度。

4）检验机器人室外应用的适应性。

（2）实验内容

真实推进剂经加压，从贮罐流动到模拟箭体。加注实验分为三项实验内容，即小流量加注实验、大流量加注实验，以及泄漏实验。整个实验过程完全按照真实推进剂加注过程进行，机器人首先携带加泄连接器完成与模拟箭体的对中、上箭，以及与加注活门的对接，经泄漏检测系统检测合格后，推进剂开始流动。四氧化二氮液体从贮罐经机器人系统，流入模拟火箭贮箱，小流量加注在 1 min 内完成，大流量加注在 30 s 内完成（火箭模拟贮箱 2 t 容量），加注完成后，泄漏检测系统全程检测推进剂是否存在泄漏，机器人开展应急再对接测试。

（3）实验结果

机器人转注对接完成后，撤离时转注管路残留的四氧化二氮挥发成有毒的黄烟，在黄烟浓度较大，现场能见度较低的情况下，通过控制进行了加注机器人多次应急再对接，均能够不受干扰且准确完成对接，机器人激光雷达穿透燃料烟雾的能力较强。实验分别选择了在夏季和冬季两种气候环境开展，加注机器人在各种气候环境下均能准确识别加注口位置，做到准确严密对接，满足室外环境下的工程应用要求。

通过从推进剂贮罐到模拟箭体的真实燃料加注，有效检验了在真实燃料环境下，机器人系统的环境适应性、材料适应性和机器人对推进剂泄漏的防护性能，为机器人系统走向工程应用提供了试用样本支持和经验积累。

9.4　自动对接机器人特燃转注应用

火箭加注自动对接机器人不仅可在火箭发射塔架上应用，还可以应用到火箭推进剂转注场景。火箭推进剂生产厂家距离发射中心数千千米，发射任务开始前，需要先用火车运输到发射中心，并转注到地下库存储。在生产厂家，推进剂由厂内贮罐转注到火车的槽车的过程，以及发射中心推进剂由槽车转注到地下库的过程，都可以采用加注对接机器人完成高危现场的对接撤收操作。下面以发射中心推进剂由槽车转注到地下库的应用为例，介绍加注机器人的实际工程应用。

转注工程应用平台管线连接如图 9 - 18 所示，机器人携带的连接器后端的软管连接燃料槽车液体管路，对接加注口末端部位连接燃料转注场坪液体管路，构成了四氧化二氮库房与四氧化二氮槽车的转注平台。

槽车转注现场如图 9 - 19 所示。在酒泉卫星发射中心的燃料转注场地上，应用加注对接机器人将四氧化二氮由槽车转注到地下贮罐。整个转注过程中，机器人运行稳定，功能执行顺畅，安全顺利地完成了对接转注工作。机器人转注对接完成后，撤离时转注管路残留的四氧化二氮挥发出有毒的黄烟，若人在现场不慎吸入，轻则呼吸道受损，重则危及生命。

利用该机器人替代人工，完成转注系统的对接与撤收，有效避免了撤收时，转注管路残留的有毒余液挥发带来的吸入危险，为保护现场工作人员的健康和安全起到了重要作用。

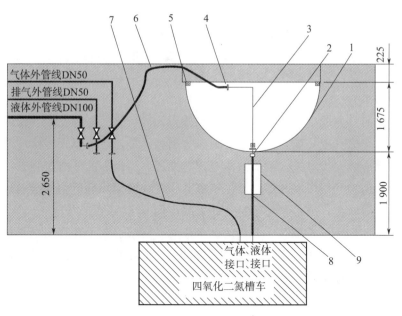

图 9-18　转注工程应用平台管线连接

1—模拟箭体；2—加卸连接器；3—DN100 不锈钢管；4—DN100 快速接头（公）；
5—模拟箭体固定螺栓；6—DN100 金属软管；7—DN50 金属软管；8—DN100 金属软管；9—加注机器人

图 9-19　槽车转注现场

9.5　火箭发射工位加注对接应用

以某型火箭为应用对象，以真实火箭发射塔架为应用场地，开展加注机器人的真实工程应用测试与推广。通过与真实火箭和塔架的匹配对接，可以充分检验机器人在塔架环境下和箭体的对接适应性，为机器人系统在实际任务中的应用提供应用样本支持和经验积累，为加注机器人系统推广应用到其他型号火箭和不同类型塔架奠定基础。塔架应用具体考核目标如下：

1）检验机器人在塔架环境与火箭对接的适应性。

2）检验机器人在塔架受限环境下与真实火箭加注活门对接的适应性。

对接工位为发射塔架三层升降平台，如图 9‑20 所示。火箭一级氧化剂加注口距离活动工作平台高度 1 280 mm，近控台在塔架三层升降工作平台上，远控台布设在加注控制间。

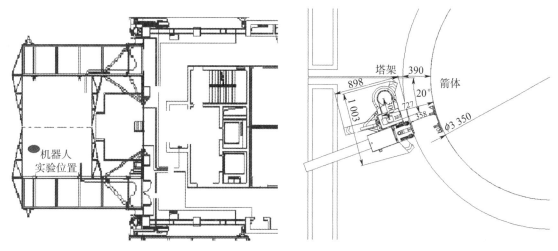

图 9‑20　塔架平台机器人对接位置示意图

如图 9‑21 所示，通过在真实发射塔架与真实火箭各级氧化剂加注活门的对接应用，全面检验机器人系统的工程适应性，机器人能在 1 min 内完成与火箭一级氧化剂加注口的自动对接，对接过程中机器人系统实现了与火箭箭体的随动，机器人系统对中精度、随动性等均满足工程应用要求。

(a) 可重构加注机器人工程应用　　　　(b) SCARA 机械臂式加注机器人工程应用

图 9‑21　塔架环境现场对接照片

参 考 文 献

［1］ 张淑琴. 空间交会对接测量技术及工程应用［M］. 北京：中国宇航出版社，2005.

［2］ 吴建军，周红，等. 工程装备测试性分析与应用［M］. 北京：国防工业出版社，2017.

［3］ 刘琦，顿向明，等. 基于 PLC 的危险燃料自动加注系统研究［J］. 工业仪表与自动化装置，2007
（4）：36－38.

［4］ 谌廷政，顿向明，等. 加注机器人上箭定位与控制系统［C］. 总装第一届科技年会论文集，2014.

［5］ 游嘉伟，顿向明，等. 运载火箭推进剂加注机器人机构设计［J］. 机电一体化，2016（4）：41－44.

［6］ 常立新. 卫星地面应用系统集成测试环境及测试方法研究［D］. 成都：电子科技大学，2017.

［7］ 曹建平，朱国涛，等. 一种新的异构系统集成方法、框架与实现［J］. 计算机测量与控制，2020
（4）：170－175.

［8］ 赵帅锋，顿向明，等. 加注自动对接与脱离机器人自动上箭模块控制系统设计与实验［J］. 机器
人，2012（3）：307－314.

［9］ 刘琦，顿向明，等. 高危燃料自动加注系统的设计与实现［J］. 机械与电子，2007（7）：49－51.

［10］ 黄小妮，顿向明，等. 运载火箭推进剂加注自动对接与脱离机器人本体设计［J］. 机器人，2010
（2）：145－149.

［11］ 谌廷政，马向斌，等. 火箭加注机器人随动对接设计技术研究［C］. 北京：中国宇航学会，2018
118－123.

第 10 章　智能机器人在航天领域的应用前景

机器人是衡量一个国家创新能力和产业竞争力的重要标志，已成为全球新一轮科技和产业革命的重要切入点。随着大数据、智能化技术的不断发展与应用，机器人在航天领域的应用也将越来越多，尤其近年以美国 SpaceX 为代表的商业公司在航天领域取得的成效看，自主操控、智能灵巧反应、智慧航天必将是航天发射的主要发展趋势，同时也是提高安全可靠性、实现减员增效、提升国际竞争力的重要手段。绿色航天、智慧航天正向我们快步走来，我们身处一个航天大变革的时代，我们必将迎来航天领域新的跨越发展。

10.1　智能机器人的发展趋势

机器人是指能半自主或全自主工作的机器。广义上的机器人应包括一切模拟人类或其他生物的行为和思想的自动化机械，甚至是有些电脑程序也被称为机器人（如软件机器人、爬虫机器人）。联合国标准化组织采纳了美国机器人协会给机器人下的定义："一种可编程和多功能的操作机；或是为了执行不同的任务而具有可用电脑改变和可编程动作的专门系统，一般由执行机构、驱动装置、检测装置和控制系统和复杂机械等组成。"

随着信息科学、智能制造和人工智能等相关技术的迅猛发展，机器人已经进入智能时代，成为世界各国的研究热点之一，成为衡量一个国家工业化水平的重要标志。未来的机器人将不再是简单的可编程自动化操作机器，而是机器＋智能，它既有类人一样的脑系统（自学习、自记忆系统），又有非常灵活的执行系统，在感知、思维与反应等方面模拟人类的行为，完成各种复杂动作。作为人类的伙伴，在工业、行业应用服务和家用等领域代替人类大展身手，从事一些高重复性、高危险性工作或人类难以适应环境下的工作，如外太空、深海等。目前，我国在人工智能、云计算、大数据、物联网等技术的带动下，已成为全球最大的智能机器人消费市场，尤其是工业机器人年销售量增长迅速，如图 10 - 1 所示。2020 年，国家发改委、科技部、工信部等六部委在联合印发《关于支持民营企业加快改革发展与转型升级的实施意见》中提出："实施机器人及智能装备推广计划，扩大机器人及智能装备在医疗、配送以及民爆、危险化学品、消防等领域的应用。加快高危行业领域'机器化换人、自动化减人'行动实施步伐，加快自动化、智能化装备推广应用及高危企业装备升级换代，加强对民营企业创新型应急技术装备推广应用的支持力度，在各类应急救援场景中，开展无人机、机器人等无人智能装备测试。"可以预见，在 21 世纪，各种先进的机器人系统将会逐渐进入我们生活。

从目前机器人技术的发展应用来看，机器人在诸如金融交易、法律建议、工业流程操作等领域已经提供了很好的应用范例，但是对于需要创造和灵活活动的领域，如园艺、绘

图 10-1　我国工业机器人发展趋势统计

注：数据来源于中国机器人产业联盟发布的相关报告。

画、类人思维等领域则应用效果并不理想。就是说，机器人还不具有人类才有的"灵活性"，机器人算法一般是逻辑的编辑，并没有与我们生活的物理世界融为一体，人类大脑完全不需要使用复杂的数学函数或几百万条的编码，就可以辨认物体、发现路的尽头，本能地从墙上的缺口或者门进出一幢房子，紧急情况可以本能地知道应急的最佳方案。

　　未来的机器人或者说机器智能，应该是在简单行为的相互作用下产生复杂行为，即未来机器人的动作、行为受信息收集驱动，而信息收集靠对物理世界的"感知"，而不是程序员预先制定的程序框架和逻辑判断准则，就像昆虫一样，它并没有复杂的地图来识别自身所处的物理环境，但是它们接近障碍物时能够有效避免碰撞。

　　智能机器人和人或动物一样，也依赖从外部世界获取感知的数据，所以那些能够让机器观察、感受、触摸和觉察环境变化的传感器技术尤为重要。可是直到几年前才出现基于模拟技术的这类传感器，而且缺点也很明显，存在体积重量大、标校难、信号读取不精确等问题，导致机器人结构复杂笨重、本质安全性缺乏、在线感知能力不足、智能程度低、人机互动能力差、使用维护成本高，大大限制了机器人在精密装配、柔顺操控、柔性制造、非确定性操作等领域的应用。随着物联网技术的发展，传感器的数字化已经逐步进入应用，并能够与机器人的功能进行整合，连入物联网，实现机器人与物理世界的无缝连接，促使机器人向集群协作、智能分工、弹性组网等方向发展。

　　智能机器人领域是一个多学科交叉领域，涉及材料工程、机械控制、传感器、自动化、计算机、通信、生命科学等各个方面，大量学科在相互交融促进中快速发展。未来的智能机器人领域技术创新主要体现在三个方面，即智能认知、集群协作和仿生结构等。

　　（1）智能认知是机器人未来取得创新突破的关键

　　随着未来机器人对柔性化、智能化的要求越来越高，机器人传感与认知显得日益重要。基于自主深度学习的人工智能技术是机器人下一阶段获得实质性发展的重要突破点，它用来模拟或实现人类的学习行为，以获取新的知识或技能，重新组织已有的知识结构，从而不断地改善自身性能。未来的机器人应该具有类人的认知智能，从感知智能向认知智能过渡，机器人技术将在深度学习、抗干扰感知识别，以及听觉、视觉、语义理解和认知推理、情感识别等方面持续创新突破，并把机器人应用领域进一步拓宽。

智能传感与集成是提高机器人灵活性的必要手段。当前的传感器与人类传感神经分布还有很大差距，还需要在现有传感器的基础上研发更好、先进的感知与处理方法，或者寻找更先进的传感材料，同时提高系统的集成度和融合度，实现传感器件与执行机构的浑然一体。传感器的功能与品质是构造高品质机器人传感系统的关键，因此需要攻克高精度、高灵敏度传感器的制造以及图像解析算法、柔性度量方法和融合集成方法，并结合实际应用场景，建立环境感知模型和决策控制模型，以减小机器人作业过程中的不确定性。

（2）集群协作是机器人未来研究发展的重点

随着机器人应用场景的广泛发展，对机器人的环境适应性和分工协作要求会越来越高，单个机器人小型化和集群功能的复杂化发展趋势越发明显。多台智能机器人相互协助生产、分工协作等应运而生，基于物联网、大数据的网络化集群分工协作智能机器人已成为智能机器人领域的重要研究课题。

（3）结构仿生是提高机器人环境适应性的有效途径

未来的特种机器人需要适应更为复杂和极端的应用环境，传统的感知技术造成现有的机器人响应时间长，环境快速变化时应急反应慢。随着传感技术、仿生与生物模型技术、生物机电信息处理与识别技术的不断进步，机器人会逐步实现"感知→决策→行为→反馈→改进"的实时闭环，并具备自主判断决策能力，以随时适应变化的外部条件环境。在这个发展的过程中，智能机器人在结构和能力方面还需要开展多关键技术研究，解决一系列技术与工程问题，如模仿人手或动物身体的智能自主操作、精细操作、灵巧柔顺操作等，以及开发更高效率的驱动执行机构、新型柔性感知皮肤、新型柔性软体机器人等。

随着传感装置数字化和计算能力的指数式增长，机器人的发展也进入了快车道，在机器人各个应用领域都步入快速发展阶段。对于机器人而言，复制人类的高级思维模式更为容易，而复制人类简单的物理运动能力却更为复杂，前者只需要较少的计算能力，而后者则需要庞大的计算能力和几百万条编码，因此，具有人形的智慧机器人将是未来技术发展的最终方向，机器人不仅能完成基本的功能，还具有人类的外形、运动形态、思维模式，能模仿人的行为执行多种任务，最终代替人类完成各种岗位的工作。未来的人形机器人主要有三种形态：

一是远程人形机器人。这种机器人由人进行远程操控，即人类通过各类传感器操控机器人，机器人将随着操作者一同做出动作。操作者将配备三维显示仪以保障其在机器人的环境中做出必要的操作和反应。感知机器人所处的环境需要各类交互接口，并将感知信息实时反馈给操作者，操作者根据反馈进行实时动作处置。

二是人脑控制的半机械机器人。通过人脑操控机械身体，即机器人直接实时接收人脑发出的各类控制信号，并做出反应。其实现方式主要有两种，一种为机器人提供人脑信号接受与识别条件，即人脑就是机器人的大脑。另一种是通过人机接口，用人脑直接控制机器人，实现人脑对机器人的直接控制。

　　三是全自主人形机器人。就是机器人几乎与人类一样，如图 10 - 2 所示，全自主人形机器人具备完整的人工自我意识，机器人能够根据现场的条件环境和工作要求，主动分析判断各种约束，并进行实时动作，完成各类工作。

图 10 - 2　日本的人形仿生机器人 KIST（左）和 KAIST（右）

　　随着人工智能理论的不断深入完善和机器人技术的快速发展，智能机器人在航天领域也得到了广泛应用。如在火箭、卫星、空间站等研发制造领域，航天器超大结构产品制造、复杂繁多的装配工序，需要利用智能机器人来完成柔性协同装配、柔性制造、曲线焊接、全向移动测量等工作。另外，智能机器人还在航天发射、航天搜救回收和空间探索等领域中得到推广并发挥了关键作用。

10.2　智能加注对接机器人的发展趋势

　　从我国三代常规液体火箭加注对接机器人的工程应用经验来看，航天发射场对未来的加注对接机器人提出了以下四个方面的优化需求：

　　1）结构设计轻灵化。基于已有加注自动对接机械臂使用经验，借鉴各类灵巧机械臂的设计思想，采用箭地一体化设计思路，优化火箭加注活门、箭上对接固定机构和加注机械臂结构，进一步简化加注机器人系统，如图 10 - 3 所示。

　　2）对接控制孪生化。鉴于加注自动对接环境危险性大、操作过程复杂、对接可靠性要求高等特点，在改进对接方式、对接锁紧机构等的基础上，研究数字孪生加注控制系统，实时三维获取并展示对接过程及结果，确保对接过程深度可见、过程可控、结果准确。

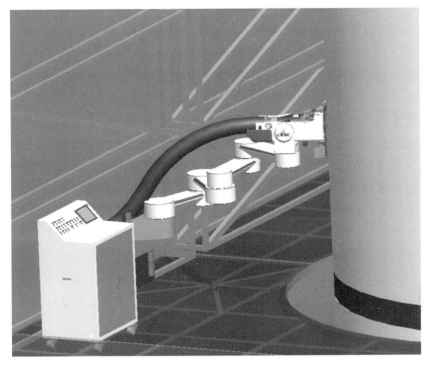

图 10 - 3　箭地一体化设计的加注对接机器人

3）维护使用便利化。自动加注机械臂作为常用装备安装于发射塔架上，成为塔架基础设施的一部分，可重复使用，彻底解决了加注准备工作复杂难题。另一方面，加注对接机械臂设计考虑模块化设计，以提高装备维修性和可靠性。

4）空间利用集约化。考虑到塔架内各层水平面方向的空间尺寸狭小，高度方向的利用空间较大这一特点，引入爬壁机器人技术，将固定放置在塔架平台上的对接机器人以塔架壁面为支撑基础，通过吸附或导轨的方式实现自主移动，可以大大节省平台上的有限工作空间。

针对上述工程应用需求，结合新型火箭箭地一体化设计，以及物联网、大数据、人工智能等技术的不断发展进步，自动加注对接机器人技术将会不断发展并在航天发射领域得到广泛应用。目前，很多科研院所和工业部门都在开展相关的预先研究和工程样机研制工作，高智能化、高可靠性、高适应性和功能多样性将成为未来智能加注对接机器人的主要发展趋势。

（1）高智能化

当前的加注对接机器人基本采用固定基座式机械臂加远程辅助控制的模式，活动空间有限，周围环境感知和人机交互能力较弱。未来的智能加注对接机器人将引入物联网、数字孪生、人工智能等新技术，进一步提升对不同加注环境、加注设备和推进剂的适应性，可以在大范围内自主运行，在无需人工干预的情况下，自动选取对接口和连接器，自动高精度对中定位，快速判决完成对接、气检、加注、液体泄漏检测和撤收等工作。早在 2003

年美国密歇根大学 Grieves 教授就提出了"虚拟数字化"概念，数字孪生创建物理实体对应的虚拟对象，通过数据与信息的交互，更新虚拟对象状态以模拟物理实体在真实环境下的行为与反馈，从而为物理实体运营提供参考与决策依据。采用数字孪生的机器人加注驱动控制，将会使加注对抗机器人成为智慧发射场的一部分，进一步提升加注系统的可视化和信息交互能力。

（2）高可靠性

实际任务应用中，机器人的安全可靠性将是确保加注过程安全的重要基础，也是决定其能否投入工程应用的关键，为此，本书在第 8 章介绍了加注对接机器人的安全可靠性设计方法。加注对接机器人的机械结构、传感检测、控制驱动必须满足快速、可靠、安全的要求，其安全可靠性的关键在于传感器响应灵敏度、结构和控制的可靠性设计，以及针对不同场景和推进剂的安全性措施。作为对目标识别的准确度、对接精度等多种因素的综合补偿，同时确保复杂任务执行过程的安全性，人在回路的在线辅助作业是一种非常有效的手段。人在回路的实时在线控制对人机协同性要求非常高，其中触觉反馈是无安全防护装置情况下人机协同工作的重要防护手段之一。当机器人与人类或其他物体发生碰撞时，机器人可以实时感知并及时停止或远离，保障安全。触觉反馈需要借助传感器来实现，包括硬质皮肤、柔性皮肤、内接触式触觉传感器等。因此，人机协同安全性、智能柔性皮肤以及异常情况下的故障自动诊断、自动识别、自动处理也将是智能加注对接机器人的重要研究方向。

（3）高适应性

目前的加注机器人系统都是针对相对理想的工作条件进行设计的，对于一些外部要求都采用了外部适应性改造，以满足机器人工作需要。但对于异常情况，机器人可能需要在高腐蚀性、极低温度等恶劣条件下工作。如何适应不同的工作环境、不同的加注场景是未来机器人设计实现中需要重点关注的内容，尤其是传感控制系统的特殊设计、环境适应性的特殊设计、小型轻灵化设计等等。可以设想的是，未来的加注对接机器人将是一种全新概念机器人，具有模块化组合、重构、可变形等特点，即机器人结构和功能可根据不同的环境和需求进行不同的变换，以满足各类不同型号、不同发射工位、不同工作环境的火箭加注应用。同时，系统还具有高鲁棒性特点，即一个模块发生故障时，可以用相同模块快速替换，相同模块组合提高系统冗余度，进一步提升机器人可靠性，保证极端条件下加注机器人的功能不受影响。

（4）功能多样性

随着火箭箭地一体化设计技术的不断成熟和发展，未来的加注机器人将不仅仅用于火箭的推进剂加注上，在完成复杂环境和不同型号火箭加注的基础上，多功能复合型智能机器人将可能成为加注机器人的发展方向，即开发不同结构的机器人，除了用于火箭推进剂加注外，还同时兼具火箭现场监测、故障诊断与应急处理等功能。当前的加注对接机器人对箭上目标识别定位和位姿测量还主要依赖于合作目标。随着视觉深度学习技术、三维成像视觉技术和多模式识别技术的发展，非合作目标的识别检测、定位判断和学习训练提升将成为多功能复合型智能加注机器人的常态工作模式。训练完成的智能机器人，将会根据所处环境和目标任务指令，自动检测与识别，测算出机器人相对于典型标识的位置和姿态，以及末端执行器与操作对象的位置和姿态关系，从而准确、快速、灵敏地完成指定任务。

对于加注自动对接机器人来说，目前的能力水平只能算是一种简单的自动化操作系统，离智能操控机器人还有很大的差距。未来的火箭加注自动对接机器人必将与时俱进，智慧能力、功能多样性与技术性能将得到突破性提高，进一步提升航天发射场的信息化、智能化水平。

10.3　智能机器人在航天发射场的应用前景

航天发射场作为航天工程的重要组成部分，是航天器进入太空的基础支撑。在新一代信息技术、人工智能、先进制造等技术革新浪潮的推动下，自动化、信息化、智能化、智慧化是世界航天领域的必然发展趋势。运载火箭与人工智能、机器人技术的融合发展，将实现智慧火箭、智慧发射的产业革新，成为智慧航天的重要支撑。国外在运载火箭健康检测、故障诊断、动力冗余、智能测发控、自主返回控制等方面开展了大量研究工作，并在飞行试验中取得应用和验证。例如，Space X 公司的 Falcon9 火箭利用自主返回与控制技术、自动导航机器人支撑平台等实现垂直回收。Falcon9 火箭一子级具备重复执行多次飞行任务的能力，其箭载健康检测与诊断系统在全寿命周期内对重复使用箭体及发动机进行健康监测。日本 Epsilon 火箭在世界上首次开创了将人工智能、移动式控制和其他创新技术应用于运载火箭发射控制的先例。

随着 5G、边缘计算、人工智能、物联网等为代表的信息技术创新横空出世，将对传统基础工业带来革命性的改变。在这个革新过程中，谁抢先抓住了提前转型的先机，谁就有可能在航天发射场信息化、智能化建设水平方面，实现弯道超车，而且还可以进一步推动未来航天器、新型火箭和发射场的一体化设计与改进。探索开展智慧化航天发射场的建设，重点突破发射场设施设备的现场操控自动化、信息采集数字化、运维管理智能化，通过边缘计算，提升信息节点的分布处理能力和终端自动运行能力，提高中心的海量信息掌控能力，大幅度减少人工参与环节。尤其是随着智能机器人技术的发展和智慧发射水平的提高，航天发射场将逐步实现智能机器人代替人类完成各项准备工作。发射准备过程全程智能化操作，只需要很少的人员负责发射场的实时监控和任务规划等工作，其余大部分工作将在智慧发射场的自主工作模式下，由智能机器人配合完成。

目前，从我国运载火箭技术发展水平来看，信息化、自动化程度还不高，智慧火箭将首先实现火箭的智能诊断、智能控制和无线测试发射，并逐步向智慧火箭方向过渡。智慧发射和智能机器人的运用将逐步深入到火箭发射准备过程的各个环节。从火箭进入航天发射场到最后点火起飞、卫星入轨，发射场的工作主要包括产品卸车、状态检查、星箭组装对接、系统测试、转运至发射塔架、塔架起竖释放或合拢展开、箭地对接测试、推进剂加注、点火发射等环节，如图 10 - 4 所示。其中，星箭组装对接与转运起竖等工作的顺序与具体发射模式（如三水平模式、一垂两平模式、三垂一远模式等，后续内容以三水平模式为例）有关。另外，为了完成上述发射过程中涉及的各项任务，各发射场还必须建设一系列的配套保障设施设备，并配属相应的维护人员。

当前，我国航天发射场的大部分火箭发射准备工作还是依靠人工操作来完成，尤其是常规液体火箭在对接组装、测试加注等发射准备方面自动化程度仍然偏低，从火箭加注开始到点火发射，需要 200 人次以上人员开展射前设备操作、状态检查等工作，一般在点火前 15～30 min 人员才全部撤离发射区。采用人工密集作业，一方面是因箭地一体化设计不足，主要原因还是现有机器人智能化程度不高且成本高昂。

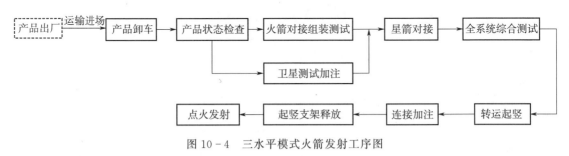

图 10 - 4　三水平模式火箭发射工序图

结合航天发射场的各项工作特点和智能机器人的发展趋势，可以预见，在不远的将来，有望能投入到航天发射领域应用的智能机器人主要包括：

1）火箭自主卸车对接机器人。卫星作为航天器，因用途不同，研制单位不同，尺寸和重量会有较大差异。但火箭产品相对稳定，外形变化一般相差不大，每次利用火车转运至发射场后的产品卸车、级间组装等工作属于重复性工作，但是对对接精度要求很高，适合采用智能机器人来完成精确自动对准和自动化的组装对接工作。

2）火箭产品状态自动测试诊断机器人。火箭产品完成级间对接组装后，要开展产品状态检测，以决定是否具备后续的星箭对接条件。目前，火箭产品的测试接口趋于标准化，测试数据故障树建立完整，测试信息处理具备自动处理条件，因此，可以采用智能测试诊断机器人去替代人工完成现场的信息采集和分析处理，处理和诊断结果通过有线或无线网络传给指控中心。

3）火箭箭体自动转运车。星箭组装测试结束后，需要从组装测试大厅转运至发射塔架。这个过程中，中间道路和发射场地可以清空，没有其他人员和车辆干扰，路线固定，所有工序也相对固定，可以采用无人操控的智能转运车完成火箭转运和起竖工作，实现转运自动化。

4）轨道式加注对接机器人。我国的火箭加注口分布在火箭不同高度的各个层级上，加泄连接器相同、加注口一模一样，加泄推进剂各级也一样，完全属于重复性、可复制性工作，而且是存在有毒、易燃、易爆等安全风险的工作，对于简易发射支架，可以考虑开发可上下轨道式移动的加注机器人，顺序完成相关加注工作。

5）发射现场智能巡检机器人。对于低温加注、有毒推进剂加注，现场危险性高，进入加注程序后至发射前，理想状态下是完全无人值守。因此，现场需要有替代人工完成相关巡视检测、监测等工作的机器人，如图 10-5 所示，智能巡检机器人具备深度学习能力，能依据视频结果实时分析出火箭的状态，检查射前火箭各系统是否正常，推进剂是否存在泄漏等。

图 10-5　智能巡检机器人

6）发射现场故障应急处置机器人。该类机器人分两种，一种是故障应急辅助处置机器人，协助完成脱插脱落、连接器撤收，或者是紧急关机状态下的辅助再对接等危险工作。另一种是事故抢险机器人。在发生重大事故情况下，现场依然存在爆炸、有毒燃料等安全风险，需要由机器人完成抢险救护、环境监测、状态巡视等工作。

7）基于物联网的航天发射场智慧管理机器人。物联网被视为科技领域里的第三次信息革命，其核心思想是实现人与物、物与物之间的全面互联。随着技术的发展进步，未来的航天发射场利用网络将发射场的所有人和物连接在一起，通过智慧管理机器人，实现海量信息的实时监测，实时数据收集和分析，并能够通过相关数据的分析，自动制定合理的管理策略，实现资源的自主动态调配、智能决策处置、智慧故障诊断与维修。特别是在维修保障领域，彻底改变现有发射场的事前人工检修检测和事后维修现状，通过各种有线、无线网络和互联网的融合，实现发射场各设施设备实时在线状态监测和反馈，达到发射场的智慧化识别和管理，及时发现设施设备状态异常情况或可靠性下降等问题，在故障发生前给出维修决策结论，并通过在线处置机器人开展预防性维修活动。

8）智慧火箭机器人。针对未来火箭发射面临的越来越复杂的飞行环境、愈来愈多样的飞行任务、急剧增多的信息获取、海量信息传输和处理、飞行中的不确定性和非致命故障等挑战，新型智慧火箭需要突破智能感知探测、智能规划决策、智能制导控制、智能计算等核心关键技术，形成完整的智慧火箭技术体系。未来的智慧火箭将是最新的智能技术和传统火箭工作的完美结合，能够实现火箭全生命周期的智能健康管理，通过大数据和云平台实现智能化协同设计，基于 3D 打印和物联网实现智能制造，基于深度学习和智能机器人实现自主测试发射，基于模块重构和智能决策实现智能飞行控制。智慧火箭将逐步从"人工＋智能"向"自主智能"转变，"感知→决策→执行"智能链条不断扩展，智慧火箭的自主性越来越强，实现自主感知、自主决策、自主执行。终极的智慧火箭将是一个智慧体，将改变传统意义上的火箭概念，将与火箭基本结构的改变、推力形式改变同步发生。智慧火箭既是一种火箭，也可以是能够具有空天运输能力的智慧火箭机器人。智慧火箭的飞行将不受火箭推力和火箭结构强度限制，极大提高火箭的任务适应性。同时火箭将具有智能机器人的认知感知能力，具有类人智慧，实现最终的智慧飞行，可将其运载能力范围的载荷送入指定的轨道。

10.4 智能机器人在航天搜救中的应用前景

随着通信技术的发展，大部分航天器无需返回地面，但作为载人的空间探索、地外天体采样和可重复使用航天器，还需执行返回舱搜索、航天员救援、地外探测器返回器搜索回收和返回式航天器搜索回收等任务。另外，可重复使用运载器也存在搜索回收的问题。

当前对航天器和航天员的搜救回收主要采用测控系统引导，无人机空中搜索搜救，同时地面或海上机动力量快速抵达，完成现场回收或救援。对于可重复使用运载器主要采用陆上或海上自主降落回收，如美国 SpaceX 公司的芯级编号为 B-1051.8 的猎鹰九号火箭，目前已成功完成 9 次发射回收，不断刷新人类火箭的使用记录。

在载人飞船等航天器返回过程中，受各种异常因素的影响，可能会导致较大的落点偏差，如俄罗斯联盟 TMA-1 飞船，在 2003 年 10 月的一次返回过程中，与既定着陆点偏差了 400 多千米。我国的神舟十号飞船，返回时也与预定着陆点偏差了上百千米。大范围的落点偏差对于航天员的搜救或航天器的回收非常不利，尤其是一旦降落地点附近地势复杂，远距离观测不便，会严重影响搜索效率。另外，可重复使用运载器的回收也存在一定的风险。为确保可重复使用运载器能可控降落，运载器中必须留有足够的推进剂，降落后，贮箱内的推进剂没有用完，依然存在爆炸的风险，如美国 SpaceX 公司最近正在研发的星船，前两次飞行试验均以坠机告终，直到第 3 次 SN10 原型试验箭，才成功完成 10 km 高空飞行测试并成功返回地面，但就在平稳落地 10 min 后，突然又发生爆炸。

从上述航天器或运载器的典型返回案例中可以看出，搜救回收也是一项风险大、操作复杂、技术要求较高的工作。其中，有些工作也适合采用智能机器人替代人工完成。智能机器人在航天搜救回收领域的可能应用主要有以下几种。

1）全智能搜索无人机集群。利用无人机的高机动性和速度优势，配合深度学习的实时智能图像处理和智能搜索空域分配，可以形成大范围的实时感知、快速搜索、目标识别定位、通信范围拓展以及紧急救护等关键能力，如图 10-6 所示。

图 10 - 6　紧急救援无人机

2) 全地形智能搜救机器人。全地形智能搜救机器人配备满足夜间及复杂天气、多种地域条件下执行任务需求的机动搜救装备，具有良好的机械性能、特殊的防护性能、极强的避障与越障性能、柔顺性能和稳定性能。如图 10 - 7 所示的上海交通大学高峰教授科研团队研发的"带腰六足仿生机器人"以及图 10 - 8 所示的美国波士顿动力公司的 Bigdog 仿生救援机器人，在崎岖、瓦砾、陡峭的地形上有非常强的适应能力，还可以穿过沙子、积雪等特殊地域和楼梯等障碍物，在某些不适于人员和车辆进入区域，如火灾、有毒、地形复杂的环境，能够快速进入，自动完成智能开舱以及完成航天员或航天器转运等工作，避免错失抢救航天员和航天器的宝贵时间。

图 10 - 7　带腰六足仿生救援机器人

图 10 - 8　Bigdog 仿生救援机器人

3）智能医护急救机器人。如图 10 - 9 所示，在地面或海面搜救人员难以短时到达的区域，利用无人机快速投放到返回舱降落现场，在全地形智能搜救机器人开舱后，自动完成对航天员的基本生理特征指标测试和必要的应急救护，如供氧、供水、心肺复苏、药剂自动注射、药品和食物供给等。

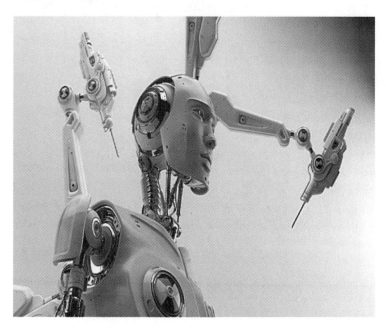

图 10 - 9　智能医护急救机器人

4）运载器智能回收处置机器人。当可重复使用运载器返回并平稳降落地面后，现场风险较高，不适于工作人员进入。此时，可由运载器智能回收处置机器人快速抵近，根据预案进行必要的应急处置，如消防、状态检查、剩余推进剂回收等。

10.5　智能机器人在空间探索中的应用前景

地外空间探索包括太空探索和外星球探索，是在一个充满未知、真空、微重力、高低温差异巨大、强辐射等环境下的科学探索活动，充满危险和挑战。相对于地球表面环境，太空环境非常恶劣，充满不确定性。因此，在没有充分了解环境特点和掌握应对措施之前，不能贸然运送航天员到这些区域开展探测活动。这时，就需要采用空间机器人（Space Robot）代替或协助人类去执行科学试验、建设维护、空间探测、行星探索等任务。空间机器人属于特种应用服务机器人。开发操作灵活、功能强大的智能空间机器人，可以有效助力人类探索深空，推动地球文明的发展延伸。

空间机器人目前没有严格的分类标准，2012 年 NASA 绘制的路线图中曾将空间机器人分为遥操作机器人和自主机器人两种。实际应用中，可以根据具体的用途、运动方式或工作环境进行初步划分。比如，按照用途不同，空间机器人大致可以分为在轨服务机器人和星际探测机器人两大类，未来可能还会研发出地外天体上的空间基地建造机器人。在轨服务机器人又可以分为舱内服务机器人、舱外服务机器人和自主飞行卫星机器人。舱内/舱外服务机器人一般是指安装于空间站或航天飞机上的机器人系统，协助航天员完成舱内或舱外的各种维修、操控或科学实验任务。

目前比较典型的在轨服务空间机器人有国际空间站上的加拿大空间机械臂和航天飞机上的大型机械臂、日本实验舱遥控机械手以及我国天宫二号上的机械臂系统等，主要用于完成空间站的组装、龙飞船和天鹅号飞船与空间站对接、携带航天员完成太阳能帆板等部件的维修更换或开展舱外实验等工作，如图 10-10 所示。未来发展重点侧重于机械臂空间冗余构型设计、空间仿人灵巧手、空间目标对接技术、在轨模块更换等领域。

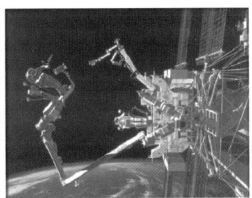

图 10-10　空间站上的智能机械臂

典型的卫星机器人有美国"轨道快车"计划中开发的 ASTRO 智能机器人，也称为"太空自动化运输机器人"，如图 10-11 所示，卫星上装载有燃料传输系统、轨道更换单元、对接机械臂系统、交会接近敏感器和捕获系统，用于锁定目标卫星同时实现对接，或者用于向目标卫星传输需要更换的硬件。该卫星机器人于 2007 年发射，成功进行了交会、逼近、捕获、维修等一系列的技术验证，体现了空间机器人技术和自主在轨服务技术的完美融合。该项技术一方面可以用于延长卫星寿命，提高在轨卫星的生存能力；另一方面，具有非常大的军事潜在应用价值，如极大地提高卫星机动变轨侦察能力，可以抵近观测甚至捕获敌方卫星，实现空间态势感知或空间控制。未来研究的重点在于轨道控制方法和目标捕获方法，研究的热点包括绳系或飞网捕获、抓取捕获、插接捕获和吸附捕获等，捕获目标从合作式向非合作式方向发展。

典型的星际探测机器人有美国的勇气号、机遇号和毅力号火星车（如图 10-12 所示），日本隼鸟小行星探测器，中国的玉兔号月球探测车和天问一号火星探测器等。这些机器人需要在外星表面执行巡视、采样和环境探测任务，采用轮式、腿式、轮腿组合、飞行等不同移动方式，重点需要解决轻量化、小型化、模块化、稳定性以及能量供给等问题。未来研究的重点仍然是复杂地形稳定性设计、大范围机动探测能力和长时间能量供给方法，并由无人自主探测向载人协同探测方向发展。

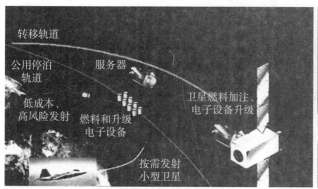

图 10-11　ASTRO 智能空间卫星机器人

转移轨道

公用停泊轨道　　　服务器

低成本、高风险发射　　燃料和升级电子设备

卫星燃料加注、电子设备升级

按需发射小型卫星

图 10-12　美国毅力号火箭探测机器人

　　为了研制出高度智能的类人机器人航天员，协助航天员完成空间站工作，尤其是危险环境下的工作，1997 年，美国国家航空航天局（NASA）启动了机器人航天员 Robonaut 的研制工作。2006 年，NASA 下属的约翰逊航天中心成功研制出第一代样机 Robonaut 1，2010 年又联合多家单位成功推出 Robonaut 2 样机。Robonaut 2 是固定基座的人形双臂机器人，采用了遥控和自主相结合的控制模式，共有 42 个自由度。其中，两只手臂各有 7 个自由度，每个灵巧手有 12 个自由度，头颈部有 3 个自由度，腰部有 1 个自由度。头部装有 4 个视觉摄像机，2 个组成双目视觉，另外 2 个备用。嘴部周围布有 15 个红外摄像机，用于深度感知。全身共集成有 350 个各种传感器和 38 个 Power PC 微处理器。Robonaut 2 于 2011 年 2 月 24 日搭载航天飞机 STS-133 进入国际空间站，开展了空间测试实验，如图 10-13 所示，成为第一个进入太空的人形仿生机器人。

　　未来，Robonaut 的后续系列产品可能会增加适应不同工作环境和任务目标的配套设备和执行模块，如带攀爬功能的舱外行走机构、采样机构等，执行更复杂的舱内外工作，也可能装上轮子或履带，降落到其他星球，成为其他行星探测机器人。

图 10-13　Robonaut 2 机器人航天员空间站测试及其未来应用设想

　　我国航天科技集团八院 805 所也研制了外形酷似"钢铁侠"的机器人航天员"小天",如图 10-14 所示,双臂和手指非常灵活,能完成小到抓钢笔、光盘,大到插拔旋扭、更换连接器等业务操作,未来可用于辅助或替代航天员开展在轨操作,扩大空间活动范围,完成外星基地建造等任务。

图 10-14　我国的机器人航天员"小天"

　　虽然空间机器人的设计原理与地面机器人基本相同,但是空间机器人的设计需要额外考虑一些更复杂的环境适应性问题,比如微重力或弱重力、高真空、强辐射、超低温、光照条件差、通信延迟时间长等环境条件。也要考虑多任务适应能力问题,如捕获、搬运、固定、更换、加注、重构、移动等不同任务。还要考虑不同工况的适应性问题,尤其是外星基地建造任务,机器人需要先后经历发射段、在轨段、着陆段、外星表面工作段等不同的工况。面对空间复杂的、不确定的高风险任务，人类难以进行现场维护，甚至无法实时跟踪控制，这就需要空间机器人具备更强的自主智能工作能力。

各国在空间机器人技术领域虽然有了一定突破，但都还处于技术验证和探索阶段。Robonaut 2虽然已经开展了空间实验测试，但是并没有进行特殊空间环境适应性设计，需要穿上航天服才能适应空间站工作环境。已开展空间实验的空间在轨服务机器人，目前主要操作控制方式还是遥操作，自主智能工作能力不足，执行还是简单的移动抓取操作，达不到有效执行复杂空间任务和大规模实际应用的期望技术水平。

随着人工智能技术的快速发展和空间探索的持续深入推进，未来深空探测、载人登月、空间在轨服务、外星基地建设等空间大型工程的开展中，智能机器人将成为人类空间探索最得力的助手。空间机器人已由舱内作业走向舱外服务，由遥操作向半自主、全自主操作演进。未来的智能空间机器人不但要能适应空间微重力、强辐射、大温差及地外星体各类恶劣环境，还要具备在复杂多变、非确定因素较多的环境中实现智能感知、自主决策、精细操作、柔顺控制、集群协同、分工合作等强大能力，能够有效完成空间碎片清除，空间卫星在轨抓取、维修、维护，空间站组装建设，以及地外星体探测与基地建造等复杂空间任务。

参 考 文 献

［1］ 陶永，王田苗，等．智能机器人研究现状及发展趋势的思考与建议［J］.高技术通讯，2019，29
（2）：149－163.

［2］ 任福继，孙晓．智能机器人的现状及发展［J］.科技导报，2015，33（21）：32－38.

［3］ 田威，焦嘉琛，等．航空航天制造机器人高精度作业装备与技术综述［J］.南京航空航天大学学
报，2020，52（3）：341－352.

［4］ 周莹皓，张加波，等．移动机器人技术在航天制造业中的应用［J］.机械设计与制造工程，2018，
47（2）：87－91.

［5］ 黎田，胡晓雪．机器人在航天装备自动化装配中的应用研究［J］.航空制造技术，2014（21）：
102－108.

［6］ 刘浩钰．知识服务型智能机器人的发展趋势［J］.设备管理与维修，2017（11）：6－7.

［7］ 顿向明，山磊，等．探究火箭推进剂加注机器人［J］.机器人产业，2015（5）：86－93.

［8］ 闻靖，顿向明，等．推进剂加注自动对接与脱离机器人技术现状和发展趋势［J］.机器人技术与应
用，2010（6）：20－23.

［9］ 黄钺，顿向明，等．运载火箭自动加注机器人结构设计及有限元分析［J］.机械与电子，2021，39
（1）：76－80.

［10］ 陆煜，蒋赞，洪刚，顿向明．基于激光雷达的火箭推进剂加注机器人姿态估计研究［J］.中国机械
工程，2021（10）：1200－1204.

［11］ 国家发展与改革委员会．《关于支持民营企业加快改革发展与转型升级的实施意见》.发改体改
［2020］1566号.

［12］ 王茂森．智能搜救机器人技术研究［M］.南京：南京理工大学，2017.

［13］ 王燕波，李晓琪．智能机器人——未来航天探索的得力助手［J］.宇航总体技术，2018，2（3）：
62－69.

［14］ 夏颖．空间在轨可重构机器人运动控制技术研究［D］.南京：南京航空航天大学，2018.

［15］ 魏博．机器人宇航员仿生运动控制与灵巧作业规划［D］.北京：北京理工大学，2016.

（a）液氢 T-0 脐带盘对接入航天飞机　　（b）从航天飞机侧观察到的脐带盘面板

图 2-4　航天飞机电液集成连接器连接面板 （P38）

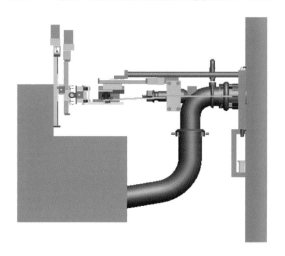

图 3-2　Pro/E 中建立的自动对接机器人系统模型 （P59）

图 3-3　ADAMS 中自动对接机器人系统的实体模型 （P60）

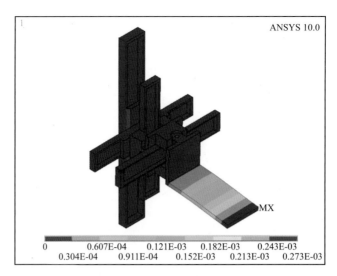

图 3 - 14　机器人变形图（P67）

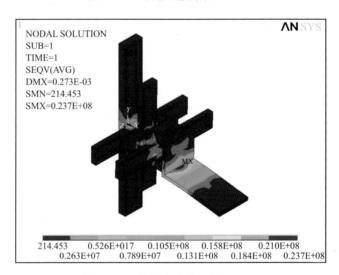

图 3 - 15　机器人应力云图（P68）

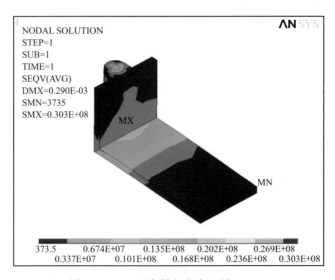

图 3 - 16　L 型支撑板应力云图（P69）

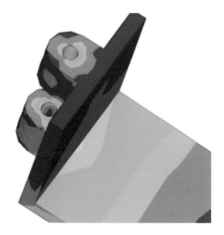

图 3-17　应力集中分布图（P69）

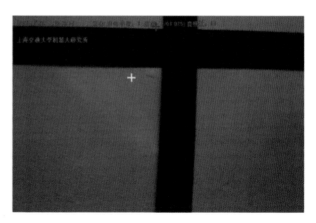

图 6-4　*XOZ* 平面定位算法演示（P155）

图 6-7　红色定位对接销（P163）

图 6-8　蓝色定位孔（P163）

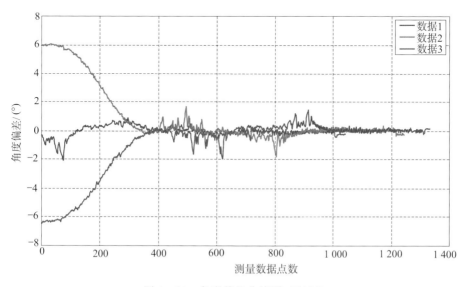

图 6-23　角度偏差曲线图（P176）

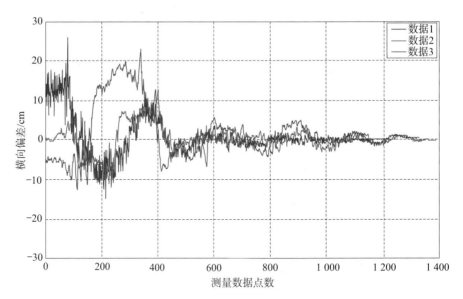

图 6-24　横向偏差曲线图（P176）

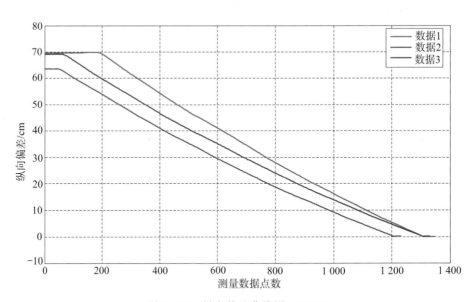

图 6-25　纵向偏差曲线图（P177）

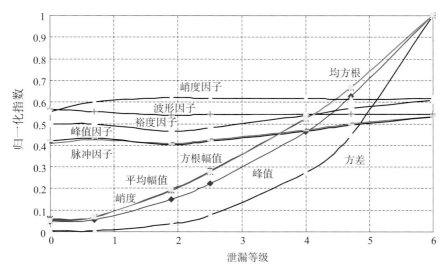

图 7 - 21　泄漏信号时域统计参数与泄漏量对照曲线（P202）

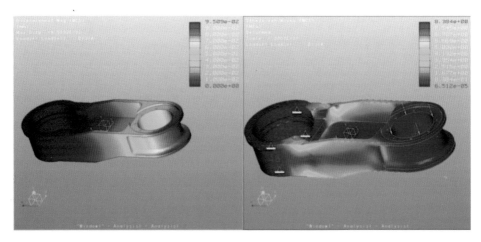

图 8 - 11　机械臂关节受力分析（P230）

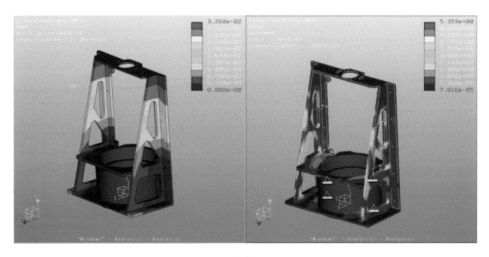

图 8 - 12　立柱关节受力分析（P230）

图 8-13　空心轴受力分析（P230）

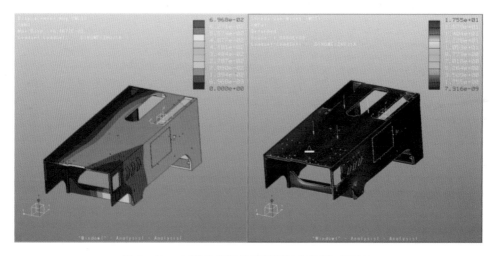

图 8-14　上箭前柔顺对接框架受力分析（P231）

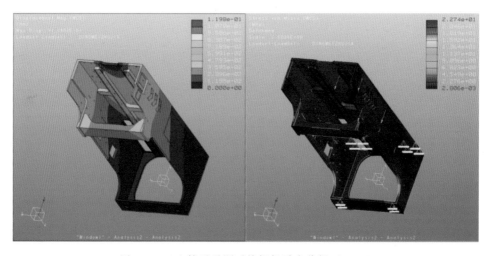

图 8-15　上箭后柔顺对接框架受力分析（P231）

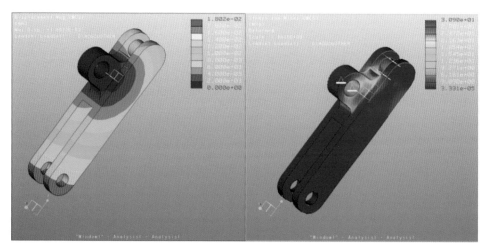

图 8-16　销钩与定位基板固连后带载受力分析（P231）

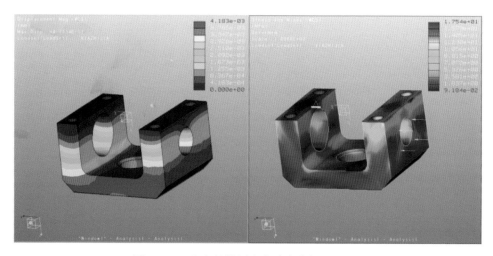

图 8-17　十字铰销固定座受力分析（P232）

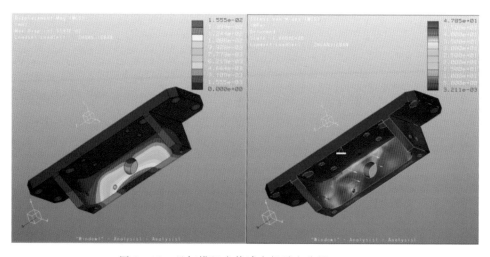

图 8-18　丝杠模组力传感支架受力分析（P232）

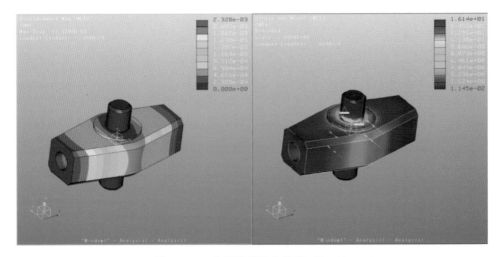

图 8-19 十字铰销受力分析 (P232)

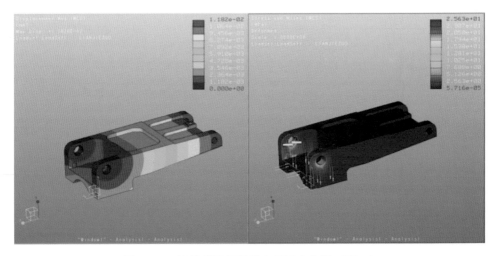

图 8-20 连接器紧固装置上板受力分析 (P233)

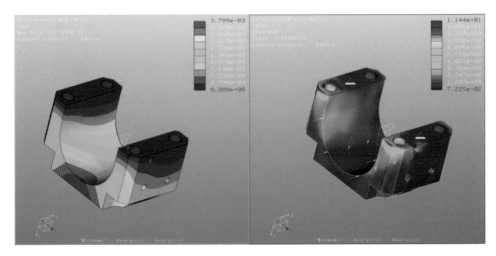

图 8-21 连接器抱夹半环受力分析 (P233)